海西求是文库

朱鹮栖息湿地生态补偿

影响机制与政策优化

孙 博 / 著

E COLOGICAL COMPENSATION FOR
WETLAND HABITATS OF THE CRESTED IBIS:
Impact Mechanism and Policy Optimization

社会科学文献出版社
SOCIAL SCIENCES ACADEMIC PRESS (CHINA)

福建省社会科学基金项目：

武夷山国家公园生态产品价值实现优化路径研究（FJ2022C044）

总　序

党校和行政学院是一个可以接地气、望星空的舞台。在这个舞台上的学人，坚守和弘扬理论联系实际的求是学风。他们既要敏锐地感知脚下这块土地发出的回响和社会跳动的脉搏，又要懂得用理论的望远镜高瞻远瞩、运筹帷幄。他们潜心钻研理论，但书斋里装的是丰富鲜活的社会现实；他们着眼于实际，但言说中彰显的是理论逻辑的魅力；他们既"力求让思想成为现实"，又"力求让现实趋向思想"。

求是，既是学风、文风，也包含着责任和使命。他们追求理论与现实的联系，不是用理论为现实作注，而是为了丰富观察现实的角度、加深理解现实的深度、提升把握现实的高度，最终让解释世界的理论转变为推动现实进步的物质力量，以理论的方式参与历史的创造。

中共福建省委党校、福建行政学院地处台湾海峡西岸。这里的学人的学术追求和理论探索除了延续着秉承多年的求是学风，还寄托着一份更深的海峡情怀。多年来，他们殚精竭虑所取得的学术业绩，既体现了马克思主义及其中国化成果实事求是、与时俱进的理论品格，又体现了海峡西岸这一地域特色和独特视角。为了鼓励中共福建省委党校、福建行政学院的广大学人继续传承和弘扬求是学风，扶持精品力作，经校院委研究，决定编辑出版《海西求是文库》，以泽被科研先进，沾溉学术翘楚。

秉持"求是"精神，本文库坚持以学术为衡准，以创新为灵魂，要求入选著作能够发现新问题、运用新方法、使用新资料、提出新观点、进行新描述、形成新对策、构建新理论，并体现党校、行政学院学人坚持和发展中国特色社会主义的学术使命。

中国特色社会主义既无现成的书本作指导，也无现成的模式可遵循。

思想与实际结合，实践与理论互动，是继续开创中国特色社会主义新局面的必然选择。党校和行政学院是实践经验与理论规律的交换站、转换器。希望本文库的设立，能展示出中共福建省委党校和福建行政学院广大学人弘扬求是精神所取得的理论创新成果、决策咨询成果、课堂教学成果，以期成为党委政府的智库，又成为学术文化的武库。

马克思说："理论在一个国家实现的程度，总是取决于理论满足这个国家的需要的程度。"中共福建省委党校和福建行政学院的广大学人应树立"为天地立心、为生民立命、为往圣继绝学，为万世开太平"的人生境界和崇高使命，以学术为志业，以创新为己任，直面当代中国社会发展进步中所遇到的前所未有的现实问题、理论难题，直面福建实现科学发展跨越发展的种种现实课题，让现实因理论的指引而变得更美丽，让理论因观照现实而变得更美好，让生命因学术的魅力而变得更精彩。

中共福建省委党校　福建行政学院

《海西求是文库》编委会

序

　　秦岭南麓的洋县动植物资源丰富，是当今世界最濒危的鸟类之一——朱鹮的重要栖息地。朱鹮古称朱鹭、红朱鹭，系国家一级保护动物，有"东方宝石"之美誉，被视为吉祥鸟。曾广泛分布于亚洲东部，喜欢生活在温带山地森林和丘陵地带疏林地高大的树上，栖息地大多邻近水稻田、河滩、池塘、溪流和沼泽等湿地环境地带。受人类活动、环境恶化等因素的影响，朱鹮种群数量急剧减少，数量一度降为个位数。它具有较高的观赏价值、美学价值、生物学价值、人文价值，乃至外交价值，因此朱鹮栖息地保护工作刻不容缓，栖息地的生态环境事关民生福祉。

　　1981 年 5 月，在陕西省汉中市洋县姚家沟发现了世界仅存的 7 只野生朱鹮，举世为之瞩目。在国家林草局的帮助支持下，陕西省全面加强朱鹮野外种群及其栖息地保护，翻开了拯救珍稀濒危野生动物的崭新一页。经过 40 多年科学探索与保护实践，陕西省创造了"以就地保护为主、易地保护为辅、野化放归扩群、科技攻关支撑、政府社会协同、人鹮和谐共生"的朱鹮保护新模式，使朱鹮种群数量从发现时的 7 只增加到全球 9000 余只，基本摆脱濒临灭绝风险，缔造了珍稀物种涅槃重生的生态奇迹，谱写了中国生态保护事业的盛世华章。

　　随着朱鹮种群数量的不断增长，朱鹮栖息地面积持续扩大，由 1981 年发现时的不足 5 平方公里扩大到现在的超过 1.6 万平方公里，朱鹮分布范围逐步向历史分布区扩展。第一，由大山深处向丘陵平川扩展。自 1993 年开始，朱鹮野外繁殖地开始向低海拔地区扩展，目前 87.4% 的繁殖地位于海拔 600 米以下区域，朱鹮已不再担心人类侵袭，由大山飞向丘陵平川，飞向城镇周边。第二，由洋县一隅向秦巴全域扩展。自保护工作启动以来，朱鹮野外种群分布不断自然扩散，1999 年向南扩展到汉中市西乡县巴山丘陵区。目前洋县以外的朱鹮夜宿地数量占总量的 60% 以上，栖息地覆盖陕西秦岭六市。第三，由长江流域向黄河流域扩展。野化放归工程的实施促进了朱鹮野外分布区的扩大。2013 年在渭河以北的铜川市耀州区野化放飞后，朱鹮靓丽身影一路向北，2021 年已抵达延安市富县葫芦河流域，深入黄河流域，到达黄土高原腹地。第四，由陕西向全国扩展。自 1985 年向北京动物园提供朱鹮幼鸟以来，已累计向各省份提供朱鹮种源 124 只，逐步繁衍扩大到 1400 余只，在陕西以外帮助建立人工繁育基地 9 个。随着各基地人工繁育技术的不断成熟，各地野外放归工作正在稳步推进。第五，由中国向东亚扩展。朱鹮作为东亚特有物种，深受东亚各国人民喜爱。自 1985 年朱鹮"华华"出借日本以来，通过外交赠借形式，累计向日本、韩国输出种源 14 只，逐步繁衍到 1000 只以上。随着日本、韩国野化放归工作的逐步展开，朱鹮即将重现于东亚历史分布地。

陕西朱鹮栖息地的保护和发展是中国湿地保护的生动缩影，也是中国生态文明建设成果的真实写照。2019 年 8 月，习近平总书记在中央财经委员会第五次会议上强调，"要健全区际利益补偿机制，形成受益者付费、保护者得到合理补偿的良性局面。要健全纵向生态补偿机制，加大对森林、草原、湿地和重点生态功能区的转移支付力度"。2022 年 11 月，国家主席习近平以视频方式出席《湿地公约》第十四届缔约方大会开幕式并发表致辞，指出"中国湿地保护取得了历史性成就，湿地面积达到 5635 万公顷，构建了保护制度体系，出台了《湿地保护法》。中国有很多城市像武汉一样，同湿地融为一体，生态宜居"。而生态补偿是湿地保护制度体系的重要组成部分，也是生态文明体制改革"四梁八柱"之一。自党的十八大以来，生态保护补偿工作加速推进，《生态文明体制改革总体方案》和《关于健全生态保护补偿机制的意见》等文件纷纷出台，初步建成了符合我国国情的生态保护补偿机制，基本实现禁止开发区域、重点生态功能区等重要区域与森林、草原、湿地、荒漠、海洋、水流、耕地等重点领域的全覆盖。补偿方式由政府主导型逐渐向市场化、多元化转变，积极探索综合运用水权、碳排放权、排污权、碳汇交易等市场化补偿手段。补偿范围从单领域补偿延伸至综合补偿，流域生态补偿从省内补偿扩展到跨省补偿。

　　《朱鹮栖息湿地生态补偿：影响机制与政策优化》一书是笔者用脚步丈量祖国大地，用笔力记录时代脉搏，讲述生态文明中国故事的力作。本书聚焦湿地生态补偿机制，以"朱鹮之乡"称号闻名于世的陕西洋县为典型样本，以湿地生态补偿影响因素、效果评估及政策优化为主线，从理论与实践、历史与现实等多重维度，阐明了"保护生态环境就是保护生产力，改善生态环境就是发展生产力"的道理，传承了"绿水青山就是金山银山"的理念，充分彰显了习近平生态文明思想的真理光芒和实践伟力，揭示了这一思想的科学性、人民性和实践性。该书具有政治高度、学术深度和实践温度，既可以作为各级党校（行政学院）开展生态文明案例教学的辅助教材，也是各部门、各地方推动相关领域研究和实践的参考读物。

北京林业大学

温亚利

前　言

　　湿地生态补偿是事关兴农富民、农村发展、生态文明的重大政策，其实施效果和完善程度直接关系到湿地生态系统稳定和国家生态安全。2014年，我国湿地生态效益补偿试点工作刚起步，存在湿地生态补偿相关法律法规缺失、湿地保护和农业发展协调机制不完善、湿地生态补偿标准不合理、补偿模式比较单一等诸多问题。湿地周边居民是资源的利用者及保护的执行者，其生计水平、保护意愿和行为是影响生态补偿实施效果的关键因素，也是湿地生态补偿制度优化的核心问题。为此，笔者基于湿地生态补偿对农户生计及保护意愿和行为的影响，综合评价生态补偿政策的实施效果，并从农户对补偿标准和模式的需求角度进一步优化湿地生态补偿政策，这对于实现人与自然和谐共生具有非常重要的意义。

　　朱鹮是我国珍稀濒危物种，冬水田是朱鹮的重要栖息地。本书选取陕西省洋县、城固县和宁陕县为研究区域，在湿地生态补偿实施初期对19个行政村1002户农户进行实地调研，重点研究了以下内容。①对中国湿地保护现状、陕西湿地资源特点及生态补偿实施中存在的问题进行系统梳理，并运用 ArcGIS 10.2 软件对研究区域湿地生态系统变化进行分析，尤其是分析水田与湿地生态补偿制度的关联，从而为本书奠定现实基础。②基于农户生计视角，采用单因素方差分析和独立样本 T 检验，比较补偿前后、补偿户和未补偿户生计资本和生计策略的差异。③基于农户生计视角，采用倾向得分匹配法（PSM）和似不相关模型（SUR），探讨湿地生态补偿对农户家庭收入和主观福祉的影响，并对比补偿户和未补偿户收入和福祉的差异。④基于农户意愿和行为视角，根据计划行为理论构建湿地生态补偿对农户湿地保护意愿和行为影响的结构方程模型（SEM）并进行路径分析。⑤在估算农户湿地保护成本和收益的基础上，采用选择实验法（CE）和多元 Logistic 回归分别探讨农户湿地生态补偿标准和补偿模式选择及其影响因素。⑥采用压力—状态—响应分析框架和 AHP-综合指数法评价湿地生态补偿政策实施效果，基于农户政策需求视角，从补偿主客体、补偿标准、补偿模式、资金来源和相关政策保障等方面对我国湿地生态补偿制度进行原则性构建。本书主要研究结论有以下几个方面。

第一，通过分析湿地生态补偿对农户生计资本的影响可以发现，研究区域农户生计资本总量处于相对较低的水平，补偿户的生计资本低于未补偿户，高收入农户的人力资本、社会资本和金融资本较为充足，贫困农户承担了更多的湿地保护责任。除自然资本外，湿地生态补偿对其他生计资本均有正向影响。从生计策略角度来看，未补偿户比补偿户获得了更多自营收入和外出务工收入，且补偿户生产的农产品自用比例更高。湿地生态补偿使农户生计资本有所增加，而这些变化又会导致其生计策略选择的改变，从传统资源依赖型产业向非农产业转移，生计多样性指数有所提高。

第二，通过分析湿地生态补偿对农户收入的影响可以发现，湿地生态补偿对农户家庭纯收入做出了贡献，主要体现在人均非农纯收入的提高上。湿地生态补偿政策的实施直接改变了农户长期形成的农业生产方式和土地利用形式，间接促进了非农就业发展，通过以物质激励农户开展湿地保护活动，整个区域的生态状况在补偿以后有所好转。从主观福祉角度来看，湿地生态补偿在一定程度上改善了农户的交通状况、住房条件、生态环境、垃圾治理、抵御风险能力、村干部能力认可度，而对资源获取能力、周围人的信任产生了不利影响。

第三，湿地生态补偿对农户湿地保护意愿和行为具有促进作用。研究区域农户湿地保护意识有待增强，普遍认为补偿后湿地生态系统服务功能有所增强。目前，大多数农户自愿参加湿地生态补偿，对补偿年限和模式表示基本满意，但有半数以上的农户对补偿标准并不满意。农户的行为态度有利于其湿地保护意愿的提高，而湿地保护意愿又会对农户保护行为有明显的促进作用，湿地生态补偿政策对农户保护意愿有显著的正向影响。

第四，湿地生态补偿标准的制定应综合考虑补偿年限、耕地划入比例、农药化肥减少比例、补偿支付水平等各方面的因素，其中，补偿年限、耕地划入比例、农药化肥减少比例对补偿标准的影响为负。根据补偿标准估算结果，湿地周边农户年受偿意愿的均值为每公顷 608.56 元，若延长 1 年的补偿期，需要额外对每公顷土地补偿 9.30 元；若耕地划入面积增加 10%，需要额外对每公顷土地补偿 63.24 元；若减少 10% 的农药化肥使用量，需要额外对每公顷土地补偿 500.39 元。年龄对农户受偿意愿有负面影响，受教育水平、居住在保护区内、家庭人口数、保护认知和人均年收入则相反。

第五，从农户对湿地生态补偿模式的选择来看，多数农户倾向于资金和实物补偿，而农户对湿地生态补偿模式的选择受到个人和家庭特征、资源禀赋状况、补偿认知和态度等因素的影响，男性、年龄小、受教育程度低、未参加过农业技术培训、不是村干部、家庭收入较低的农户选择资金补偿的意愿更强；农田质量高、湿地开垦面积大、家中没有电脑的农户倾向于选择资金补偿；对湿地生态补偿模式满意、对补偿金额不满意、认为补偿不能弥补损失、没有意识到保护湿地重要性的农户倾向于选择资金补偿，相反，其他农户更倾向于选择智力补偿、项目补偿和政策补偿。

第六，根据湿地生态补偿制度的综合评价结果，得出现行湿地生态补偿实施面临的压力有所增加，且人为压力大于自然压力；在此过程中必然会受到当地经济、生态和社会环境的影响，尤其是生态状况。近年来，湿地生态补偿总效益呈增加趋势，增加程度从高到低依次为生态效益、经济效益和社会效益。基于以上研究结论，笔者构建了生态文明背景下完善湿地生态补偿的制度框架，应明确补偿主客体责任诉求，根据受偿意愿和机会成本确定合理的补偿标准，结合产权探索市场化、多元化补偿模式，拓宽补偿资金来源渠道，强化法律法规、资源利用、监督管理和公众参与等相关政策保障。

目　录
Contents

第一章　研究缘起 / 001

第一节　研究背景及问题提出 / 001

第二节　研究目的和意义 / 007

第三节　主要研究内容 / 008

第四节　研究技术路线 / 011

第五节　数据来源 / 012

第二章　研究基础 / 016

第一节　概念界定 / 016

第二节　理论基础 / 018

第三节　国内外研究综述 / 033

第三章　研究区域概况及湿地生态补偿制度演变 / 049

第一节　中国湿地保护现状及问题 / 049

第二节　研究区域概况分析 / 052

第三节　湿地生态补偿制度演变及问题分析 / 062

第四节　本章小结 / 071

第四章　湿地生态补偿对农户生计资本及生计策略的影响 / 072

第一节　研究思路 / 072

第二节　湿地生态补偿对农户生计资本的影响 / 074

第三节　湿地生态补偿对农户生计策略的影响 / 082

第四节　本章小结 / 088

第五章　湿地生态补偿对农户生计结果的影响 / 090

第一节　研究思路 / 090

第二节　湿地生态补偿对农户家庭收入的影响 / 091

第三节　湿地生态补偿对农户主观福祉的影响 / 101

第四节　本章小结 / 106

第六章　湿地生态补偿对农户保护意愿和行为的影响 / 109

第一节　农户对湿地保护及生态系统变化的认知和态度 / 110

第二节　基于结构方程模型分析湿地生态补偿对农户保护意愿
和行为的影响 / 115

第三节　结果分析 / 122

第四节　本章小结 / 127

第七章　基于选择实验法湿地生态补偿标准选择分析 / 130

第一节　农户湿地保护成本与收益对比分析 / 130

第二节　选择实验法设计 / 134

第三节　农户对湿地生态补偿标准选择分析 / 139

第四节　本章小结 / 144

第八章　农户对湿地生态补偿模式的选择及影响因素分析 / 146

第一节　农户对湿地生态补偿模式的选择 / 147

第二节　不同湿地生态补偿模式特征及问题 / 147

第三节　农户对湿地生态补偿模式选择的影响因素分析 / 149

第四节　本章小结 / 155

第九章　湿地生态补偿政策效果分析及优化对策 / 157

第一节　湿地生态补偿实施效果综合评价 / 157

第二节　基于农户视角湿地生态补偿政策效果分析 / 165

第三节　湿地生态补偿政策优化思路与对策 / 168

第十章　主要结论、创新点及研究展望 / 183

第一节　主要结论 / 183

第二节　研究创新点 / 187

第三节　研究不足及展望 / 188

参考文献 / 189

附　　录 / 221

附录 1　湿地保护区资料清单 / 221

附录 2　湿地周边农户调查问卷 / 222

附录 3　村表 / 248

附录 4　湿地保护专家调查问卷 / 250

附录 5　湿地保护管理者访谈提纲 / 254

第一章

研究缘起

第一节 研究背景及问题提出

一 研究背景

湿地与森林、荒漠并称陆地三大生态系统，是当今中国乃至国际社会生态保护的重要领域。它具有重要的生态服务功能，在维护生物多样性、固碳减排、缓解和预防自然灾害等方面作用显著，其数量和质量既关系到物种的生存活动空间，又影响着周边居民的生计和福祉。随着全球气候变暖、人口迅猛增长和社会经济快速发展，自然和人为双重干扰导致半数湿地遭到不同程度的破坏。因此，越来越多的国家开始重视湿地生态系统的保护与修复。近年来，建立生态补偿机制逐渐成为湿地保护的重要手段，它是一种调整相关主体利益分配关系的激励制度。因此，如何协调好生态环境保护与人类生存发展的关系是湿地生态补偿政策研究的重要问题。

（一）湿地保护面临严峻挑战

湿地是水陆交错地带，具有生态过渡带的特性，从古至今都是经济社会发展过程中重要资源的集聚和组合。人类发展离不开空间，土地是最基本的资源，同时水资源也是生产生活必不可少的。从世界文明起源来看，中东的幼发拉底河和底格里斯河、印度的恒河、埃及的尼罗河、南美洲的亚马孙河流域、欧洲的莱茵河、美国的密西西比河构成了人类社会最具地理优势的区域，特别是养分富集的河口地带形成了良好的自然条件，而湿地也最容易转换成现实生活的资源和空间，成了破坏最早且最严重的生态系统。

当前全球湿地面积超过 1200 万平方公里，但自然湿地面积近些年呈减少趋势。《湿地公约》秘书处 2018 年发布的《全球湿地展望》显示，1970~2015 年，内陆湿地、海洋/滨海湿地面积均减少约 35%，是森林减少速度的 3 倍，且减少速度从 2000 年起逐渐加快。纵观历史，世界各国经历了从破坏湿地资源到保护生态系统的演变。许多发展中国家的湿地减少一半以上，如尼日尔、乍得和坦桑尼亚，菲律宾的红树林在 60 年内损失 30 万公顷；发达国家也遭遇同样的困境，如美国因农业生产损失了 54% 的湿地，荷兰和德国的湿地在 35 年内分别减少 55% 和 57%，法国的湿地在 3 年内减少 2/3，英国的农业开垦和商业开发已导致近 4/5 的泥炭湿地消失。因此，湿地退化是全球环境治理面临的共同挑战，也是事关人类进步的发展问题。

中国在全球湿地和生物多样性保护方面占据举足轻重的地位，具有面积广阔、类型齐全和生物多样性丰富的独特优势。截至 2024 年 2 月，我国湿地面积达 5635 万公顷，居亚洲第一、世界第四。由于人类生产生活对湿地资源高度依赖，盲目开垦、污染严重、泥沙淤积和利用过度等现象普遍存在，直接导致了湿地面积减少、功能退化甚至丧失、生物多样性锐减的恶果，湿地生态系统修复和保护迫在眉睫。

（二）湿地保护相关政策

世界湿地保护政策经历了鼓励湿地利用、湿地保护与限制使用和"湿地零净损失"三个阶段。1971 年，来自 18 个国家的代表在伊朗拉姆萨尔签署了《关于特别是作为水禽栖息地的国际重要湿地公约》（以下简称《湿地公约》），此后包括中国在内的 130 多个国家陆续加入。1995 年，国际水鸟与湿地研究局、亚洲湿地局、美洲湿地局联合成立了专门从事湿地保护和管理的湿地保护国际组织。面对当前湿地退化严重的现状，美国出台了《北美湿地保护法》、《河流与港口法》、《清洁水法》和《鱼类和野生生物保护法》等一系列湿地保护法律法规；澳大利亚在 1979 年发布了国家湿地政策，各州的保护区和管理机构制定了地方性政策，如新南威尔士州颁布的《1974 年国家公园与野生生物法》。

自 1992 年加入《湿地公约》以来，中国政府高度重视湿地保护和恢复工作。2000 年，国家林业局等 17 个部门联合颁布了《中国湿地保护行动计划》，明确了湿地保护的指导思想和战略任务。2003 年，国务院批准了《全国湿地保护工程规划（2002—2030）》，提出了湿地保护的长远目标。2004 年，国务院办公厅发布了《关于加强湿地保护管理的通知》，提出对自然湿地进行抢救性保护。

党的十八大以来，以习近平同志为核心的党中央高度重视湿地保护和修复工作，将其作为我国生态文明体制改革和生态安全的重要内容，提倡构建人与自然和谐共生的地球家园。各地各部门协同发力、多措并举，从加强立法、执法、管理、治理等方面有力地推动了我国湿地保护修复和高质量发展，湿地生态状况持续改善，生物多样性日益丰富。目前，全国已初步建立起以国家公园、湿地自然保护区、湿地公园为主体的湿地保护体系，湿地保护率超过 50%。2013 年，国家林业局颁布了《湿地保护管理规定》，江西、江苏、湖北、内蒙古、广东、陕西等地方政府纷纷制定并实施省级湿地保护条例。2016 年 1 月 5 日，习近平总书记在首次主持召开推动长江经济带发展座谈会上指出："实施好长江防护林体系建设、水土流失及岩溶地区石漠化治理、退耕还林还草、水土保持、河湖和湿地生态保护修复等工程，增强水源涵养、水土保持等生态功能。"党的十九大报告强调，"开展国土绿化行动，推进荒漠化、石漠化、水土流失综合治理，强化湿地保护和恢复，加强地质灾害防治"。2018 年 3 月 5 日，习近平总书记在参加十三届全国人大一次会议内蒙古代表团审议时发表讲话："加强荒漠化治理和湿地保护，加强大气、水、土壤污染防治，在祖国北疆构筑起万里绿色长城。"2019 年 9 月 18 日，习近平总书记在黄河流域生态保护和高质量发展座谈会上发表讲话："下游的黄河三角洲是我国暖温带最完整的湿地生态系统，要做好保护工作，促进河流生态系统健康，提高生物多样性。"2020 年 1 月 20 日，习近平总书记在云南考察滇池生态时强调："要拿出咬定青山不放松的劲头，按照山水林田湖草是一个生命共同体的理念，加强综合治理、系统治理、源头治理，再接再厉，把滇池治理工作做得更好。"同年 3 月 31 日，习近平总书记在浙江杭州西溪国家湿地公园考察时指出："水是湿地的灵魂，自然生态之美是西溪湿地最内在、最重要的美。要坚定不移把保护摆在第一位，尽最大努力保持湿地生态和水环境。"2021 年 6 月 8 日，习近平总书记在青海湖仙女湾考察时提出"要把青海生态文明建设好、生态资源保护好，把国家生态战略落实好、国家公园建设好"的"四好"重大要求。党的二十大报告明确提出"加快实施重要生态系统保护和修复重大工程""推行草原森林河流湖泊湿地休养生息"。2022 年 11 月 5 日，习近平主席在《湿地公约》第十四届缔约方大会开幕式上的视频致辞中指出："要凝聚珍爱湿地全球共识，深怀对自然的敬畏之心，减少人类活动的干扰破坏，守住湿地生态安全边界，为子孙后代留下大美湿地。"2023 年 7 月 29 日，习近平总书记在考察陕西汉中天汉湿地公园时强调："生态公园建设要顺应自然，加强湿地生态系统的整体性保护和系统性修复，促进生态保护同生产生活相互融合，努力建设环境优美、绿色低碳、宜居宜游的生态城市。"

（三）生态补偿是湿地保护的重要手段

为了应对经济社会发展中存在的资源耗竭和生态破坏问题，生态补偿成为许多国家普遍运用的经济和政策手段。20 世纪 50 年代以来，美国、加拿大、澳大利亚、德国、英国、瑞典开展了湿地生态补偿研究和实践，如公共补偿、限额交易计划、直接补贴和生态产品认证等，其中最典型的案例是美国湿地缓解银行制度（即可交易许可证制度）。

近年来，我国积极推动湿地生态补偿制度的建立，已取得阶段性进展。2010 年，财政部和国家林业局正式出台了湿地生态补助金制度。2014年中央一号文件首次提出在内蒙古、吉林、黑龙江 3 省区 13 个国家级湿地自然保护区开展退耕还湿试点。2015 年中央一号文件强调"扩大退耕还湿试点范围"，实施湿地生态效益补偿、湿地保护奖励试点。同年，中共中央、国务院印发的《生态文明体制改革总体方案》对湿地生态补偿提出了新要求。2016 年 5 月，国务院办公厅发布了《关于健全生态保护补偿机制的意见》，强调合理提高补偿标准，探索建立湿地生态效益补偿制度，率先在国家级湿地自然保护区、国际重要湿地、国家重要湿地开展试点。同年 11 月，国务院办公厅出台《湿地保护修复制度方案》，提出实行湿地面积总量管控，到 2020 年，全国湿地面积不低于 8 亿亩，其中，自然湿地面积不低于 7 亿亩，新增湿地面积 300 万亩，湿地保护率提高到 50% 以上。2019 年，自然资源部等 5 部门联合印发了《自然资源统一确权登记暂行办法》，对自然资源的所有权和所有自然生态空间统一进行确权登记，其中湿地被纳入第三次全国国土调查范围。2021 年 9 月，中共中央办公厅、国务院办公厅印发了《关于深化生态保护补偿制度改革的意见》，提出到 2025 年，与经济社会发展状况相适应的生态保护补偿制度基本完备；到 2035 年，适应新时代生态文明建设要求的生态保护补偿制度基本定型。2022 年 6 月 1 日，中国首部专门保护湿地的法律《中华人民共和国湿地保护法》正式实施，规定国家建立湿地生态保护补偿制度，加大对重要湿地保护的财政投入，加大对重要湿地所在地区的财政转移支付力度，鼓励受益地区和湿地生态保护地区人民政府通过协商等方式进行生态保护补偿。由于我国湿地生态补偿工作起步较晚，仍然存在立法滞后和制度缺失、补偿标准不合理、补偿范围狭窄、资金投入不足、补偿模式单一以及对农户发展重视不够等问题，在一定程度上影响了湿地生态补偿政策的实施效果。

湿地不同于森林等其他生态系统，具有季节性、多样性、不确定性的特征，这导致湿地生态补偿类型、方式和作用机理均有差异。朱鹮是全世界最为珍稀濒危的鸟类之一，也是与人类伴生的特殊物种。它喜欢栖息在高大的乔木顶端，在水田、沼泽、山区溪流等湿地附近觅食。为保护该物种，栖息地周边农户做出了巨大的贡献和牺牲。可见，农户是湿地生态补偿的重要客体，也是政策制定推行的亲历者和见证者。因此，满足农户发展的需要和弥补农户的损失十分必要，补偿对农户生计的影响以及农户对补偿的响应是全面认识湿地生态补偿的前提和基础，也是完善湿地生态补偿制度的重要依据。

二　问题提出

结合湿地生态补偿制度的背景，以及已有文献关于湿地生态补偿现状和问题的描述，可以发现：为了保护湿地生态系统，管理者必须考虑到当地居民的关切，并使他们参与到管理决策中（Stankey and Shindler，

2006）。湿地是一种稀缺资源，具有较高的经济效益、社会效益和生态效益，湿地保护与资源利用之间容易产生利益冲突。因此，基于农户视角分析湿地生态补偿政策的影响及其需求，不仅有利于经济发展和社会公平，也有利于实现湿地保护修复的可持续性。

湿地保护与周边社区发展课题组（以下简称"课题组"）在陕西省朱鹮保护地的调研中了解到湿地生态补偿标准普遍较低，不足以弥补农户因湿地保护而遭受的损失，导致农户保护冬水田的意愿不强烈。即便如此，许多积极性不高的农户还是会减少农药化肥使用、完成翻犁蓄水工作，但仅仅是出于响应政策的需要，基层政府和保护区等组织在此过程中发挥的作用不容小觑。另外，在生计脆弱的地区，湿地周边农户生计和收入更多依赖湿地资源的现象普遍存在，湿地保护形势依然严峻，亟须推动湿地生态补偿政策的创新和调整，而周边农户的生存利益保障是该项工作的重中之重。

农户是湿地资源的利用者和湿地保护的执行者，其参与意愿、行为方式和生计水平是影响湿地生态补偿效果的关键因素（Sitaula et al.，2005），同时农户对补偿标准和模式的需求是湿地生态补偿政策的重要内容。通过上述分析和现行湿地生态补偿政策实施情况的对比，提出完善湿地生态补偿制度的对策建议（Yemiru et al.，2010；Baral and Stern，2011），这也是本书立论及研究视角选择的出发点。基于上述现象与思考，本书主要是为了解决以下五类问题。

第一，湿地生态补偿政策对农户生计的影响。探究湿地生态补偿政策对农户生计资本水平、结构及生计策略选择有无影响及影响显著性，甄别不同参与程度下湿地生态补偿对农户生计资本和生计策略影响的差异，生计策略是否更有利于保护与发展的协调。

第二，湿地生态补偿政策对农户保护意愿和行为的影响。判断补偿对湿地保护意愿和行为的影响程度，对比揭示不同参与程度的农户对湿地生态补偿认知和行为有哪些差异。

第三，农户对湿地生态补偿标准的选择。湿地保护给农户带来的成本是否大于收益？农户对现行湿地生态补偿标准是否满意？满意的补偿标准为多少？农户受偿意愿的影响因素有哪些？

第四，农户对湿地生态补偿模式的选择。从自身利益角度出发，农户更倾向于哪种补偿模式？农户对湿地生态补偿模式的选择是否具有差异性？受哪些因素影响？

第五，基于上述分析对现行湿地生态补偿政策实施效果进行综合评价，结合农户的政策需求，提出优化湿地生态补偿制度的对策建议。

第二节　研究目的和意义

一　研究目的

湿地生态补偿制度主要包括两大目标：一是提升农户生计水平，二是增强农户保护意识和参与意愿。本书以补偿客体（农户）为研究对象，从湿地生态补偿对农户生计、保护意愿和行为的影响出发，综合评价制度合理性及实施效果，有效识别现有制度存在的不足及问题，并探究农户对湿地生态补偿标准和模式的需求，为进一步优化湿地生态补偿政策奠定基础。具体研究目标有以下几个方面。

第一，湿地生态补偿对农户生计有何影响？对比分析农户湿地保护成本和收益，比较补偿户和未补偿户生计水平和结构的差异，进一步探究湿地生态补偿对农户生计策略的影响，以期发现湿地生态补偿与农户生计之间的深层次关系。

第二，湿地生态补偿对农户保护意愿和行为有何影响？比较补偿户和未补偿户对湿地补偿及湿地保护认知和态度的差异，探讨湿地生态补偿与农户保护意愿和行为之间的影响机理。

第三，农户对湿地生态补偿政策的需求有哪些？基于对现有湿地生态补偿政策的评价，剖析农户对湿地生态补偿标准和模式的选择及其影响因素。

二　研究意义

（一）学术意义

湿地生态补偿作为一种重要的政策手段，在实施过程中补偿对象的政策认知和响应以及生态补偿对湿地保护效果的影响是资源与环境经济学研究的重要问题。同时，这也是政策制定者探索研究的方向，有助于为相关政策和法律法规的建立与完善做好充足准备。本书分析了湿地生态补偿对农户的影响，实际上是外部性理论、生态补偿理论和农户行为理论在湿地领域的进一步应用和拓展，具有一定学术意义，同时对湿地保护中生态经济问题的系统尝试为相关学科的发展做出了重要贡献。

（二）实践意义

党的十八大以后，生态文明建设成为国家发展的基本战略，而湿地保护是生态文明建设的重要组成部分。近些年，中国逐渐加大对湿地生态补偿的投入力度，但忽视了农户发展问题，导致在湿地生态补偿试点阶段一系列矛盾日益凸显。因此，如何在生态保护过程中实现利益平衡和可持续发展尤为重要，推动以利益关系为核心的湿地保护管理格局形成更是关键。基于农户视角的制度设计和完善、典型地区的成效直接关系到湿地生态补偿和湿地保护政策的进一步深化，因此具有较大的实践意义。

第三节　主要研究内容

生态补偿政策的实施，必然会直接或间接改变人们对自然资源的利用方式，尤其是原先对生态系统服务依赖度较高的区域。它不仅可以弥补周边社区经济损失，还可以在很大程度上影响农户生计方式和福祉水平、生物多样性及其栖息地行为意愿。可见，从经济、社会、生态等多个维度透视湿地生态补偿政策的实施效果十分必要。为此，本书从社区农户微观视角出发，以农户生计和保护行为作为政策效果的测度依据，其中农户生计具体包括生计资本、生计策略和生计结果，而农户保护行为又会受到其保护认知、保护意愿的影响。在综合评价现行湿地生态补偿政策实施效果的基础上，对比分析农户湿地保护成本和收益，探讨农户对补偿标准和补偿模式的需求，从而构建更加系统、科学的湿地生态补偿政策体系。本书的研究逻辑框架如图 1-1 所示。

本书的重点内容包括以下几部分。

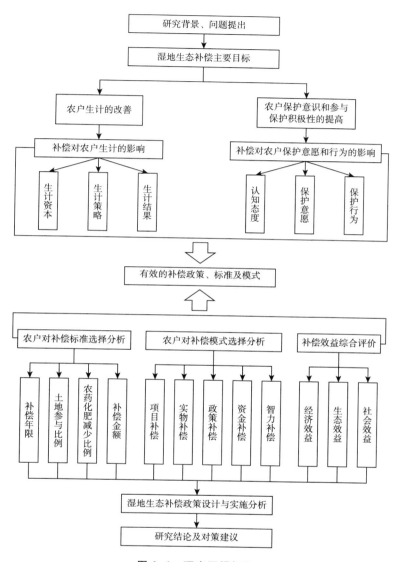

图 1-1 研究逻辑框架

第一，分析朱鹮栖息湿地生态补偿推进现状及问题。从制度背景和补偿现状出发，通过收集的二手资料和实地调研数据，总结和梳理了洋县、城固县和宁陕县湿地资源和生态补偿政策的整体情况，考察农户经济损失补偿、天然湿地保护与恢复、人工湿地整治与修复及朱鹮栖息地村落污染治理状况。在湿地生态补偿实施过程中，明确利益关系如何调整、水田有何变化、政策存在哪些问题等内容，能够为评估湿地生态补偿政策实施效果奠定现实基础。

第二，分析湿地生态补偿对农户生计资本、生计策略的影响。本部分从农户生计视角出发，估算农户湿地保护成本，进而分析湿地生态补偿政策导致农户生计资本（自然资本、物质资本、人力资本、社会资本和金融资本）及生计策略（务农、营林、务工和兼业）的变化，以及补偿户和未补偿户生计资本和生计策略的差异，并在此基础上深入研究湿地生态补偿制度如何作用于农户生计。

第三，分析湿地生态补偿对农户生计结果的影响。湿地生态补偿的经济目标需要思考一个基本问题：湿地生态补偿政策对农户生计结果有哪些影响？影响是否显著？本部分从收入和福祉视角入手，分析湿地生态补偿对农户收入和福祉的影响，以及补偿户和未补偿户在收入和福祉方面是否有差异。

第四，分析湿地生态补偿对农户保护意愿和行为的影响。湿地生态补偿政策实施以后，农户保护意愿和行为是促进湿地生态系统可持续发展、巩固生态补偿成效的关键，也是从根本上激励农户保护朱鹮及其栖息地的核心问题。本部分基于计划行为理论，从农户湿地保护行为出发，研究农户对湿地保护和生态补偿的认知、态度、意愿和行为等，进而得出湿地生态补偿政策对农户湿地保护意愿和行为产生了哪些影响以及影响大小如何。

第五，探讨湿地生态补偿标准的制定。基于农户受偿意愿视角，选取与补偿标准确定相关的四个重要指标（补偿年限、土地参与比例、农药化肥减少比例和补偿金额）进行组合，发现补偿金额是影响最大的指标，并在此基础上分析农户对不同湿地生态补偿标准的选择及其影响因素。

第六，探讨湿地生态补偿模式的选择。在梳理湿地生态补偿模式分类的基础上，分析农户对补偿模式（智力补偿、资金补偿、政策补偿、项目补偿和实物补偿）的选择，以及影响农户湿地生态补偿模式选择的因素。随着生态保护力度逐渐加大，需要建立与之相适应的多元化湿地生态补偿模式，为今后政策的制定提供方向。

第七，评价现行湿地生态补偿政策实施效果。从压力、状态和响应三个层面设计湿地生态补偿制度评价指标体系，主要包括湿地生态补偿政策实施面临哪些压力和挑战，所处社会、经济和生态状况以及带来的各种效益。通过这些判断和评价，可以得出湿地生态补偿政策实施对社会、经济和生态的综合影响，从中也可以发现现行制度存在的问题与不足，通过构建湿地生态补偿制度框架，提出进一步优化湿地生态补偿制度的对策建议。

第四节　研究技术路线

基于外部性理论、生态补偿理论和农户行为理论，对比分析国内外湿地生态补偿相关文献，并结合研究区域（陕西省）湿地生态补偿的现状，制订研究方案和计划。根据研究目标和主要内容，进行实地农户和管理者调查，获取一手数据和二手资料。在此基础上，运用计量分析方法探讨湿地生态补偿对农户生计的影响，建立结构方程模型估计各变量（主观规范、行为态度、感知行为控制、湿地生态补偿、保护意愿、保护行为）之间的耦合关系，进而分析农户对补偿标准和模式的需求，结合实施效果评价，得出现行湿地生态补偿制度存在的问题，最终提出协调湿地保护和农户增收的对策建议。为了确保本书顺利完成，本书将按以下技术路线展开研究。

第一，梳理国内外湿地生态补偿相关文献和资料，结合研究背景提炼出科学问题，并根据研究区域湿地生态补偿的现状及问题，制订研究方案和具体计划，收集各级部门的二手资料和空间遥感数据。第二，通过实地调研，获取农户问卷、管理者访谈和专家问卷等一手数据，采用倾向得分匹配法（PSM）、似不相关模型（SUR）分析湿地生态补偿对农户生计结果（包括农户收入和主观福祉）的影响，运用结构方程模型（SEM）探讨湿地生态补偿对农户湿地保护意愿和行为的影响，通过选择实验法（CE）及多元 Logistic 回归分析农户对湿地生态补偿标准和模式的需求，全面评价湿地生态补偿政策的实施效果。第三，基于核心章节的机理和实证分析得出主要结论，进而提出相应的对策建议。研究技术路线如图 1-2 所示。

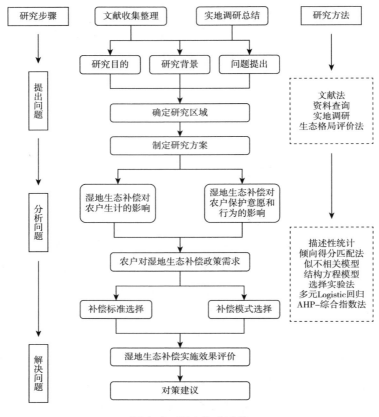

图 1-2　研究技术路线

第五节　数据来源

一　调研设计

依托国家林业局（2018 年更名为国家林草局）委托项目，课题组在云南、湖北、陕西等省开展前期实地调研，重点研究了保护与发展冲突、生态补偿等内容，累计发放 1675 份农户问卷。在借鉴相关研究成果的基础上，设计农户调研问卷初稿，并经过课题组和专家多次讨论修改，选取以朱鹮旗舰物种为主的典型湿地生态系统周边 100 户农户进行预调查，最终在陕西省洋县、城固县和宁陕县完成了社区调研的数据收集工作，参与调研人员主要包括北京林业大学经济管理学院教师和学生、朱鹮国家级自然保护区管理局和保护站的工作人员，调研时间范围是 2013～2017 年湿地生态补偿实施时期和 2021 年，旨在了解农户对湿地保护及生态补偿的认知态度、湿地保护意愿和行为、湿地生态补偿标准制定、补偿模式选择及朱鹮保护给农户造成的损失等，最后根据预调查的结果对问卷进行补充完善。

村表主要调查对象为熟悉本村情况的村干部，包括人口、土地资源面积及权属、基础设施建设、湿地开垦、生态工程、农村治理等基本情况，以及主要农作物及家禽牲畜单价（用于计算家庭收入）、社区与湿地保护的关系等。同时，村表中的许多数据可以作为有效的区域控制变量进行分析。根据贫困环境网络（Poverty Environment Network，PEN）调查工具（CIFOR，2007），农户问卷包括家庭组成、资源禀赋、生产经营、湿地专题四大部分，具体内容如图 1-3 所示。农户家庭收入情况是较为敏感的数据，为了提高调研效率、保证数据准确性，询问农户去年和前五年的农产品或林产品产量、生产性投入等，通过比较推算出农户相应的成本和收益。

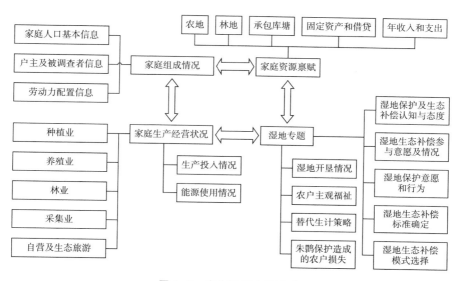

图 1-3 农户问卷内容构成

二 数据收集

本书采用参与式评估法对农户、管理者和专家进行问卷调查和结构化访谈。由于每个县的补偿类型、农户数量、发展程度有所不同，选取陕西省 3 个县（朱鹮主要栖息地）开展实地调研，然后采取分组抽样和随机抽样的方式，在每个县选取 2 个社区，参与和未参与湿地生态补偿至少各选取 1 个。由于洋县是朱鹮最重要的栖息地，鸟类破坏农作物现象最严重，农药化肥减少力度最大，故在此进行两次调研，选取了 15 个典型社区，因此样本量较大。后来发现在城固县和宁陕县也有朱鹮大量分布，每个社区选取 50 户左右进行补充调查，使一手数据更加完整可靠。

问卷调查的主要对象是户主或对家庭生产经营情况熟悉的配偶、子女或亲戚，采取一对一的方式进行，并通过小组问卷互查来提高农户数据的质量，样本农户总数为 1002 户，筛选出有效样本为 928 户，问卷有效率达 92.61%，其中参与和未参与湿地生态补偿的农户分别为 503 户和 425 户。在调查农户之前，要获取每个村的村表数据，这样可以更好地印证农户数据的真实性和准确性。3 个县的数据收集情况如表 1-1 所示。

表 1-1 样本数据收集情况

单位：个，户

区域	时间	村庄数	调查样本量	有效样本量
洋县	2016 年 7 月	8	332	314
	2017 年 11 月	7	456	425
城固县	2017 年 11 月	2	103	92
宁陕县	2017 年 11 月	2	111	97

朱鹮保护区和社区管理者见证了湿地生态补偿政策的演变，其对湿地生态补偿实施过程中农户生计和行为响应变化更加了解。因此，管理者对问题的认识和判断可以作为农户数据的有益补充，进而确定研究视角和核心内容。访谈对象具体包括各县林业局湿地管理部门、保护区资源科领导及业务骨干、朱鹮保护站的关键人员等。访谈内容涉及湿地生态补偿前后农户生计资本和生计策略的变化、补偿户和未补偿户生计资本和生计策略

的差异；湿地生态补偿对农户收入和福祉产生哪些有利和不利的影响；农户湿地保护意愿和行为有何变化，湿地生态补偿对农户保护意愿和行为有哪些影响；农户对现行湿地生态补偿标准和模式有哪些选择；湿地生态补偿有无相应的配套制度等。

此外，本书收集的朱鹮栖息地二手资料包括：能够反映研究区域自然、经济和社会状况的资料和数据，包括地区统计年鉴和统计公报、《陕西汉中朱鹮国家级保护区总体规划》、研究区域简介等；能够反映研究区域湿地生态补偿政策实施与进展情况的资料和数据，如《陕西汉中朱鹮国家级保护区湿地生态效益补偿实施方案》、保护区近年来重要项目列表（包括国内、国际项目）、湿地生态补偿项目工作总结及湿地生态补偿的实施情况介绍等；能够反映研究区域生态系统（尤其是水田）构成及朱鹮栖息地变化的资料和数据，主要包括第二次全国湿地资源调查数据，2000年、2010年和2015年遥感解译的陕西省土地利用数据等，以及近10年朱鹮栖息地的变化情况、保护区功能规划图、朱鹮夜宿地分布图等。

第二章

研究基础

第一节　概念界定

一　湿地

　　湿地概念研究起源于北美和欧洲。从狭义上讲，湿地是处于陆地生态系统和水生生态系统之间的过渡区，其标准是地下水位值需要达到或者接近地表，至少具有水文、土壤或植被三个要素之一。其中，最具代表性的是出自 1979 年《美国湿地及其深水生境的分类》的定义，此定义被广泛地应用于湿地调查、评价和制图等科学研究领域。

　　《湿地公约》指出，湿地是水体水深不超过 6 米的水域，包括陆地、流水、静水、河口和海洋系统中各种湿生和沼生区域。该定义边界清晰、范围全面，被世界各国湿地管理者和科研工作者普遍认可。因此，本书采用此定义界定湿地的内涵和外延，栖息湿地指以朱鹮物种为主的湿地生态系统（包括栖息地及周边社区）。

二　湿地生态补偿

　　生态补偿已经成为政府部门、非政府组织以及学术界研究的热门话题，但至今没有关于生态补偿较为公认的定义。生态补偿概念起源于自然科学领域（《环境科学大辞典》编辑委员会，1991），进入社会经济领域是在 20 世纪 90 年代后。狭义的生态补偿指对生态系统和自然资源保护所获得效益的奖励或破坏生态系统和自然资源所造成损失的赔偿，类似于生态系统服务付费，是一种将外部的非市场环境价值转化为当地参与者提供生态服务的财政激励机制。目前国际上相对认可的是 Wunder 在 2005 年提出的定义，并明确生态补偿的四个特点（刘峰江、李希昆，2005），如图2-1所示。

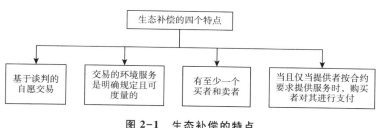

图 2-1　生态补偿的特点

　　生态补偿实践大多数需要由国家强制推行。广义的生态补偿是一种社会活动参与者间的资源转移（Muradian et al.，2010），既包括由生态系统服务受益者补偿提供者，也包括由生态环境破坏者补偿受害者（吕忠梅，2003；李文华等，2006），运用经济手段保护和可持续利用生态系统。

　　湿地生态补偿是自然资源有偿使用制度的重要内容之一，旨在将外部成本内部化，通过调整利益分配关系，改善、维护和恢复湿地生态系统服务功能。本书针对朱鹮栖息地周边居民为湿地恢复和生物多样性保护做出的努力和付出的代价，分析相应的资金、技术、实物和政策激励，如耕种冬水田、向鸟类投食等。此外，湿地生态补偿还包括对湿地生态服务价值的付费、对生态环境本身的补偿（占补平衡）、对具有较高生态价值的区域或对象进行保护性投入等。

三　生计

　　生计是研究农户行为和公共治理的重要视角。生计的概念经常出现在关于贫困和农村发展的论文和著作中，但这个术语的内涵和外延并不十分明确。大多数学者认为生计是谋生方式，以能力、资产和活动为基础，可持续的生计是指在增强能力和增加资产的同时，不损害自然资源（Chambers and Conway，1992）。随着社会经济的发展和外部环境的变化，生计的概念也不是一成不变的，引入能力后生计概念的范畴扩大了，开始重视人的自我发展能力。

可持续生计是梳理和分析农户生计及其影响因素的重要方法，能够指导农户利用资产、权利，采取有效的行动策略谋求生计最优化，主要包括生计脆弱性、生计资本、生计策略、生计结果。生计必然会受到风险、冲击、趋势、政策制度等外部因素的影响，本书以英国海外发展署有关生计资本计量的方法和生计策略选择为基点，分析湿地生态补偿制度对农户生计的影响，根据生计资本的变化调整生计策略，协调好湿地保护与农户发展之间的关系。因此，可持续生计框架为全面研究湿地生态补偿实施过程中农户损益及认知行为的变化提供了理论依据。

第二节　理论基础

已有的成熟理论对构建本书研究框架具有重要意义。在人类—自然耦合系统领域，目前已形成很多关于自然资源管理、保护与生计福祉关系以及农户行为等方面的理论，本节运用习近平生态文明思想和西方经济学理论分析了湿地生态补偿政策的影响，为湿地生态补偿制度体系的完善提供了理论支撑。

一　习近平生态文明思想

（一）习近平生态文明思想的起源和发展

1. 中华传统生态智慧

中华文明根植于源远流长、博大精深的农耕文明。农耕文明承载着华夏文明生生不息的基因密码，彰显着中华民族的思想智慧和精神追求。圣贤先哲的生态文化思想经过历史积淀，涵盖各种各样的独特生态文化元素，是现代生态文明建设的可靠基石。

传统历法、二十四节气总结的四季更替和植物生长的规律，指导着农业生产。《易经》倡导天地人和观，"有天地，然后万物生焉"，认为世间万物都源于天地，同时"有万物然后有男女"，人与自然是血脉相连的有机统一体，因此要"与天地合其德，与日月合其明，与四时合其序"，即人与自然需和谐相处。儒家倡导天人合一，孔子传承天、地、人"三才"思想，认为人之于自然并非被动消极，而是可以通过自我调适来契合天地之道，即"人知天"。孟子提出的"上下与天地同流""万物皆备于我矣"，荀子提出的"制天命而用之"，汉代董仲舒提出的"天人之际，合而为一"、宋代张载的"儒者则因明至诚，因诚至明，故天人合一"等观点，表征了古贤不断探寻自然规律、做到顺势而为、追求天人和合的思想高度。老子的"道法自然""无为而治"，"唯道是从"才能达到"物我同一"的境界，主张遵循规律，不过分干预自然与社会。《吕氏春秋》有云："竭泽而渔，岂不获得？而明年无鱼；焚薮而田，岂不获得？而明年无兽。"《孟子》有云："不违农时，谷不可胜食也；数罟不入洿池，鱼鳖不可胜食也；斧斤以时入山林，材木不可胜用也。"这些关于对自然要取之以时、取之有度的思想有十分重要的现实意义。

中国古代思想家不仅提出了人与自然和谐相处、可持续发展的观点，而且很早就把关于自然生态的观念上升为国家管理制度。例如，西周时期，周文王颁布的《伐崇令》规定："毋坏屋，毋填井，毋伐树木，毋动六畜。有不如令者，死无赦。"还专门设立掌管山林川泽的机构，制定相关的政策法令——虞衡制度，《周礼》记载，设立"山虞掌山林之政令，物为之厉而为之守禁"，"林衡掌巡林麓之禁令而平其守"。秦汉时期，虞衡制度分为林官、湖官、陂官、苑官、畴官等。隋唐时期，虞衡职责进一步扩展，管理事务范围不断扩大。据《旧唐书》记载，虞部"掌京城街巷种植、山泽苑囿、草木薪炭供顿、田猎之事"。宋元以后，除元朝设有专门的虞衡司以外，其他各朝都由工部负责资源与环境保护方面的工作，一直延续到清代。《唐律》中有"非时烧田野者笞五十"的规定，宋代关于保护自然资源的法令更是层出不穷。在五千多年文明发展中孕育而成的中华优秀传统生态文化，既是中国共产党生态文明思想的深厚历史文化渊源，也是中国特色社会主义生态文明建设的独特优势。正如习近平总书记2018 年在全国生态环境保护大会上强调的："中华民族向来尊重自然、热爱自然，绵延 5000 多年的中华文明孕育着丰富的生态文化。"我们要坚持从马克思主义关于人与自然、生态与生产的辩证统一关系原理和中华优秀传统生态文化中领悟精髓、汲取力量，结合新时代生态文明建设实践，对此加以创造性转化和创新性发展，迈向人与自然和谐共生现代化的理论与实践。近年来，我国实施的"河长制""林长制""田长制"等，既借鉴了古代自然资源管理的历史经验，又赋予了其现代公共治理的丰富内涵。

2. 马克思主义生态观

(1) 人与自然的关系

人与自然关系是人类社会最基本的关系。马克思主义认为，人不是自然界的主宰者，而是自然界的一部分，人靠自然界生活。马克思在《1844年经济学哲学手稿》中指出："自然界，就它自身不是人的身体而言，是人的无机的身体。人靠自然界生活。"[《马克思恩格斯选集》（第 1 卷），2012] 自然界之所以是人的无机的身体，就在于人与自然之间发生"持续不断的交互作用"。资本主义生产方式客观上推动了科技进步、组织变革和自然资源开发利用等，大大提高了社会生产力。马克思曾指出，"大工业把巨大的自然力和自然科学并入生产过程，必然大大提高劳动生产率"；"我们已经知道，由协作和分工产生的生产力，不费资本分文。这是社会劳动的自然力。用于生产过程的自然力，如蒸汽、水等等，也不费分文"[《马克思恩格斯全集》（第 42 卷），2016]。"生产过程从简单的劳动过程向科学过程的转化，也就是向驱使自然力为自己服务并使它为人类的需要服务的过程的转化，表现为同活劳动相对立的固定资本的属性"[《马克思恩格斯选集》（第 2 卷），2012]。然而，资本主义制度的本性是追求无限扩张，追求利润的最大化，其必然超出生态系统所能承受的极限，最终引发全球性生态危机。马克思说："劳动首先是人和自然之间的过程，是人以自身的活动来中介、调整和控制人和自然之间的物质变换的过程。"[《马克思恩格斯选集》（第 2 卷），2012] 人类通过实践活动与自然界相互联系、相互作用。一方面，人依赖自然，会受到生态系统的约束和限制，因此，人在实践活动中发挥主观能动性时要尊重客观自然规律。另一方面，人是有目的、有意识的存在物，想要充分利用生态系统的资源和服务必须通过劳动改造自然。

恩格斯在《自然辩证法》中深刻地指出："但是我们不要过分陶醉于我们人类对自然界的胜利。对于每一次这样的胜利，自然界都对我们进行报复。"[《马克思恩格斯选集》（第3卷），2012]他列举了人类历史上因无节制地开采自然资源而破坏生态环境对人类社会发展造成不利影响的例子。"美索不达米亚、希腊、小亚细亚以及其他各地的居民，为了得到耕地，毁灭了森林，但是他们做梦也想不到，这些地方今天竟因此而成为不毛之地，因为他们使这些地方失去了森林，也就失去了水分的积聚中心和贮藏库。阿尔卑斯山的意大利人，当他们在山南坡把那些在山北坡得到精心保护的枞树林砍光用尽时，没有预料到，这样一来，他们就把本地区的高山畜牧业的根基毁掉了；他们更没有预料到，他们这样做，竟使山泉在一年中的大部分时间内枯竭了，同时在雨季又使更加凶猛的洪水倾泻到平原上。"[《马克思恩格斯选集》（第3卷），2012]不难看出，恩格斯这番话警示人们要"认识和正确运用自然规律"，在使自己的行为符合客观规律的同时，"控制那些至少是由我们的最常见的生产行为所造成的较远的自然后果"[《马克思恩格斯选集》（第3卷），2012]。"到目前为止的一切生产方式，都仅仅以取得劳动的最近的、最直接的效益为目的。那些只是在晚些时候才显现出来的、通过逐渐的重复和积累才产生效应的较远的结果，则完全被忽视了。"[《马克思恩格斯选集》（第3卷），2012]因此，"需要对我们的直到目前为止的生产方式，以及同这种生产方式一起对我们的现今的整个社会制度实行完全的变革"[《马克思恩格斯选集》（第3卷），2012]。从这个意义上说，马克思主义关于生态文明的思想，是建立在对社会主义制度优越性的自信基础之上的。马克思、恩格斯关于人与自然关系的思想，为正确处理人与自然关系提供了理论遵循和思想指导，也为推进社会主义生态文明建设提供了科学依据和动力源泉。

（2）自然生产力和社会生产力的关系

在《资本论》中，马克思用"劳动的自然生产力""劳动的社会生产力"等概念阐明了生产力的内涵。马克思主义认为，生产力由自然生产力和社会生产力构成，是二者的统一。一方面，自然界是人类文明产生和发展的基础与前提，包括人本身。马克思指出："人靠自然界生活。这就是说，自然界是人为了不致死亡而必须与之处于持续不断的交互作用过程的、人的身体。所谓人的肉体生活和精神生活同自然界相联系，不外是说自然界同自身相联系，因为人是自然界的一部分。"[《马克思恩格斯选集》（第 1 卷），2012] 如果不从自然界中获取劳动资料、劳动对象和劳动者，人类将无法生存，社会生产力也就无从谈起。另一方面，生态环境是社会生产力的基本要素之一。良好的生态环境不仅能直接提供生态产品，而且影响和决定着创造社会财富的能力。马克思承认在社会生产中"人和自然，是同时起作用的"[《马克思恩格斯全集》（第 23 卷），1972]。可见，生产力作为人类与自然之间的有序关系，是辩证统一的双向互动关系，而不是人类对自然界的单向关系。忽视甚至否认自然对人类的关系，只强调生产力是"人对自然的关系"，片面解读了马克思生产力思想的内容。马克思的生产力思想中不仅包含着自然生态要素对生产力发展的基础性作用的科学论证，包含着对生产力反生态发展的社会根源的揭示以及对生产力资本化所带来的生态异化的批判，更有着对未来生产力发展中实现人与自然真正和谐的生态价值诉求。生产力是人与自然、自然生产力与社会生产力交互作用的结果，把自然的人化方向和人的自然化方向、物的尺度和人的尺度在生产力层面统一起来，这是马克思生产力思想生态维度的集中体现。自然生产力是社会生产力的根源和基础，它制约着社会生产力的产生和发展，不仅为人类提供直接的生存资料，也创造出人类社会再生产的对象和资料。而社会生产力对自然生产力具有促进和引导作用，只有以社会生产力为基础，自然界中蕴含的潜能才得以转化为现实生产力。

作为一种社会生产关系的资本对生产力发展而言是一把双刃剑。一方面，生产力资本化的过程是一个以工业生产为主体的生产力快速发展的过程。另一方面，从生态维度来说，生产力资本化过程又是一个反生态发展的过程。人与自然关系异化、生态危机爆发，归根到底是由资本主义私有制、资本的生产方式和异化劳动带来的，即资本追逐剩余价值的本性。在这种情况下，自然不再是人的"无机身体"，也不再是人确证本质力量的对象，只是实现人类目的和满足无限欲望的手段和工具。因此，资本扩张的无限性和自然资源的有限性之间存在不可调和的矛盾，自然生态恶化不可避免地成为资本主义制度的先天缺陷。马克思早就指出："在私有制的统治下，这些生产力只获得了片面的发展，对大多数人来说成了破坏的力量，而许多这样的生产力在私有制下根本得不到利用。"[《马克思恩格斯选集》（第 1 卷），2012］因此，由资本逻辑主导的资本主义生产方式必然遭遇"增长的极限"，从而破坏人与自然之间的物质变换过程，造成"无法弥补的断裂"，引发严重的全球性生态危机。马克思和恩格斯认为，共产主义社会可以完全克服人与自然的双重异化。在共产主义社会中，人们"将合理地调节他们和自然之间的物质变换，把它置于他们的共同控制之下，而不让它作为一种盲目的力量来统治自己；靠消耗最小的力量，在最无愧于和最适合于他们的人类本性的条件下来进行这种物质变换"［《马克思恩格斯全集》（第 46 卷），2003］，从而实现人与自然及其社会的和谐发展。也就是说，变革资本主义制度、实现共产主义是化解生态危机的根本途径。

3. 国际可持续发展理念

国际可持续发展理念源于对工业文明的反思、扬弃和超越。20 世纪的工业文明与人类现代化行进的脚步，极大地改变了世界的面貌，在为人类带来巨大福利的同时，也造成了一系列威胁人类生存的全球性问题。从卡逊的《寂静的春天》到罗马俱乐部的《增长的极限》，发达国家首先开始对自己的活动进行反思。1987 年世界环境与发展委员会（WECD）在《我们共同的未来》报告中正式提出了可持续发展的概念和模式，即既满足当代人的需要，又不对后代人满足其需要的能力构成危害的发展。可持续发展理念的重心是发展，关注的是工业文明下经济发展与环保的协同，目标是实现人与人及人与自然的和谐。它从理论上明确了发展经济同保护环境和资源是相互联系、互为因果的观点，明确提出要变革人类沿袭已久的生产方式和生活方式。

以 1972 年联合国第一次人类环境会议、1992 年联合国环境与发展大会和 2002 年可持续发展世界首脑会议为标志，世界有关环境与发展关系的认识先后经历了三个阶段：环境问题提出（1962~1972 年）、可持续发展战略（1972~1992 年）、绿色经济与全球环境治理（1992~2012 年）。贯穿过去 50 年理论和政策演变的中心思想是强调经济社会发展应该与资源环境消耗脱钩，可依次概括为三个模型。一是环境与发展的二维模型，强调资源环境可以支撑经济社会发展。二是可持续发展三支柱模型，包括对象、过程、主体三个维度。从对象看，可持续发展强调资源环境制约下的经济增长，同时把社会包容性纳入进来，也就是经济增长、社会公平、环境安全三位一体。不同学者根据三位一体关系将可持续发展分为弱可持续发展和强可持续发展。前者认为三者属于并列关系，只要实现总和意义上资本积累的非零增长就是可持续的；后者认为三者属于包容关系，资源环境系统包容经济社会系统，不仅要求总和意义上的资本积累增长，而且要求关键自然资本的非零增长。从过程看，可持续发展强调从技术效率导向的相对脱钩升华到生态规模控制的绝对脱钩。从主体看，鉴于存在政府失灵，可持续发展需要政府、企业、社会等利益相关者的合作治理。三是发展质量的三个层面模型，强调好的发展应该注意物质资本、货币资本、人力资本和自然资本。

随着国际交流日益频繁，西方环境保护思想和可持续发展理念的不断涌入，以及全球重大生态环境污染事件的经验教训为中国特色社会主义生态文明建设提供了现实借鉴。生态文明是人类文明发展的新阶段，人类社会继原始文明、农耕文明、工业文明之后，以人与自然和谐共生为基本特征的新文明形态，也是当今时代人与自然关系认知、人类发展取向等方面的先进理念、价值、知识与经验等精神财富和发明创造的总和。而生态文明建设与传统意义的生态保护不同，传统意义的生态保护注重的仅仅是控制污染，克服工业文明带来的弊端。但生态文明建设的内涵更为丰富、科学，还包括人类在探索可持续发展道路上形成的进步的生态价值观念和生态意识在物质文明和政治文明层面的延伸。它不仅仅是一种绿色发展理念，更是一场涉及生产方式、生活方式、思维方式和价值观念的绿色革命性变革，功在当代、利在千秋。

4. 党领导生态环境保护工作的历史经验

新中国成立之初，百废待兴。20 世纪 50 年代，全球环境保护运动尚未兴起，以毛泽东同志为核心的党的第一代中央领导集体重视农、林、牧并举发展，推进江河流域水患治理，开展水利工程建设和"绿化"祖国行动，重视节约资源和开发再生资源。1956 年，国务院批准建立广东肇庆鼎湖山自然保护区，成为我国第一个自然保护区，标志着我国生态环境保护事业处于孕育萌芽期。1972 年，中国出席联合国第一次人类环境会议并作了会议发言，受到国际社会环境保护思想的启蒙。1973 年，国务院召开第一次全国环境保护会议，将生态环境保护提上国家重要议事日程，确定"全面规划、合理布局、综合利用、化害为利、依靠群众、大家动手、保护环境、造福人民"的环境保护工作方针，讨论通过我国第一份生态环境保护文件《关于保护和改善环境的若干规定》，会后制定了我国第一项生态环境保护标准《工业"三废"排放试行标准》。至此，我国生态环境保护事业正式起步。

改革开放之初，以邓小平同志为核心的党的第二代中央领导集体更加注重林业和法制化建设，直接推动了我国第一部环境保护法诞生，建立了以宪法为核心、以环境法为基本法、以部门法和地方法律为补充的环境保护法律体系。1978 年，国家决定实施"三北"防护林体系建设工程，邓小平同志始终关心工程进展，于 1988 年题词"绿色长城"。1979 年 2 月，第五届全国人大常委会第六次会议原则通过了《中华人民共和国森林法（试行）》，并将每年 3 月 12 日确定为国家的植树节。1982 年 11 月，邓小平同志在全军植树造林表彰大会上题词：植树造林、绿化祖国、造福后代。1983 年，第二次全国环境保护会议明确保护环境是我国一项基本国策，并提出"经济建设、城乡建设、环境建设要同步规划、同步实施、同步发展，实现经济效益、社会效益、环境效益的统一"的战略方针。1984 年 5 月、1987 年 9 月和 1988 年 1 月，《水污染防治法》《大气污染防治法》《水法》等环保单项法律法规相继制定颁布。1989 年末，《中华人民共和国环境保护法》发布，确立了环境保护与经济社会发展相协调的原则，为我国推进生态文明建设提供了法治保障。

在现代化建设中，以江泽民同志为核心的党的第三代中央领导集体，推动可持续发展战略成为指导我国经济社会发展的重大战略，提出环境与发展十大对策。1992 年，联合国环境与发展大会通过《21 世纪议程》，其中明确提出的可持续发展理念得到各国普遍认同。中国作为发展中国家参加并开始编制自己的可持续发展战略。1994 年，中国向全世界率先发布了《中国 21 世纪议程——中国 21 世纪人口、环境与发展白皮书》，系统论述经济、社会发展与资源生态环境间的关系，提出了中国实施可持续发展战略的综合性、长期性和渐进性方案。1995 年，党的十四届五中全会正式将可持续发展战略写入《中共中央关于制定国民经济和社会发展"九五"计划和 2010 年远景目标的建议》，提出"必须把社会全面发展放在重要战略地位，实现经济与社会相互协调和可持续发展"。1997 年，党的十五大将可持续发展战略思想首次写入党代会报告。2002 年，党的十六大将"可持续发展能力不断增强"作为全面建设小康社会的重要目标之一。

新时代新阶段，以胡锦涛同志为总书记的党中央在全面建设小康社会进程中推进实践创新、理论创新、制度创新，形成了科学发展观，强调坚持以人为本、全面协调可持续发展。2003 年 10 月召开的党的十六届三中全会明确提出"科学发展观"，生态文明是科学发展观的题中之义。2005年，国务院印发《关于落实科学发展观加强环境保护的决定》，提出"把环境保护摆在更加重要的战略位置""坚持环境保护基本国策，在发展中解决环境问题"。2006 年，第六次全国环境保护大会提出"三个历史性转变"，把环保工作推向了保护环境、优化经济增长的新阶段，强调要彻底摒弃"先污染后治理"的传统发展模式，生态环境保护日益成为经济发展的新动能。2007 年，党的十七大首次提出"生态文明"概念，将建设资源节约型、环境友好型社会写入党章，将建设生态文明作为一项战略任务和实现全面建设小康社会奋斗目标的新要求，这拉开了中国生态文明建设的历史大幕。

由此可见，从新中国成立初期以毛泽东同志为核心的党的第一代中央领导集体发出"一定要把淮河修好""把黄河的事情办好"伟大号召，到以邓小平同志为核心的党的第二代中央领导集体把推动环境保护列为我国一项基本国策、开启全民义务植树运动先河，到以江泽民同志为核心的党的第三代中央领导集体确立中国走可持续发展道路的新方向，再到以胡锦涛同志为总书记的党中央提出科学发展观、强调统筹人与自然和谐发展、将"生态文明"写入党的十七大报告，生动展现了不同发展阶段中国共产党创造性地回答人与自然、经济社会发展与生态环境关系问题所取得的创新理论成果。

（二）习近平生态文明思想的生动体现

生态文明是人类社会进步的重大成果，是实现人与自然和谐共生的必然要求。党的十八大以来，以习近平同志为核心的党中央将建设生态文明提到关系国家未来、关系人民福祉、关系中华民族永续发展的战略高度，将其纳入中国特色社会主义"五位一体"的总体布局和"四个全面"战略布局的重要内容，将"中国共产党领导人民建设社会主义生态文明"写入党章，首次把"美丽中国"作为生态文明建设的宏伟目标。党的十九大把习近平新时代中国特色社会主义思想确立为党必须长期坚持的指导思想并庄严地写入党章，将"坚持人与自然和谐共生"确立为新时代坚持和发展中国特色社会主义的基本方略之一。全国生态环境保护大会正式确立了习近平生态文明思想，它既是习近平新时代中国特色社会主义思想的重要组成部分和核心内涵，也是新时代生态文明建设的根本遵循与最高准则，深刻回答了"为什么建设生态文明""建设什么样的生态文明""怎样建设生态文明"等重大理论和实践问题。党的二十大深刻阐述了中国式现代化的特色之一是人与自然和谐共生，促进人与自然和谐共生是中国式现代化的本质要求，并作出"推动绿色发展，促进人与自然和谐共生"的重大部署。

习近平生态文明思想基于历史、立足现实、面向全球、着眼未来，是一个立意高远、内涵丰富、思想深邃的科学理论体系。它系统阐释了人与自然、保护与发展、环境与民生、国内与国际等关系，深刻阐明了关于生态文明建设的认识论、价值论和方法论，蕴含着丰富的马克思主义立场、观点和方法，形成了一系列具有原创性、时代性、指导性的重大思想观点。其核心内容集中体现为"十个坚持"，即坚持党对生态文明建设的全面领导，坚持人与自然和谐共生，坚持绿水青山就是金山银山，坚持良好生态环境是最普惠的民生福祉，坚持绿色发展是发展观的深刻革命，坚持统筹山水林田湖草沙系统治理，坚持用最严格制度最严密法治保护生态环境，坚持把建设美丽中国转化为全体人民自觉行动，坚持共谋全球生态文明建设之路。

人与自然是生命共同体，人类必须尊重自然、顺应自然、保护自然。生态文明建设是关系中华民族永续发展的千年大计，必须站在人与自然和谐共生的高度来谋划经济社会发展。正如研究所述，成片的冬水田被纳入保护，有朱鹮活动的水田农药化肥被禁用。朱鹮是涉禽，离不开湿地，汉江及其支流因其被纳入保护，河道挖沙、非法捕捞被有效地遏制，这里湿地生态系统正焕发出新的生机。朱鹮的繁殖和夜宿均在树上，于是有朱鹮活动的成片树林被纳入保护，采石采矿、砍树伐木被遏制，这里森林生态系统显得分外郁郁葱葱。通过这些措施，山水林田湖草一体化保护修复取得成效，充分体现了自然生态的系统性思维和共生性思维，激发了自然生态系统本身巨大的自我修复和发展能力。

生态因朱鹮而美，群众因生态而富。保护好朱鹮赖以生存的栖息地，不仅促进了朱鹮栖息地生态环境的恢复和改善，也有助于提升当地群众的获得感、幸福感。在朱鹮活动区开展湿地恢复、封山育林、栖息地治理、保护补偿，对朱鹮活动流域的天然湿地进行修复和整治，对蓄水良好的天然冬水田进行摸底和保护，既为朱鹮创造了良好的觅食环境，也让群众享受到实实在在的生态红利。对发挥重要生态效应的稻田湿地进行生态补偿，同时有机、绿色、无公害的水稻等农产品成为"金字招牌"，如今朱鹮活动的地方，人与自然相处融洽，农民在田间耕种，朱鹮在地头觅食，吸引了大批游客前来参观游览，给当地居民带来了可观的经济收益。通过这些措施，洋县的绿水青山变成富民的金山银山，它走出一条生态美、产业兴、百姓富的可持续发展之路。

二　西方经济学理论

（一）外部性理论

外部性指在某经济主体福利函数中，自变量中含有他人行为，但该经济主体未向他人提出或索取报酬。经济主体本身的经济活动会影响其福利，其他人的经济活动也会影响其福利，即存在外部性。当经济主体的一项经济活动对社会上的其他成员产生好的影响而自己却得不到补偿时，称为正外部性。湿地生态系统保护会给社会带来无法估量的收益，但湿地生态功能难以直接转化为经济利益，难以调动理性经济人参与保护的积极性。反之，如果这项经济活动引起社会其他成员效用的降低或成本的增加而自己却不为此支付足够的费用，称为负外部性。湿地的生态系统整体性，决定了湿地利用的经济活动具有负外部性。因此，建立生态补偿制度势在必行，通过奖励或补贴正外部性行为主体，实现资源利用与湿地保护的平衡，通过向负外部性行为主体征收相应税费，提高湿地生态环境损害成本。

从福利经济学角度出发，生态补偿可以看作卡尔多—希克斯改进。根据卡尔多—希克斯效率标准，在社会资源分配的过程中，如果社会资源重新配置的收益大于该过程中损失的收益，那么重新配置是有效的。就生态补偿而言，保护环境意味着降低受益者效用来弥补受影响者。湿地生态补偿前后效用变化如图 2-2 所示。其中，U_a 代表受益者效用，U_b 代表受影响者效用；E_1 是生态补偿前的均衡点，E_0 是生态补偿后的均衡点；a 代表受益者效用损失，b 代表受影响者效用增加。

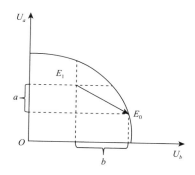

图 2-2　湿地生态补偿前后效用变化

外部性会导致市场无效率甚至失灵。如果不采取措施遏制负外部性，环境将持续恶化，而经济发展必须依赖良好的环境，环境恶化会限制经济发展。例如，湿地资源过度开发、排污、围垦等经济活动，会对湿地生态服务功能造成严重破坏。在我国，湿地资源存在以下特点：第一，产权不明晰；第二，权属权益不对应。这就造成外部性问题更加模糊。在湿地公共物品供给过程中，因朱鹮保护而减少农药化肥使用及限制资源利用所导致的外部不经济造成边际外部成本增加，农户是外部成本的主要承担者，而公众是外部收益的获得者，从而导致利益分配不均衡，使湿地保护和社区发展之间的矛盾加剧，即湿地资源利用的社会成本（MSC）大于私人成本（MPC），产生负外部性，两者之间的差额（EC）则由遭受负外部性影响的其他主体承担，根据私人收益 $MB=MPC$，生产者在产量 Q_1 时利润最大，根据 $MB=MSC$，社会生态经济在 Q_0 时最优（见图 2-3）。因此，私人经济活动的数量会远大于社会福利最优的额度。

为获得最大化利润，无论是企业还是个人，都会按照 $MPC=MB$ 原则开发湿地资源，即满足私人边际成本等于私人边际收益，此时 Q_1 为资源开发量。在这个均衡点，企业外部成本（MEC）由社会承担，即社会边际成本（MSC）远大于私人边际成本（MPC）。当企业考虑到外部成本的社会边际成本（MSC）来开发资源，实际资源开发量应为 Q_0，因此均衡点由 E_1 平移到 E_0，P_2OAE_0 所在区域即为外部性导致个人收益损失的补偿。

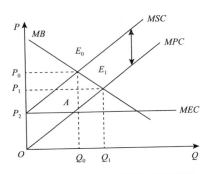

图 2-3　湿地资源破坏的负外部性

目前，解决外部性有两种截然不同的路径选择："庇古税"和科斯定理。庇古认为，生态环境的外部性需要政府干预，一方面对不经济行为征税，另一方面对经济行为进行补贴，使私人决策趋向于社会决策的均衡。科斯则持相反的态度，认为解决外部性的关键在于依靠市场力量明晰产权，通过交换使环境外部性问题内部化。而外部性的内部化是湿地生态补偿的核心问题。任勇等（2006）认为，有必要对因保护湿地生态环境及其功能而付出代价或做出贡献的单位和个人给予资金、技术、实物补偿和政策优惠，以内化相关活动产生的外部成本，调动公众参与积极性。

（二）生态补偿理论

生态补偿是生态保护和环境治理过程中采用的一种重要政策手段，通过贡献者补偿、破坏者付费的方式，鼓励有益的生态保护行为、限制破坏环境的不利行为。生态补偿理论源于国外的生态系统服务付费（PES），逐渐受到国际社会的广泛关注。相关研究成果大致分为两类：一类是对生态服务功能的补偿，另一类是对受损成本的补偿。

20世纪70年代，最早提出的生态系统服务概念是为了使生态系统功能有益于人类（Westman，1977），但并没有在生态保护的实践领域发挥重要作用（Norgaard and Jin，2007），认为生态系统服务相互联系、相互依存，是连接人类社会与生态系统的纽带。

20世纪90年代，Costanza等（1997）首次对全球17个生态系统服务价值进行评估。有学者在此基础上进行了全世界单位面积的湿地生态系统服务经济价值评估（Schuyt and Brander，2004）、千年生态系统评估（Millennium Ecosystem Assessment）、各国和各类生态系统服务价值评估（谢高地等，2001；欧阳志云、郑华，2009），这些研究仅仅计算了生态系统服务的货币价值，后来其非货币价值也受到政策制定者和专家学者的重视，这奠定了生态系统服务价值评估应用的基础。

2000 年以后，生态补偿成为保护生物多样性和生态系统的重要手段。湿地生态补偿政策是通过成本效益分析而形成正向激励。受益者支付给提供者费用，有效地促进其积极主动保护生态环境，社会整体所得生态服务价值超过支付费用。生态保护的公共物品属性，决定了政府成为湿地生态补偿主体，政府主导的补偿制度具有强制性、稳定性等特点。

社会生态系统理论认为，朱鹮栖息地与周边社区相互作用，形成一个复合系统，生态补偿政策作用于社会生态系统，农户生计和福祉实现是这个复杂系统的产出。从复合系统的视角来看，朱鹮栖息地与周边社区存在冲突，根本原因在于其所处的社会—生态系统没有达到良性互动的状态。为此，该区域采取了少药少肥、禁挖禁采、湿地恢复及生态补偿等一系列措施，但在推行过程中仍存在很多困难，如鸟类踩踏农作物损失和补偿金额计算不科学，减少农药化肥使用导致人均产量不足、劳动力过剩及替代产业滞后等。因此，建立和完善生态补偿机制是社会—生态系统协调发展的重要动力。

（三）农户行为理论

农户行为理论为农村发展、农林业生产、生态保护和农民利益关系问题提供了一个分析框架和研究视角。目前，农户行为理论研究主要分为两派：一派是"自给小农学派"，另一派是"理性小农学派"。作为自给小农学派的代表人物，苏联农业经济学家恰亚诺夫 1923 年通过长达 30 年的农户跟踪调查发现，小农是以满足家庭消费为主要生产目的，坚持自给自足的自然经济，追求的是生产上的低风险而非利润最大化，欠缺动力加大生产投入，这就决定了小农经济具有低效、落后、保守、非理性的特点。在此基础上，卡尔·波兰尼在 1957 年出版的《早期帝国的贸易和市场》中提出研究小农经济需要把经济行为植根于当时特定的社会关系之中。詹姆斯·斯科特在 1976 年出版的《农民的道义经济学》中认为，农民追求的是较低的风险分配与较高的生存保障，而不是收入最大化。可见，小农经济中考虑的首要问题是生存安全。贫穷的小农多数是风险厌恶者，他们宁愿家庭只维持最低的收入和生活水平，也不愿承担任何风险。在政策推行过程中，必须充分考虑农户特征对保护意愿和行为的影响，如对风险的态度、对资源的依赖等。

理性小农学派以舒尔茨 1964 年出版的《改造传统农业》为代表作，认为小农的生产要素配置，是符合帕累托最优原则的，是最有效率的、贫穷的小农经济。在完全竞争的市场条件下，小农既是消费单位又是生产单位。在传统农业的范围内，小农具有一定的进取精神并且能够合理利用资源。波普金在 1979 年出版的《理性的小农》中进一步论证舒尔茨的观点，提出小农是理性的个体，可以在权衡和分析利弊之后，为追求利润最大化而做出合理抉择。因此，传统农业的落后不是因为农户的努力程度不够，而是因为生产要素投入的边际收益递减。在此基础上思考如何使农户成为最大利润的追求者，最好的方法是投入现代技术等生产要素，当然也要考虑到成本合理性。

基于上述研究，美国加州大学洛杉矶分校的黄宗智教授在 1985 年出版的《华北的小农经济与社会变迁》中将企业行为理论（利润最大化）和消费者行为理论（效用最大化）结合起来，提出不能简单地认为中国的农民是自给生产者或者最大利润追求者。中国的小农家庭收入是农业生产收入加上非农雇佣收入，剩余劳动力无法像其他国家一样分离出"无产—雇佣"阶层，他们仍然会依附于小农经济，而不能成为真正的雇佣劳动者，这阻碍了非农就业转移，这种现象被称为"内卷化"或"过密化"。

在信息不对称及预期不确定情况下，认定农户是完全理性经济人还是非完全理性经济人均具有片面性，农户的经济行为和决策还会受到外界环境因素的干预，如国家政策、所在地区社会经济发展水平等。湿地周边的一部分农户仍处于自给自足的小农经济状态，高度依赖自然资源，生计水平较低；另一部分农户开始向非农产业过渡，转变生计策略，家庭收入相对较高。农户是农村社会中最基本的行为决策单位和最主要的利益相关者，也是湿地生态补偿政策的重要主体，其生计活动和参与行为不仅会影响地区经济社会发展，还会影响生态系统保护效果和自然资源利用方式。根据"生态经济人"假设，处于社会—生态系统中的农户在关注"成本—

收益"经济理性的同时，也会追求生态价值的生态理性，经济理性和生态理性间的博弈结果将直接影响其生产行为。但经济基础决定经济理性，当且仅当农户具有一定生计转换能力时，农户才有可能由经济理性转向生态理性。湿地生态补偿政策作为一种将外在的非市场环境价值转化为对当地生态系统服务提供者激励的方式，只有对农户收入和主观福祉产生正向影响，并使农户生计能力得到提升时，才会促使农户由经济理性转向生态理性，从而有利于农户形成积极的湿地保护意愿和行为，进而更好地保障政策实施的有效性和可持续性。本书主要探讨湿地生态补偿政策对研究区域农户生计及保护意愿和行为产生的影响，为评估湿地生态补偿政策实施效果及机制完善程度提供科学依据。

第三节 国内外研究综述

一 生态补偿相关研究

（一）生态补偿理论研究

1993 年生态补偿原理被应用于荷兰，该原理有两个目的：首先，在大规模的基础设施建设和类似的开发决策方面提高对自然保护行业的投入；其次，当一项既定的开发项目开始实施时，为自然开发条件下的生态受害者提供补偿（Cuperus et al.，1996）。自 1995 年哥斯达黎加首次推行全国性环境服务支付项目（Payments for Environmental Services，PES）以来，环境服务支付项目在世界各地不断出现和发展。20 世纪 80 年代后期，经济合作与发展组织（OECD）中的西欧国家在环境与农业政策一体化改革中提出了环境资产补偿。在这些国家中，对区域生态环境影响最大的是农业，与自然生态环境接触最紧密的是农场主。因此，分级奖励农场主"有利环境"的行为会特别有效，这种奖励不是简单地付款让农场主"别去"污染，而是从目前的状况出发"改善"环境。有学者大力支持这种观点，认为应在污染者付费原则中纳入"有利补偿原则"和"用户支付原则"。有利补偿原则要求任何与提供有利的非市场效益（如景观质量）有关的额外费用均须得到补偿。用户支付原则要求从某项投资中获利的个人或群体协助支付这些费用。农场主拥有的农场已成为一种环境资产，只要他的农场提供较多的环境服务，社会就应该对其实施环境补偿，以弥补他放弃农业所承受的损失。

在我国，生态补偿的范围比较宽泛，涉及流域、森林、草原、湿地、耕地、海洋矿产资源、生物多样性等多个领域，特别注重对已遭破坏的生态系统的恢复与保护（谢婧等，2021；于秀波等，2006；李文华等，2006；Albrecht et al.，2010；Salant and Yu，2016；韩秋影等，2007；蒋依依、宋子千，2014；孔凡斌，2007；陈哲璐等，2022）。赵银军等（2012）从生态保护与修复类、开发与建设类视角对生态补偿进行界定，其中生态保护与修复类分为修复治理类和限制禁止开发类，开发与建设类主要涉及两种资源，即水能资源开发类和矿产资源开发类。因此，生态补偿主要内容包括：一是以生态系统本身保护或恢复的成本作为补偿基础；二是通过经济手段将经济效益的外部性内部化，即政府通过税收与补贴等经济干预手段使边际税率（边际补贴）等于外部边际成本（外部边际收益）；三是将区域或个人为了保护生态系统和环境的投入或放弃发展机会的损失考虑在内；四是不能忽视对具有生态价值的区域进行智力投入（尤艳馨，2007；刘丽，2010）。

（二）生态补偿模式研究

国外生态补偿的支付方式分为现金补偿和非现金补偿，如为环境服务提供方建设道路交通、水利、电力、电信等基础设施，提升相应地区的教育培训水平、卫生服务水平，以及在生计服务政策上给予一定倾斜等。针对服务提供者的差异化补偿需求应采取不同的补偿方式（Asquith et al.，2008）。理论上，在有条件的区域进行现金补偿是最优的激励方式，但实际上采用其他间接的、非现金的补偿方式更普遍，支付条件通常得不到严格执行（Farley and Costanza，2010；Muradian et al.，2010；Newton et al.，2012）。这是因为从心理学的角度来看，接受者通常认为非现金的补偿方式更能体现本地传统"社会市场"互惠交易的特性。当补偿数额不大时，非现金补偿比现金补偿对服务提供者产生的激励作用更明显（Heyman and Ariely，2004；Asquith et al.，2008）。

我国生态补偿由最初消极被动地对生态破坏行为进行单纯罚款，转向积极主动地对生态保护行为进行激励和协调。郑海霞（2006）将国内的流域生态补偿模式归纳为五种：基于大型项目的国家补偿、以地方政府为主导的补偿方式、小流域自发的交易模式、水权交易和用水补偿。程艳军（2006）、王军锋等（2011）把生态补偿模式分为国家、地方、跨区域三个层面，包括政府补偿、市场补偿和社会补偿。其中，政府补偿以财政转移支付、生态补偿基金、生态彩票为主；市场补偿指排污权交易、水权交易、碳汇交易、生态环境标记等；社会补偿分为非政府组织（NGO）参与型补偿模式、环境责任保险等（王蓓蓓等，2009；葛颜祥等，2011；高玫，2013）。我国生态补偿模式如表2-1所示。

表 2-1 我国生态补偿模式

补偿主体	补偿模式	补偿类型	具体补偿办法
国家	财政转移支付	退耕还湿工程	由中央财政出资负担，对具有重要生态服务功能的资源和环境进行恢复和补偿，以森林、生态补偿为主
		湿地生态补偿制度	
		湿地保护奖励金制度	
		湿地保护专项补助金制度	
		耕地占补平衡制度	
		天然林保护工程	
		退耕还林（草）工程	
		重点生态公益林生态补偿基金	
	生态税费	矿产资源生态补偿费	通过税费手段调节经济主体资源利用行为，抑制经济活动中的外部性，筹集资金反哺生态环境保护
		水资源排污费	
		耕地占用税	
地方政府	跨省横向补偿	青海三江源保护区生态补偿	补偿资金来源于省、市地方政府的财政转移支付或补贴，通过流域下游地区对上游库区或水源区的支付以及对保护区和矿区周边居民的补偿实现
		福建闽江、九龙江流域上下游之间的补偿	
		浙江钱塘江、太湖流域水环境整治	
		安徽新安江流域生态补偿	
		安徽铜陵矿区生态修复和环境治理	
	生态税费	青海省水土保持补偿费	通过税费手段调节经济主体资源利用行为，抑制经济活动中的外部性，筹集资金反哺生态环境保护
		河北省开征水资源税	
		湖北省水资源排污费	

续表

补偿主体	补偿模式	补偿类型	具体补偿办法
市场	自发或水权交易	浙江德清县生态补偿长效机制	以市场为主导，地方政府和流域管理机构作为中介方进行谈判，购买生态系统服务和交易水资源使用权
		江西婺源乐平签订水环境横向补偿协议	
		株洲—湘潭两市水权交易	
		黑河流域水权证分配制度	
		河北子牙河跨界断面生态补偿金扣缴制度	

（三）生态补偿机制研究

近年来，国外学者从定义、原则、适用范围、目的意义、主要内容等方面设计生态补偿制度。Jack 等（2008）认为生态补偿应兼顾环境保护效果、成本效益协调和公平性的原则，并确定了激励型生态补偿机制的主要内容。Engel 等（2008）认为生态补偿不是解决所有资源环境问题的万能钥匙，而是解决由外部性引起的市场失灵和政府失灵，并作为辅助手段在一定程度上缓解农户这一资源环境提供者的贫困。

国内学者系统梳理了湿地生态补偿机制类型、构成要素及运行状况。洪尚群等（2001）认为补偿途径和方式多样化是生态补偿的基础和保障。沈满洪和陆菁（2004）从 4 个角度对生态补偿类型进行划分。①补偿对象角度：对生态保护者予以补偿和对生态破坏受损者予以补偿。②条块角度：上下游之间的补偿和部门之间的补偿。③政府介入程度角度：强干预型补偿和弱干预型补偿。④补偿效果角度："输血型"补偿和"造血型"补偿。陈丹红（2005）基于可持续发展视角将生态补偿机制分为财政转移型、反哺式、异地开发式、公益型。邢丽（2005）认为，财政手段是我国生态补偿的主要方式，具体包括调整资源税费、完善生态税费和生态补偿费。何国梅（2005）、王金南等（2006）认为，国家应该重点建设五大补偿机制，即建立有利于生态保护的财政转移支付制度、生态友好型税费制度、基于主体功能区的生态补偿制度、生态环境成本内部化制度和流域生态补偿制度。钱水苗（2005）、杨舒涵和张术环（2009）提出从制度和市场入手构建流域生态补偿机制，将补偿金制度、补偿责任保险和赔偿基金制度作为配套制度，建立和完善生态产权交易市场，实现上下游地区之间的生态补偿。吴晓青等（2002）、万军等（2005）、鲍达明等（2007）针对补偿原则、补偿主客体、补偿资金、补偿方式、补偿标准、实施程序和监督管理等进行生态补偿政策设计。

二　湿地生态补偿相关研究

湿地生态补偿机制并不是单一的政策，而是对湿地生态系统服务的支付、交易、奖励或补偿等制度的组合体，实现资源利用或保护行为的外部效应内部化，对湿地生态功能稳定甚至社会经济可持续发展都有巨大的贡献。国内外湿地生态补偿政策最大的区别在于，前者强调对生态保护的贡献或损失进行经济补偿，而后者强调对湿地生态服务功能付费和湿地退化恢复重建的补偿（Rubec and Hanson，2009）。因此，国内湿地生态补偿的主体是政府及湿地管理机构（姜宏瑶、温亚利，2010），而国外湿地生态补偿的主体包括政府和市场（BenDor and Brozović，2007）。

（一）湿地生态补偿标准研究

国外关于湿地生态补偿标准的研究表明，农户平均受偿意愿是补偿标准制定的主要依据，对生态保护和资源利用产生了深远影响（杨光梅等，2006；杨欣、蔡银莺，2011；Yu and Bi，2011；许恒周，2012；刘军弟等，2012；李荣耀、张钟毓，2013；吴九兴、杨钢桥，2013）。条件价值法（CVM）是生态环境经济学中应用最广泛的公共物品价值评估方法，也是确定农户因环境或资源数量和质量损失受偿意愿的常用方法（赵斐斐等，2011；Petrolia and Kim，2011）。许志华等（2021）发现受偿和支付意愿之间存在差异性，揭示了影响该差异的因素，有助于提高条件价值法运用的科学性与可靠性。20世纪80年代，中国引入条件价值法并应用于自然环境资源的经济价值、生态价值、社会价值以及民众意愿等方面的研究。例如，通过退耕供给曲线、序贯响应离散选择模型和随机效用模型预测未来可能的退耕量和补助标准（Cooper et al.，1998；Planting et al.，2001）；还有通过线性规划和灵敏度分析确定农民退耕地的机会成本，比较得出可能的补助水平。根据参与式农户评估方法（PRA）可以发现，农户受偿意愿取决于家庭耕地数量、湿地面积、补偿水平、参与历史、保护政策、土地生产力水平、个体特征、先前经验以及选择等因素，其中年龄较低、受教育程度较高和生活富裕的农户更重视湿地生态补偿政策（Kingsbury，2000；Kaplowitz and Kerr，2003；Joung and Dickinson，2008；Ambastha et al.，2007；王昌海等，2012）。

此外，湿地生态补偿标准的确定依据还有生态保护者投入、生态受益者收益、保护湿地生态系统而丧失的发展机会成本与直接经济损失、生态破坏恢复成本以及生态系统服务价值（崔丽娟，2004；李文华等，2007；倪才英等，2009；庞爱萍等，2010；闫峰陵等，2010；毛德华等，2013）。在上述拟定标准的基础上，卢世柱（2007）认为，采用市场方法调节补偿标准，由支付和受偿意愿来修正，可以保证公平。李晓光等（2009）则认为土地权属结合机会成本估算是确定补偿标准的有效方法。国内研究往往不以某个数值而是以区间作为湿地生态补偿标准，通常补偿标准的下限为生态保护者投入、生态破坏恢复成本或农户受偿意愿，补偿标准的上限为生态受益者收益或生态系统服务价值（Pagiola et al.，2007；Engel et al.，2008；Muñoz-Piña et al.，2008；钟瑜等，2002；熊鹰等，2004；王国峰等，2013）。确定补偿标准的关键在于如何评估提供的机会成本和服务价值，有差别支付可能会显著提升补偿效率（Wunder，2010；Newton et al.，2012）。Kosoy 等（2007）通过计算放弃非农活动的净收益、提供者愿意接受的公平价格及土地租金的期望值三个代理变量来估算机会成本。

由于不同类型和区位的湿地保护投入、保护收益、恢复成本和生态系统服务价值有所区别，开发利用型湿地生态补偿标准依据的是生态损失量核算结果，而生态保护型湿地生态补偿标准依据的是因保护而牺牲发展的机会成本和湿地恢复成本（熊鹰等，2004；Nhuan et al.，2009；杨凯，2013；孔凡斌等，2014），其结果与当地 GDP 往往有数量级的差异，因此不适合直接作为实际的补偿标准，应根据政府自身的财政能力和支付意愿进行博弈和协商确定（王金南等，2006；葛颜祥等，2009；徐大伟等，2013）。

（二）湿地生态补偿模式研究

按实际主体和运作机制分，政府补偿、市场补偿和社区补偿是湿地生态补偿的三类模式（钱水苗，2005；任勇等，2008；杨舒涵、张术环，2009；谭秋成，2009；徐永田，2011；王晓丽，2012；郑云辰等，2019）。政府是生态补偿重要支付方，但市场调节仍是一种辅助手段（唐圣囡、李京梅，2018）。作为全局和长远利益代表的中央政府，主要解决最优配置和代际分配问题，即自然资本和人造资本配置、生态系统服务代际分配。地方政府发挥协调作用，采取财政贴息、税收优惠、扶贫和设立基金等手段。而市场补偿模式可以解决政府补偿激励不足、监督成本高昂及低效率等问题，进一步拓宽生态补偿的资金来源渠道，如生态标志和协商谈判机制、可配额的市场交易、一对一的市场交易。明确湿地自然状况和权属状况是规范湿地资源用益物权交易的前提，若生态系统服务局限在某一社区范围，湿地资源将成为共有产权资源，而社区成员对共有资源的需求并不相同。因此，社区内部通过交易使用权来提高利用效率。

按资源配置方式分，有学者认为补偿模式包括资金补偿、政策补偿、实物补偿、智力补偿和项目补偿（Asquith et al.，2008；杨欣、蔡银莺，2012；万军等，2005；陈兆开，2009；尚海洋、苏芳，2012；苏芳、尚海洋，2013）。其中，补偿主体直接将其补偿资金或实物转移给受偿主体，属于"输血型"补偿；而补偿主体将拥有的资金转化为技术、项目、政策安排后再给予受偿主体，如优惠贷款、就业指导、技术援助等，帮助当地群众建立替代产业或发展绿色产业，属于"造血型"补偿。这两类补偿能实现生态保护和脱贫致富的双赢，使外部补偿转化为自我积累能力和自我发展能力（沈满洪、高登奎，2008；戴广翠等，2012；杨新荣，2014；于淑玲等，2015）。

（三）湿地生态补偿效果评价

建立湿地生态补偿制度是湿地保护的长效措施，目前评估该政策效果的实证研究较少，可以借鉴其他领域的补偿政策效果评价方法（Jack，2008）。农户是湿地保护的最主要参与者，湿地保护会给他们的生产生活带来不利影响，也会使他们获得一定的补偿，农户的政策认知将直接影响到湿地生态补偿的实施效果。刘书朋（2010）研究天祝藏族自治县退牧还草工程对牧民家庭畜牧业的影响以及牧民对政策的响应。Blignaut 等（2010）发现南非重要的水源地通过付费实现生态系统保护所产生的效益远高于水资源发展计划项目。侯成成等（2012）采用多准则模糊分析模型，从甘南黄河水源补给区农户层面评估生态补偿效果，指出生态补偿对区域发展有显著影响。

综合效益评价是完善湿地生态补偿政策的重要参考，用于指导制定生态补偿科学机制、保障有效运行、确定补偿标准等。在进行生态补偿绩效评价时，通常重点关注湿地生态补偿对改善湿地生态系统服务的影响、补偿政策实施成本与效益、补偿对改善当地农户福祉的作用、农户参与意愿和综合优化调控技术等内容（郝海广等，2018）。Hellerstein（2017）认为美国联邦政府实施的退耕休耕保护计划（Conservation Reserve Program，CRP）是通过自愿申请、竞争选择的方式向符合条件的土地所有者提供植被恢复费用与土地租金补助，达到了有效减少土壤侵蚀量、保障国家粮食长期供应、保护野生动物栖息地、改善饮用水水质的目的，使其在提高环境质量的同时实现了生态系统稳定协调发展。国内学者通过计算生态补偿效益货币价值对政策进行评价，如宋先松（2005）、于鲁冀等（2011）采用对比分析法和费用效益法评价了生态补偿实施前后对经济—社会—生态系统产生的影响。熊鹰等（2004）、耿翔燕等（2017）制定了湿地生态补偿综合效益评估体系，运用市场价值法、影子工程法等核算生态补偿经济效益、生态效益和社会效益的货币价值。张泽中（2009）采用支付意愿法计算水库生态补偿效益。还有学者通过设计不同的指标体系评估生态补偿效果，如王国成（2014）采用 DPSIR 模型（包括驱动力、压力、状态、影响和响应）系统评价甘肃省碌曲县草原生态补偿机制的综合效益。邓远建等（2015）运用层次分析法与模糊综合评价法，构建了包括职能指标、效益指标、潜力指标 3 个一级指标、10 个二级指标和 39 个三级指标的体系，以评价武汉东西湖区农业生态补偿政策实施绩效。喻光明等（2008）运用递阶层次综合评价法，从环境适宜性、结构合理性、功能稳定性三方面选择 17 个二级指标对生态补偿政策进行评价，并将补偿效果分为 5 个基本等级，更加明确土地整理对生态环境的实际影响。

三　湿地保护与农户生计研究

农户作为农村地区最基本的社会经济单元和行为决策主体，其生计行为决定资源利用方式和效率，并对生态环境有深远的影响。基于英国国际发展部（DFID）定义的可持续生计分析框架（SLA），本节系统梳理了生计资本、生计策略、生计结果与湿地生态补偿的关系。生计资本能够影响和反映农户生计状况，同时也是消除贫困的关键；生计策略既是农户生存发展的重要路径，也是一个国家社会经济政策的风向标；通过缓和生计结果与湿地保护之间的冲突，实现经济和生态效益的双重目标。

（一）湿地保护对农户生计资本的影响

生计资本是一个社区和不同类别农户的资源基础，分为自然资本、物质资本、金融资本、人力资本和社会资本，这些资本可以用来存储、积累、交换、投入工作以产生收入流。近年来，国内外学者对生计资本的研究主要集中在贫困地区生计资本状况分析，生计资本与生计风险、生计策略的关系，生计资本对农户满意度和行为的影响，以及国家政策对生计资本的影响等方面，鲜有研究湿地生态补偿对农户生计资本的影响。农户收入是生计资本的重要组成部分。湿地资源作为一种生计资本，对农户收入是否平等有重要影响（Penjani et al.，2009）。发展生态旅游的农户生计资本存量明显多于未参与的农户（徐鹏等，2008；王瑾等，2014）。参与式林业保证了农民的林权，增加了农户的社会资本，但其成本远远超过收入，参与者和非参与者在参加该项目前后的生计资本有所不同（Chen et al.，2013；梁义成等，2013）。自然保护区周边社区居民的生计可持续性评价指数整体偏低，特别是人力资本水平，同时面临着生计类型简单和缺乏生计技能等问题（侯雨峰等，2018）。自然保护区的建立导致农户生计资本进行重组和配置，主要表现在直接利用的自然资源减少，生计资本结构和数量的变化会引起生计策略选择的变化，生计策略也会反作用于生计资本（陈林，2014）。随着农业生产技术的提高和生产方式的转变，农民兼业或外出务工的比例逐年增加，其生计活动也发生变化，主要受农户特征、自然资本、社会文化背景和物质资源等因素影响（Prem，2013）。相较于农业户，兼业户的生计资本禀赋更好，贫困程度更低，对自然环境的依赖也更小。

生计资本主要研究方法及其代表成果如表 2-2 所示。

表 2-2   生计资本主要研究方法及其代表成果

主题	代表成果	案例区域	方法运用
生计资本状况分析	杨云彦和赵锋（2009）	南水北调（中线）工程库区	建立指标体系测量库区农户生计资本
	张大维（2011）	集中连片特困地区武陵山区	基于生计资本视角，采取定量和定性相结合的方式分析贫困状况及原因
	郭圣乾和张纪伟（2013）	河北、山东、河南、湖北、湖南	利用因子分析法对农户生计资本的脆弱性做出评价
	何仁伟等（2014）	四川凉山彝族自治州	运用熵值法和聚类分析法将农户生计资本划分成不同类型，并对农户生计资本的空间格局特征进行研究
生计资本与生计风险、生计策略的关系	苏芳等（2009）	甘肃张掖市甘州区	根据 Sharp 等在非洲开展的研究，运用层次分析法确定指标权重以测量生计资本，并通过 Logistic 回归模型分析生计策略与生计资本的关系
	许汉石和乐章（2012）	浙江、江苏、山东、河南、湖北、湖南、安徽、广西、四川、陕西	采用 Logistic 回归分析得出生计资本与生计风险的关系并非成反比，它们之间的关系取决于农户所选择的资本搭配和生计策略
生计资本对农户满意度和行为的影响	赵雪雁（2011）、赵雪雁等（2011）	甘南高原	采用 Logistic 回归模型分析了农户生计资本对其生活满意度的影响；建立指标体系测量生计资本，并分析生计资本对生计活动的影响
	陈卓（2015）	浙江集体林区	采用聚类分析法分析了不同类型农户生计资本差异及其生计满意度

续表

主题	代表成果	案例区域	方法运用
国家政策对生计资本的影响	李聪等（2010）	陕西周至山区	采用 OLS 回归和一般线性模型（GLM）分析生计资本影响因素，进一步研究迁移特征对生计资本的影响
	张丽等（2012）	甘南黄河水源补给区	建立生计资本指标，测算生态补偿前后农户的生计资本，采用均值比较和协方差分析方法评估生态补偿对农户生计资本的影响
	谢旭轩等（2010）	宁夏、贵州	采用匹配倍差法等计量经济模型识别退耕还林工程实施对农户可持续生计的影响
	陈林（2014）	宁夏哈巴湖自然保护区	构建生计资本指标体系，运用二元 Logistic 模型分析生计资本和生计策略的关系

（二）湿地保护对农户生计策略的影响

生计策略是指为了实现生计目标而采取的行动和选择，包括生产活动、投资策略及生育安排等（安迪、许建初，2003）。生计策略是农户面对外部环境变化和自身生计资本所做出的一种理性选择，它直接影响农户的收入水平、生活质量以及人类活动与自然环境之间的关系。农户生计策略主要分为非农多样化和农业多样化两类，多样化的生计策略是可持续生计的核心，也是缓解贫困的重要手段（梁义成等，2011）。通过计算可持续生计效益指数发现，农户生计策略越多样，收入越高，不同生计策略收入占比也趋向平均化；反之，依赖外出打工、卖粮菜等个别生计策略的农户生计水平较低，发展果园收益最高，其次是做小生意和外出打工，大棚种植和舍饲养殖收益最低（李聪等，2010；汤青等，2013）。

生计资本、家庭结构、自然条件和居民点布局等内在因素对农户生计策略多元化起到了决定性作用。自然资本和物质资本较高的农户倾向于采用农业多样化生计策略，人力资本、社会资本和金融资本较高的农户倾向于采用非农多样化生计策略。此外，户主年龄、家庭劳动力数量和受教育水平等家庭特征对生计策略也有影响（王成超、杨玉盛，2012；田素妍、陈嘉烨，2014）。随着海拔升高，农牧民的生计多样化水平降低，从事的生计活动类型减少（阎建忠等，2009）。居民点布局和农户生计方式相互促进、相互制约（吴旭鹏等，2010）。修建梯田、把倾斜的农田转为林地或草原、扩大果园面积和外出务工对农民生计资本和生计策略有正向且显著的影响（Tang et al.，2013）。

退耕还林政策实施使农户生计策略从过去依赖出售农业劳动力转为少数从事非农业活动，同时会引起土地利用的变化（Zhen et al.，2014），生计非农化与农户耕地流出之间呈正反馈关系（Paul et al.，2012；蒙吉军等，2013）。产权制度在分配稀缺资源和应对"公地悲剧"方面有积极作用，完善的产权制度可以作为发展中国家实现可持续生计和管理的"灵丹妙药"（Cosmas and Trung，2014）。尽管社区林业政策能够有效保护森林生态系统，但农户之间仍有巨大的财富差距，并且获取的重要林产品有限（Christopher，2008）。

（三）湿地保护与农户生计关系

随着社会经济的快速发展，社会对生态服务功能的需求不断增加（Egoh et al.，2012）。由于限伐或禁伐森林，在全球生物多样性区域的农村居民几乎没有合法的生计选择，资源使用者和森林管理者长期抗衡，进而导致贫困与生态环境矛盾加剧（李继刚、毛阳海，2012；Derkyi et al.，2013）。Cao等（2009）发现陕西北部的自然保护区由于天然林保护计划（NFCP）禁止砍伐和放牧，对34.9%的农民、47%的牲畜和食草动物以及59.8%的林业工作者的生计有不利影响，实施这个计划会造成额外的经济损失，他们并没有得到相应的补偿。科学的湿地生态补偿机制可以减弱生计和环境之间的不协调，给予传统农户更多的物质和技术支持，同时给予新型农户更多的政策和资金扶持，采取生态移民、传统农业改造和多元化产业发展的替代生计模式（张春丽等，2008）。廖玉静等（2009）指出大多数居民了解并支持退耕政策，但对政策实施中遇到的资金、技术等问题尚存疑虑。为了促进湿地保护可持续发展，在保护区周边社区开展村寨发展计划项目来改善农户生计，达到保护区和社区共赢的目的（管毓和，2010）。

生态环境脆弱地区往往经济落后、交通不便、百姓贫困，而且面临着发展经济和保护环境的双重压力，所以当地农户的生计活动决定了资源的利用方式、效率以及碳排放情况。如果农户选择外出打工或开展非农经营，其贫困程度较低，对自然环境的依赖性较小，对生态环境的破坏也较少（黎洁等，2009；苏磊、付少平，2011）。因此，生计方式是居民响应人口压力和环境退化的决定因素，向非农产业转移劳动力是新的生计方式之一，既有利于实现生态恢复的建设，也能促进居民生计的改善（阎建忠等，2009；朱利凯等，2011）。de Sherbinin 等（2008）总结农户人口、生计和环境之间关系的相关研究，以生计方法作为一个总体框架，检验环境变量和人口统计变量的影响，可以反映农户失去社会和人力资本、对自然资源的依赖加剧以及环境因素对家庭生育和迁移决策的影响。谢晋和蔡银莺（2016）采用典型相关模型分析生计禀赋对农户参与农田保护补偿政策成效的影响，发现有个体和区域差异。可见，从人地关系视角研究农户生计和生态环境的关系可以为湿地保护提供科学依据。

此外，许多学者认为仍需发展一种既对环境友好又能持续提升农户收入水平的替代生计方式，因为其成功与否并不能仅仅考虑技术上的问题，更多的是要考虑当地的政治、经济和文化因素（李斌等，2004；李茜、毕如田，2008；苏芳等，2009）。江进德等（2012）采用 Logistic 回归模型分析了农区、半农半牧区、纯牧区农户替代生计选择的结果、特征及影响因素，根据不同家庭的情况设计相应的转型政策以促使农户提高生计能力。农户参与湿地保护对自然资本具有直接的显著负向影响，对其他生计资本具有直接的显著正向影响，自然资本对生计策略多样化和非农化具有显著负向影响，生计策略多样化和非农化对家庭收入具有正向影响，从而形成"湿地保护—生计资本—生计策略—家庭收入"的正向间接影响链条（武照亮等，2023）。湿地生态补偿是湿地保护的重要制度，有助于农户生计策略转变，提高农户生计非农化及多样化程度，并对农户家庭收入水平具有显著的正效应（庞洁等，2021）。可见，农户替代生计是制定湿地生态补偿政策关注的焦点（汪达等，2003；李文华等，2006）。

四　文献评述

国内外研究主要集中于对湿地生态补偿概念的辨析，以及对包括利益相关者、补偿标准、补偿条件和补偿方式等要素在内的补偿机制设计和效应评估等问题的讨论。然而这些问题的研究大多停留在定性分析上，少有学者对湿地生态补偿的影响进行综合定量研究，共性在于强调政治、经济和文化背景在湿地生态补偿计划实施中的重要作用，强调在制度设计中重视相关微观主体的异质性和补偿参与者决策对提升补偿效果的影响。

（一）研究内容和视角

从上述研究成果可以看出，生计资本对农户抗风险能力、生计多样性、生计策略选择、贫困代际传递、生活满意度及生计和生态环境的关系等都有显著的影响，特别是在生计脆弱性环境中，生计资本的性质和状况决定了农户采取哪些生计策略，从而导致某种生计结果，生计结果又会反作用于生计资本。目前，学界重点评估贫困人口生计资本类型和数量，并分析生计资本的影响因素，根据生计脆弱性的评估结果提出如何适应和抵御风险的生计策略，具体包括生计策略的影响因素、生计多样性指数以及生计资本与生计策略之间的关系等。农户保护意愿和行为直接关系到湿地生态保护效果，但基于微观视角探讨湿地生态补偿政策对农户生计和保护行为的影响较少。

（二）研究区域和层面

国外针对农户可持续生计的相关研究相对成熟，涵盖范围较广，尤其是探讨农户可持续生计与生态保护的关系。由于生态脆弱区贫困农户集中、人地矛盾突出、自然灾害多发、生态环境恶化，大部分学者将其作为农户生计的研究区域。发达国家城市化和工业化起步较早，非农经营和社区林业发展迅速，反之国内仍处于城乡发展转型期，多数研究只是以农户生计的某一方面为切入点，如农户的生计资本、生计策略和生计风险等。国内的湿地生态补偿研究起步也较晚，侧重于流域湿地生态服务价值付费，研究区域和层面较为单一，缺乏在政策试点区域或旗舰物种栖息范围研究湿地生态补偿综合效应。

（三）研究方法

湿地生态补偿是资源与环境经济学、生态经济学、福利经济学、发展经济学的重要研究领域，需要综合应用经济学、社会学和地理学等学科的研究方法。理论上，生态补偿标准的计算方法主要包括生态效益等价分析法、生态系统服务价值法、机会成本法、意愿调查法等。现有文献关于补偿标准核算方法学的研究十分丰富，但在针对具体区域确定合理的补偿标准及依据方面尚未取得突破，例如生态足迹法、旅行费用法等方法只适用于部分案例，且认可度不高。目前，我国生态补偿模式主要有实物补偿、资金补偿、智力补偿、政策补偿和项目补偿等多种形式，如何因地制宜选择补偿模式是制定完善的湿地生态补偿政策的关键。因此，补偿标准和补偿模式确定的基本原则、具体核算方法以及操作规范是下一步研究的重点。

可持续生计作为一种可以指导缓解农户贫困以及促进区域发展的理论，需要一套准确评估、分析可持续生计各个重要组成部分的动态化研究方法。目前，主要采用参与式评估法、样带研究法进行调查，仅通过熵值法、倍差法、数据包络分析方法、因子分析法、多元概率单位模型以及二元回归模型，难以反映出农户生计资本与生计策略、资源环境与社会经济系统之间的影响机理与变化规律，而且鲜有研究运用地理信息系统（GIS）解析农村居民点空间分布、土地利用类型变化对农户可持续生计的影响。农户生计研究从定性到定量、从静态到动态、从过程到结果的转化和发展，还可以扩展系统动力学等方法来探讨农户生计要素和生态保护之间复杂的关系。

（四）国内现有研究的不足

第一，湿地生态补偿和农户生计的交叉性研究并不充分，大多数研究分析了湿地生态补偿机制如何构建和评价等，鲜有文献分析湿地生态补偿对农户生计、保护意愿和行为的影响，这不利于湿地生态补偿政策的完善，因为湿地生态补偿政策是由政府主导、自上而下实行的，容易忽略相关利益者（特别是农户）的保护意愿、保护行为和生计水平。研究表明，湿地生态补偿很难做到兼顾农民的经济效益与当地的生态效益，其本质问题是湿地生态补偿政策的不完善和替代生计引导的缺乏，然而湿地生态补偿政策的合理性对农户是否参与保护具有重要作用。因此，有必要探讨如何基于农户生计和保护行为视角评估湿地生态补偿政策效果。

第二，现有成果对湿地生态补偿标准的依据在某种程度上达成一致意见，比如将支付者与受偿者的意愿考虑在内，而对于湿地生态保护成本如何构成仍缺乏全面深入的分析。国内大多采用条件价值评估法研究农户受偿意愿，但这一方法基本上是由国外方法改良之后直接应用到国内实证研究，目前使用较多的诱导方式为简单二分式和支付卡式。如果条件价值评估研究的样本数量较少，可能不具有代表总体的能力，研究也就失去了意义。因此，国内条件价值评估研究在方法的改良、内容的深度以及数据抽样的科学性等方面与国外相比还有一定的差距。

（五）已有相关研究对本书的借鉴

国内外有关湿地生态补偿制度以及农户生计方面的研究成果，为本书的框架设计和核心内容撰写提供了借鉴，而受偿意愿测算及其影响因素、认知行为方面的研究成果，为本书的视角和方法选择提供了支撑，从而根据数据资料特点和地区实际情况确定恰当的研究方法，使本书的结论更加科学严谨。目前，国际上由政府主导的湿地生态补偿较少，主要是生态服务功能付费，所以湿地生态补偿研究存在较大空缺，而且湿地产权构成和保护模式涉及的多重利益关系具有特殊性，因此，基于农户生计和行为视角，采用定性和定量分析相结合的方法研究湿地生态补偿政策具有重要意义。

第三章

研究区域概况及湿地
生态补偿制度演变

　　湿地生态补偿在我国的实施已有一段历史，制度设计经历了不断探索、不断完善的过程，政府部门、国际组织及自然保护区联合开展了一系列湿地生态补偿项目。根据实地调研获取的数据和资料，本章对陕西省洋县、城固县和宁陕县典型试点湿地生态补偿的实施过程、进展情况及主要特点进行系统梳理，并采用空间一般分析方法对湿地生态状况演变进行大尺度研究，特别是与湿地生态补偿相关的水田、水域指标，为湿地生态补偿对农户生计、保护意愿和行为影响及补偿政策本身和农户需求差距的后续研究奠定基础。

第一节　中国湿地保护现状及问题

　　第二次全国湿地资源调查（2009~2013年）结果显示，我国湿地总面积5360.26万公顷（另有水稻田面积3005.70万公顷未计入），湿地率为5.58%，通常分为自然和人工两大类型，其中沼泽地、泥炭地、湖泊、河流、海滩和盐沼等称作自然湿地，水稻田、水库、池塘等称作人工湿地，自然湿地面积4667.47万公顷，占87.08%，人工湿地面积674.59万公顷，占12.59%。现阶段，中国湿地保护在以下几个方面做出努力。

　　第一，湿地保护体系基本形成并逐步完善。我国初步形成湿地保护管理体系，湿地保护区、国际重要湿地、湿地保护小区、湿地公园等多种形式并存，其中湿地保护区是维护湿地生态功能的主要阵地，而湿地公园成为保护和合理利用湿地资源的主要形式。目前，纳入保护体系的湿地面积2324.32 万公顷，比第一次调查增加了 525.94 万公顷，湿地保护率有所提高，达 43.51%。在此基础上，我国构建并完善了湿地自然保护区和湿地公园"一区一园一法"制度，对科学管理起到了重要作用。

第二，湿地保护法律和标准制定稳步推进。经过多次实地调研，全国湿地保护条例已经起草了制定方案。目前，黑龙江、甘肃、湖南等 19 个省份陆续出台地方湿地保护法规。张掖市、酒泉市和碌曲县等制定和实施的湿地保护相关管理条例初步改变了以往无序开发利用的混乱状况。同时，依据制定的一系列技术标准或规程，湿地保护恢复、湿地公园建设和调查监测更加规范。

第三，全国湿地保护规划顺利实施。保护规划实施后，建立了不同湿地类型的自然保护区，大批天然湿地得到有效保护。通过加强对现有国际重要湿地的保护管理，湿地公园建设步伐进一步加快；国家的湿地保护重点工程也起到了较好的示范带动作用。

第四，湿地生态效益补偿试点工作启动。2009 年中央一号文件提出，启动湿地生态效益补偿试点，有关部门在深入调研和课题研究等工作的基础上发布了《关于 2010 年湿地保护补助工作的实施意见》，并设立 2 亿元的财政专项资金，开展湿地监控监测和生态恢复项目。

第五，《湿地公约》履约和国际合作进展良好。中国于 1992 年加入《湿地公约》，为《湿地公约》常委会成员国。通过加强公约缔约国间的合作，中国积极筹措湿地保护的国际资金，监测多个国际重要湿地，实施部分生态补水工作，率先推动"加强高原湿地保护决议"，并召开了三届"高原湿地保护国际研讨会"，主动参与联合国组织的"千年生态系统评估"，国际社会对中国湿地保护成就给予高度赞誉、充分肯定。

第六，湿地保护宣教工作产生了良好的社会影响。2 月 2 日是"世界湿地日"，国务院相关主管部门每年都会组织相关的宣传活动。湿地中国网与人民网等其他网站建立了合作关系，为社会各界普及湿地相关知识。国家林业和草原局与相关单位和国际组织共同拍摄了纪录片《保护湿地生态屏障》，开展了摄影展、成果展等活动，向全社会系统地展示了中国湿地保护成就。

近年来，政府出台了一系列政策措施，逐渐加大湿地保护力度，但湿地可持续发展任重而道远，依然存在以下问题。

第一，湿地生物多样性有所减退。目前，威胁湿地生态状况的因素已从污染、围垦和非法狩猎 3 个增加到污染、过度捕捞和采集、围垦、外来物种入侵和基建占用 5 个，导致湿地生物多样性锐减。在第一次全国湿地资源调查结果中，25% 的重点调查湿地存在过度利用生物资源的现象，野生动植物栖息地的功能部分甚至全部丧失，严重威胁了生物安全。

第二，湿地生态系统功能急剧弱化。由于人为的侵占、污染、过度捕捞和采集、外来物种入侵和基建占用等因素，我国湿地面积急剧缩减，湿地系统结构紊乱、功能减弱甚至被破坏。内陆湿地调蓄淡水和泥炭湿地调节气候的能力弱化。60 年来，83% 的三江平原湿地已不复存在；长江中下游湿地、滨海湿地等仍然面临着被围垦的巨大威胁，西部许多重要湿地由于上游水资源被转为它用，河流断流和湖泊干涸；工业废水和生活污水的排放、农药化肥的大量使用，导致全国湖泊污染严重，给渔业、农业及人民的健康带来危害，湿地生态功能进一步退化。

第三，湿地保护资金空缺较大。我国湿地生态系统保护体系并未被纳入国家重点生态功能区、湿地候鸟迁飞路线、重要江河源头、生态脆弱区和敏感区等范围内的重要湿地。2014 年，仅有 51.52% 和 66.52% 的国家重点生态功能区和国家重要湿地得到保护。另外，湿地保护资金投入严重不足，来源单一，主要依靠中央和地方政府的转移支付，还没有充分引入市场机制、社会资金和国际资金。可见，湿地保护管理任务非常艰巨，仍有不少重要湿地需要保护和投资。

第四，湿地管理工作亟待加强。2021 年，十三届全国人大常委会第三十二次会议通过了《中华人民共和国湿地保护法》，并于 2022 年 6 月 1 日起施行，它的颁布改变了湿地保护管理无法可依的局面，但在现实中法律法规执行困难，水利、国土、林业、环保等相关部门尚未形成合力。目前，湿地没有纳入国家主体功能区规划，而是纳入了"未利用地"范畴，其生态功能并未引起足够的重视进而得到严格保护。湿地公园发展人工化倾向严重，过度开展景观设计和旅游设施建设，忽视了湿地生态系统的保护和恢复，未限制无序开发和倡导科学合理利用湿地资源。

我国湿地生态状况持续向好，但湿地保护修复形势严峻、任务艰巨，湿地保护与社会经济发展的矛盾十分突出。各级政府应顺应人民群众对和谐自然环境的期待，全社会共同推进湿地保护事业发展，增强湿地保护管理能力。

第二节　研究区域概况分析

与其他省份相比，陕西湿地资源相对稀缺，但生物多样性非常丰富，特别是湿地鸟类种类多、数量多、保护等级高，尤其是珍贵濒危物种——朱鹮。1981年，陕西省洋县姚家沟首次发现的野生朱鹮栖息地仅涉及八里关、四郎两个乡镇，通过多年来对朱鹮及其栖息地的有效保护，朱鹮野生种群数量逐年增加，栖息地不断优化和扩大。目前，洋县、城固县和宁陕县的山脚、丘陵、河滩、水库边缘湿地是游荡期朱鹮分布较为集中的区域。该区域地处秦岭和汉中平原、丘陵的过渡地带，降雨充沛、气候温暖、湿地资源相对丰富，特别是冬水田作为朱鹮的重要栖息地，保护冬水田是朱鹮由仅存7只的极度濒危物种恢复到2600多只的重要原因。但该地区经济发展水平较低，主要栖息地洋县和宁陕县均为国家级贫困县，保护和发展的冲突较大。农户为朱鹮物种及其栖息地保护做出了巨大贡献，陕西朱鹮保护是世界上卓有成效的物种保护成功范例，物种保护的关键就是栖息地保护，而栖息地保护的核心是农户参与冬水田保护。因此，中央政府对朱鹮活动密集区进行湿地生态补偿，并取得了初步成效。

洋县位于陕西南部，汉中盆地东缘，北依秦岭，南屏巴山，古为"洋州"，今称"朱鹮之乡"，被誉为地球上同纬度生态最好的地区之一，也是世界珍禽朱鹮唯一的人工饲养种源地和主要的动物野外栖息地。县域面积3206平方公里，总人口44.21万人，辖15个镇、3个街道办、271个行政村、16个社区。西晋开始在区域内置洋州，至今已有1700多年的建制历史。城固县位于陕西南部汉中盆地腹部，北依秦岭南麓，南屏巴山北坡，中纳汉江平川，县域总面积2265平方公里，辖15个镇、2个街道办事处、230个行政村、47个社区，总人口54.3万人，是汉中第二人口大县和副中心城市。置县始于秦置汉中郡之年，迄今有2300余年的历史。宁陕县位于秦岭中段南麓，安康地区北部，属于长江流域汉江水系的上游地区。县域南北长 130 多公里，东西宽 110 多公里，土地总面积 3678 平方公里，总人口 7.03 万人，辖 11 个镇、68 个村、354 个村民小组、12 个社区，自清朝设立"宁陕厅"，取其"安宁陕西"之意。

一　自然地理特征

自然地理特征是湿地生态补偿政策试点的主要依据，也是湿地生态补偿实施的前提和基础。湿地是表生资源，是由水文、土壤、气候等多种资源要素构成的综合生态系统，资源间的相互作用直接影响湿地生态系统的结构和功能，使其具有区别于其他自然生态系统的生态、经济和社会属性（李姣，2014）。若某一要素受到自然或人为干扰而发生改变，则会导致湿地生态系统的稳定性遭到破坏，进而影响生物多样性。

（一）气候特征

洋县地处我国南北气候的分界线上，冬无严寒，夏无酷暑，属北亚热带内陆性季风气候，区域内四季分明，光照充足，气候温和湿润。年平均气温 14.5℃，最高气温 38.7℃，最低气温 -10.1℃。城固县属北亚热带湿润季风气候，年平均气温 14.3℃，年降雨量 843.9 毫米，素有"西北小江南"之美誉。宁陕县属北亚热带半湿润气候，最高气温 36.2℃，最低气温 -13.1℃，年降水量 921.2 毫米，是一个气候温暖、湿润，生物资源非常丰富的山区。

（二）地貌特征

洋县地势东部、北部高，中部、南部低，宜林宜农。区域内共有山地总面积 2314.7 平方公里，丘陵总面积 676.5 平方公里，平川面积 214.8 平方公里，分别占全县总面积的 72.2%、21.1%、6.7%。城固县位于陕西南部汉中盆地中心地带，北靠秦岭，南依巴山，地势北高南低，全县南北长 101 公里，东西最宽 42 公里，海拔最高 2602.2 米，最低 467.0 米，县域总面积 2265 平方公里。宁陕县山岭纵横、沟壑交错、地形复杂。总的地形北高南低，地势差 2425 米，全县可分为高山、中山、低山河谷 3 种地貌类型。

（三）水文特征

洋县江河面积 2675 亩，塘库面积 10653 亩，地表水年径流量 13.8 亿立方米，地下水总储量 4.5 亿立方米，水能蕴藏量 36.44 千瓦，可开发装机容量 15 万千瓦。城固县拥有汉江这一长江最大支流，支流包括湑水河、南沙河、牧马河等，水能蕴藏量 22.6 万千瓦，湑水河 4 座梯级电站已建成投运。宁陕县水资源丰富、沟河纵横，多为小河沟岔、流量不大，区域内流域面积在 5 平方公里以上的河沟共有 120 多条。

（四）土壤特征

洋县和城固县的土壤大体分为五类，其中水稻土是农耕地的主要土壤；黄棕壤主要分布在丘陵和低山区；棕壤分布在海拔 1500 米以上的中高山地区，是天然林的主要分布区；淤土和潮土主要分布在平坝区的河滩、水库和池塘周围。宁陕县耕地土壤分为四大类，分别是潮土、水稻土、黄褐土和黄棕壤，农作物种植面积 8846 公顷，其中粮食作物面积 4786 公顷，主产水稻、玉米和马铃薯。

总体来看，研究区域处于陕西省南部、秦岭南坡，地形上依次有高山—中山—低山及丘陵—江汉平原，沟河纵横，水库池塘星罗棋布，地表水相对丰富，雨热同期、干冷同季，水稻土众多，地理位置和气候条件得天独厚，因此，该区域是朱鹮等珍稀物种觅食、营巢、游荡的重要场所。

二 湿地资源禀赋特征

湿地资源禀赋特征是生态补偿政策是否必要可行的判断依据。湿地是一个复杂且脆弱的自然生态系统，类型丰富多样，主要包括沼泽、湖泊、河流、近海与海岸以及库塘湿地。从长期来看，自然和人为因素对湿地分布和演化均会产生一定的影响。因此，湿地生态补偿究竟能不能有效改善水田减少、生境破碎的状况，存在可供深入探究的空间，本节从湿地类型、生态系统变化等方面对研究区域湿地资源禀赋特征进行分析，为湿地保护和生态补偿提供大尺度生态状况演变的背景信息。

（一）湿地资源主要类型

汉中市和安康市湿地资源相对丰富，在全省分列第三、第四位。汉中市湿地总面积 3.93 万公顷，占全省湿地总面积的 12.73%，其中河流湿地面积 3.58 万公顷，沼泽湿地面积 0.03 万公顷，人工湿地面积 0.32 万公顷。流经汉中的两大水系（汉江和嘉陵江）均属长江的一级支流，区内流域总面积 2.7 万公顷，可计入的河流湿地面积有 7.24 万公顷，隶属于汉中市的洋县、城固县河流湿地面积分别为 2126.12 公顷、1893.62 公顷（见表 3-1）。安康市湿地总面积 2.89 万公顷，占全省湿地总面积的 9.36%，其中河流湿地面积 2.45 万公顷，人工湿地面积 0.44 万公顷，隶属于安康市的宁陕县河流湿地面积为 3279.22 公顷（见表 3-1）。

表 3-1 研究区域河流湿地面积

单位：公顷

湿地区	湿地类型			
	合计	永久性河流	季节性或间歇性河流	洪泛平原湿地
城固县零星湿地区	1893.62	1730.49	0	163.13
洋县零星湿地区	2126.12	2126.12	0	0
宁陕县零星湿地区	3279.22	3269.10	0	10.12

资料来源：根据第二次全国湿地资源调查中陕西省湿地资源调查报告的相关数据整理。

其中面积最大的人工湿地是汉江湿地，人工湿地面积 0.41 万公顷，占人工湿地总面积的 12.86%。汉江湿地主要为库塘湿地，经过几十年的农田水利基础设施建设，洋县已有大小池塘 2104 口，水库 80 座，人工湿地面积 283.07 公顷。城固县人工湿地面积较大，为 572.94 公顷（见表 3-2）。另外，全县地下水总储量 4.5 亿平方米，平坝地区地下水较为丰富，埋深较浅，易于利用，而山区则多为贫水区，大量的河流、水库及水塘给朱鹮提供了良好的栖息条件。宁陕县水资源总量 14.21 亿平方米，各类农田水利设施 1639 处，无人工湿地。

表 3-2　研究区域人工湿地面积

单位：公顷

湿地区	湿地类型			
	合计	库塘湿地	运河/输水河	水产养殖场
城固县零星湿地区	572.94	572.94	0	0
洋县零星湿地区	283.07	283.07	0	0
宁陕县零星湿地区	0	0	0	0

资料来源：根据第二次全国湿地资源调查中陕西省湿地资源调查报告的相关数据整理。

总体上，研究区域容纳了水生生态系统、沼泽生态系统、农田生态系统和森林生态系统等，多样的生态系统为朱鹮提供了良好的栖息生境，尤其是以人类活动为主导的山村湿地生态系统（朱鹮栖息地与人类生活环境高度重叠），孕育了十分丰富的生物多样性，这种多样性对区域乃至更大范围的人类福祉具有重要意义。然而长期以来，人类为了获取短期的经济利益，其湿地利用方式与生态系统自然属性不相适应，造成了生物多样性破坏、生态系统退化等不可逆转的恶果。

（二）湿地生态系统变化特征

湿地生态系统在研究区域生态格局中占有重要地位，生态补偿对湿地生态系统的影响主要体现在制度带来的人为活动变化，而人工湿地（水田）受人为活动影响最大，因此本节利用遥感解译数据，从动态角度分析该区域的土地资源分布及湿地生态补偿带来水域和水田的变化情况，进而了解生态系统的整体演进过程。尽管这种生态格局的变化不一定是湿地生态补偿政策直接影响的结果，但评价生态系统演变可以与湿地生态补偿影响做关联性分析，为本书提供更加科学准确的客观依据。

1. 数据来源

以研究区域和中国资源卫星应用中心的 Landsat TM 遥感影像作为数据源，选择了 2000 年、2010 年和 2015 年三期遥感影像数据，其空间分辨率为 30m×30m。应用 ENVI 遥感图像处理软件和 ArcGIS 10.2 软件对数据进行处理。参照中国科学院资源环境科学数据中心的土地覆被分类标准，对生态系统构成及动态变化进行分析（一级生态系统为 7 类，二级生态系统为 26 类）。由于二级分类繁杂，合并后得到耕地、林地、草地、水域、城乡工矿居民用地、未利用土地和海洋 7 种土地利用类型（见表 3-3）。根据研究的需要，又将耕地进一步分为水田、旱地，解译后在陕西三县进行实地精度验证，发现解译精度良好。

表 3-3　土地覆被（LUCC）分类体系

一级类型		二级类型	
编号	名称	编号	名称
1	耕地	11	水田
		12	旱地
2	林地	21	有林地
		22	灌木林
		23	疏林地
		24	其他林地
3	草地	31	高覆盖度草地
		32	中覆盖度草地
		33	低覆盖度草地
4	水域	41	河渠
		42	湖泊
		43	水库坑塘
		44	永久性冰川雪地
		45	滩涂
		46	滩地
5	城乡工矿居民用地	51	城镇用地
		52	农村居民点
		53	其他建设用地
6	未利用土地	61	沙地
		62	戈壁
		63	盐碱地
		64	沼泽地
		65	裸土地
		66	裸岩石质地
		67	其他
7	海洋	71	填海造陆

2. 评价方法

研究区域土地利用类型分布、土地利用类型变化程度、土地利用类型相互转化状况，通常采用土地利用转移矩阵中某一时点的各土地类型面积和某一时期各土地利用类型转入、转出面积进行反映，其中每行元素代表转移前的某类土地向转移后的各土地类型转化的面积，每列元素代表转移后的某类土地从转移前的各土地类型转化的面积，转移前后的分类体系和分类精度相同，即矩阵的行数等于列数。通过矩阵中每行（或每列）元素之和减去主对角线各元素之和，得出某种土地利用类型减少或增加的面积，进而计算各类土地变化面积之和占区域总面积的比例。

3. 生态系统构成与分布

在分析研究区域的生态系统构成与比例变化时，采用该种生态系统类型面积及该种生态系统类型面积所占比例两个指标，其中，该种生态系统类型面积所占比例等于当年该种生态系统类型面积/全部生态系统类型的总面积，分别对一级生态系统的面积和比例进行计算，分析该种生态系统在 2000 年、2010 年和 2015 年的状态值，可以看出 2000 年、2010 年和 2015 年水田生态系统的面积所占比例均超过了 16%，具体结果如表 3-4 所示。

表 3-4　研究区域一级生态系统构成特征

单位：平方公里，%

类型	2000 年		2010 年		2015 年	
	面积	比例	面积	比例	面积	比例
水田	1499.49	16.59	1489.09	16.48	1476.14	16.33
旱地	543.01	6.01	536.19	5.93	539.25	5.97
林地	3834.60	42.43	3837.36	42.46	3834.57	42.43
草地	3026.33	33.49	3029.53	33.52	3031.04	33.54
水域	68.00	0.75	67.74	0.75	68.69	0.76
居民用地	65.70	0.73	77.2	0.85	86.33	0.96
未利用地	0.60	0.01	0.6	0.01	1.69	0.02

资料来源：通过 ArcGIS 10.2 软件计算得出。

本书研究区域以森林和草地生态系统为主，且宁陕县森林覆盖整体状况更好，洋县和城固县耕地较多、居住密集，北部森林覆盖面积相对较大。研究区域生态系统格局变化并不明显，这与水田生态系统面积所占比例较低有关。

4. 生态系统类型变化特征

洋县、城固县和宁陕县是朱鹮主要的活动区域，农田所形成的湿地占据着重要地位，约占全部湿地的1/4。但是，随着气候的变化和人们生产生活方式的改变，现有人工湿地面积呈现出逐年缩小的趋势。基于 GIS 软件平台，获取不同时段土地利用转移矩阵（见表 3-5 和表 3-6）。总体来说，研究区域各生态系统类型在过去的 15 年间发生了比较明显的转化，主要是耕地和居民用地变化较大。

表 3-5　2000 年和 2010 年研究区域土地利用类型转移矩阵

单位：平方公里

2000 年 / 2010 年	水田	旱地	林地	草地	水域	居民用地	未利用土地	合计
水田	1488.25	0.00	0.92	0.05	0.21	10.06	0.00	1499.49
旱地	0.00	536.11	1.57	4.91	0.00	0.42	0.00	543.01
林地	0.22	0.08	3834.06	0.10	0.00	0.14	0.00	3834.60
草地	0.00	0.00	0.81	3024.17	0.44	0.90	0.00	3026.33
水域	0.62	0.00	0.00	0.30	67.08	0.00	0.00	68.00
居民用地	0.01	0.00	0.00	0.00	0.00	65.68	0.00	65.70
未利用土地	0.00	0.00	0.00	0.00	0.00	0.00	0.60	0.60
合计	1489.09	536.19	3837.36	3029.53	67.74	77.20	0.60	9037.72

资料来源：通过 ArcGIS 10.2 软件计算得出。

表 3-6　2010 年和 2015 年研究区域土地利用类型转移矩阵

单位：平方公里

2010 年 / 2015 年	水田	旱地	林地	草地	水域	居民用地	未利用土地	合计
水田	1475.89	0.09	0.15	3.25	0.33	8.84	0.52	1489.09
旱地	0.00	534.66	0.05	0.78	0.60	0.00	0.11	536.19
林地	0.06	2.05	3834.27	0.84	0.00	0.00	0.14	3837.36
草地	0.19	2.45	0.10	3026.17	0.01	0.28	0.32	3029.53
水域	0.00	0.00	0.00	0.00	67.74	0.00	0.00	67.74
居民用地	0.00	0.00	0.00	0.00	0.00	77.20	0.00	77.20
未利用土地	0.00	0.00	0.00	0.00	0.00	0.00	0.60	0.60
合计	1476.14	539.25	3834.57	3031.04	68.69	86.33	1.69	9037.72

资料来源：通过 ArcGIS 10.2 软件计算得出。

从生态系统转化特征来看，2000~2015年，水田转换为居民用地这一变化最为明显，说明这一时期水田面积大幅减少，多数用于农村建设和城镇化发展，不利于朱鹮物种和栖息地的保护，然而2010~2015年开始推行湿地生态补偿政策，使水田减少的速度有所放缓，在这一阶段湿地生态补偿政策对生态保护做出贡献。2000~2010年，旱地转换为林地、草地的变化比较明显，2010~2015年，林地、草地转换为旱地的变化明显，前一阶段由于退耕还林政策的实施，对林地需求不断增加，近年来退耕还林补贴减少且基本结束，复耕现象普遍存在。

从不同时段来看，2010年，水田和水域比2000年分别减少10.4平方公里和0.26平方公里，变化率分别为0.69%和0.38%。2010~2015年，水田进一步减少12.95平方公里，而水域增加了0.95平方公里，变化率分别为0.87%和1.40%。可见，三期的湿地面积发生了细微的变化，主要表现为水田面积小幅减少，水域面积先减后增。2000~2015年，森林面积先增后减，由于基数较大，变化并不明显；草地面积略有增加，而居民用地和未利用土地大幅增加，旱地面积呈现先减后增趋势。

值得注意的是，湿地生态系统的变化是一个长期的过程，生态补偿政策实施不到十年时间，需要对湿地生态系统尤其是水田的变化进行持续监测，才能更加准确地判断湿地生态补偿对生态系统的影响。近年来，由于劳动力外移和耕作制度改变，水田面积逐年减少，同时江河岸边的河滩地被改造为农田或取土烧砖，湿地面积进一步萎缩。另外，农户偷施农药化肥的现象仍未杜绝，工矿企业集中，公路四通八达，湿地污染加剧，直接导致湿地生态系统退化、物种保护面临挑战、资源间的交互功能减弱，使环境政策的长期影响和实施效果更难判断和预测。

三 区域社会经济特征

在研究区域生态—经济复合系统中，自然地理要素是湿地本身固有的属性，但湿地与社区在空间上接壤和重叠，为人类提供必不可少的自然资源，周边农户既是湿地资源的直接利用者，也是当地发展的主要利益相关者。该地区社会经济发展水平较低，其中洋县和宁陕县均为国家级贫困县，进一步加剧了保护和发展的冲突。因此，实施湿地生态补偿制度十分必要，而区域社会经济特征是设计湿地生态补偿制度时考虑的重要内容，不仅有助于协调湿地保护与社会经济发展的相互关系和作用机制，还可以为其他地区开展湿地生态补偿实践提供参考和借鉴。

（一）民生问题较为突出

2016 年各县统计年鉴显示，该区域乡村人口占绝大多数，洋县、城固县和宁陕县的比例分别为 82.13%、79.31% 和 72.42%；洋县和宁陕县农村转移劳动力占全县总人口的 40% 左右，城固县占 23.84%，年轻劳动力外移、人口老龄化和家庭空巢化现象严重；洋县、城固县和宁陕县农村常住居民人均可支配收入分别为 8882 元、8953 元和 7625 元，收入主要来源于工资性收入和经营性收入，城乡居民收入比（以农为 1）约为 3∶1。洋县和宁陕县均为国家级贫困县，是"三农"问题比较集中的地区。

（二）产业发展不平衡

2016 年各县统计年鉴显示，洋县、城固县和宁陕县人均国内生产总值分别为 27557 元、46203 元和 37463 元，均比全省的平均水平低，非公有制经济占生产总值的一半。2012～2016 年，第二产业发展迅速，且第二产业占比最高；第一产业占比逐渐下降，但仍占据基础性地位，集约化程度有所提高，以种植业、养殖业为主，捕捞较少，其中产量较高的是稻谷、药材、油菜籽；第三产业占比逐渐上升，发展速度较快，如传统服务业、旅游业等。综上，该区域仍存在产业结构不尽合理、产业链低端、城乡居民收入赶超难度较大、资源消耗多、经济运行的质量效益有待提高等问题，而第三产业的崛起缓解了生态环境和经济发展的矛盾，有利于朱鹮物种及其栖息地的保护，可以作为未来优先发展的领域。

（三）基础设施建设不完善

近五年，该区域逐渐形成公路、铁路、空运交通运输网，其中宁陕县由于地形原因，交通便利程度较低。该县拥有小学、中学和职业学校的教育体系，但由于农村条件艰苦、路途遥远，师资力量相对薄弱，教育水平仍比较低。随着有线电视、移动电话、宽带上网普及范围不断扩大，通信更加便利，固定电话用户总体减少，基本上能保证正常的供水、供电。乡村建有水电站，农户使用井水和山泉水居多。文化设施建设困难重重，自建的农家书屋数量减少，医疗、养老等社会福利机构有增有减，管理难度较大，农村的社会保障状况较差。

第三节　湿地生态补偿制度演变及问题分析

湿地生态补偿制度是伴随湿地生态补偿和湿地生态系统关系的变化而演变的。理论上，湿地生态补偿制度与湿地生态系统是对立统一的关系。

从统一方面看，湿地生态系统是湿地保护和资源利用的物质基础。合理的政策或行为有利于提升湿地生态系统多样性、稳定性和持续性，反之会导致生态系统的大量丧失和退化。湿地保护的主要目标是在有序利用湿地资源的基础上，保障湿地生态系统朝着良性的方向发展，因此科学保护湿地生态系统对补偿制度演变具有一定的促进作用。另外，湿地生态补偿政策的两大目标是"湿地受保护、农户得实惠"，其实施对湿地生态系统产生的正外部性可以规范湿地资源利用和保护湿地生态系统。

然而，湿地生态补偿的负外部性并不一定符合湿地生态系统演进的自身规律，现实中它们之间存在对立关系，主要表现为湿地保护与资源利用行为的相互作用。一方面，农户是湿地保护和资源利用的主体。按照理性经济人假设，农户资源利用行为是以经济效益最大化为前提，如果不能获得预期收益，很有可能放弃湿地保护与资源利用行为，选择从事其他收入更高的工作。另一方面，湿地生态系统改善和发展过程恰好与资源利用相矛盾。因此，湿地生态系统追求效益综合、生产高效以及生物多样性丰富的目标，而农户追求湿地资源的边际收益，这样会导致湿地生态补偿和生态系统之间存在矛盾和冲突。它们之间的关系如图3-1所示。

湿地生态补偿作为一项重大的制度变革，从简单地发放经济补偿到实施各项配套政策和措施，都应该以协调制度变革和湿地生态系统演变的相互促进关系为根本目标。因此，在湿地生态补偿实施过程中，一方面要保障农户权益，另一方面要考虑湿地生态系统的稳定和发展，从而缓解二者之间的矛盾和冲突。因此，本节从现实层面探讨湿地生态补偿对湿地生态系统的影响，能够为后面实证分析提供现实依据。

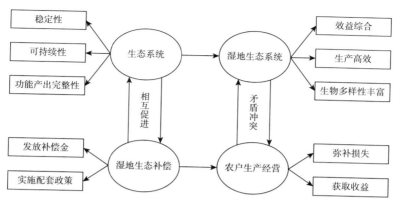

图 3-1 湿地生态补偿与生态系统的关系

一 湿地生态补偿制度发展历史

湿地是朱鹮赖以生存的重要栖息场所，而湿地生态补偿是生物多样性保护可持续的必要手段。该区域朱鹮保护创造了极小种群野生动物保护的奇迹，成为国际濒危物种保护的成功典范（刘冬平等，2014）。多年来，湿地生态补偿制度分为对社区和农户的补偿、对湿地生态系统的补偿，本书是针对因朱鹮保护受损和为朱鹮保护做出贡献的社区和农户的补偿，使其在朱鹮及其栖息地保护中受益。基于此，如何解决资源保护与利用问题、缓解保护与发展的空间冲突、缓解保护过程中农户和国家的利益分配冲突，值得我们深入思考。本部分主要介绍研究区域湿地生态补偿发展历程（见图 3-2）。

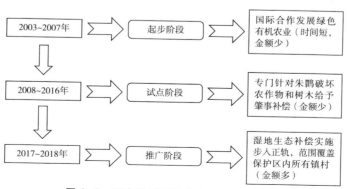

图 3-2 研究区域湿地生态补偿发展历程

（一）绿色农业补偿

2003~2005 年，国家林业局和世界自然基金会（WWF）共同开展了绿色大米种植项目，地点为朱鹮保护区内的刘庄村、田岭村、草坝村，各村选择 200 亩连片冬水田开展绿色水稻种植试验，涉及 12 个村民小组、378 户、4465 人，保护区提供种子、杀虫灯、有机肥料、种植技术和泥鳅养殖技术，并给予这些农户每年每亩 100~200 元的补偿，金额共计 40 万元左右。

该项目旨在通过引导和扶持社区群众在水稻生产过程中多使用农家肥和复混肥，使用高效无残留的农药，促使农民生产的大米达到国家规定的绿色产品 A 级标准。项目由保护区实施和管理，合作方包括资助单位、地方政府、农业技术部门和粮食企业，采用"公司+农户"的订单农业方式，稳定供求关系，通过粮食企业加工包装和市场营销，逐步建立朱鹮绿色品牌，增强市场竞争力，使社区群众和当地粮食加工企业获利，形成以销促产的经营格局，最终达到农民增收和环境保护双赢的目标。项目结束至今，越来越多的社区和农户开展绿色有机农业，由最初的水稻增加了水果、蔬菜等品种，使参与农户的人均年收入比不参与的农户每亩高 100~200 元。

（二）野生动物肇事补偿

2009 年 4 月，陕西省林业局拨付 2008 年朱鹮肇事补偿资金 96.2 万元，涉及 11 个乡镇、19 个行政村、2191 户，补偿冬水田面积 2792.2 亩，补偿标准为每年每亩 200~300 元。近年来，朱鹮肇事补偿资金逐渐减少，目前年均补偿资金为 20 万~30 万元。

该笔资金主要用于两个方面。第一，朱鹮在水田觅食的过程中踩踏秧苗、损害农作物导致水稻减产，具体破坏情况由各村镇负责统计上报给保护区，保护区直接将补偿发放到农户的银行卡上。第二，朱鹮营巢和夜宿不利于农户树木的生长及对私有林木的采伐，为此保护区对这部分林木所有者给予经济补偿。由于朱鹮种群不断扩大，巢树补偿标准由每年每棵600~700 元下降到 100 元。根据监测结果和农户反映确定了 10~20 个重要夜宿地，朱鹮及伴生鹭类的鸣叫声会影响附近居民的休息，且在库塘里觅食导致农户养殖收入减少，因此保护区不定期给每个夜宿地每棵巢树补偿700~800元。

二　湿地生态补偿制度现状

为了改善朱鹮栖息地环境，保护区积极寻求政策支持，对农户损失进行补偿，将社区纳入保护体系。2014年10月，保护区开始申请湿地生态效益补偿项目，并于2015年3月批准实施，总投资2004.81万元，其中中央财政投入2000万元，保护区自筹4.81万元，用于天然湿地保护与恢复、人工湿地修复与整治、朱鹮栖息地村落污染治理、朱鹮食物恢复、湿地保护补偿、宣传教育等6个方面（见图3-3），促使农户参与朱鹮保护的积极性大大提高。

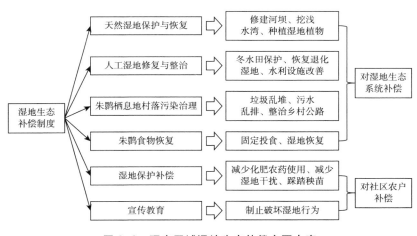

图3-3　研究区域湿地生态补偿主要内容

（一）农户经济损失补偿

朱鹮是伴生于农业生产资料的鸟类，稻田内的泥鳅、田螺、鱼、蛙和旱地中的蝗虫、蚯蚓、蟋蟀、甲壳等是朱鹮的主要食物。丰富的稻田、塘库、河流等湿地资源成为朱鹮重要栖息地，同时为保护这些资源，当地群众做出了巨大贡献，主要包括以下几个方面。

第一，朱鹮被重新发现后，为了保护好这一弱小的朱鹮种群，洋县政府立即下发文件，禁止朱鹮活动区农民在稻田内使用农药化肥，当地群众积极响应政府号召，自觉停止农药化肥的使用，这导致水稻减产，在当时人们生活水平不高的情况下，广大社区群众因保护朱鹮遭受了重大损失。

第二，保护区及周边的池塘、水库、河道的滩涂是朱鹮最喜欢的天然湿地，当地村组自觉地号召群众减小生产生活对湿地的干扰和影响，同时还积极出面制止各类破坏湿地的行为，为朱鹮栖息地的保护尽心尽力。

第三，在朱鹮繁殖期，为了提高朱鹮繁殖成活率，保护区会在朱鹮集中活动区选择部分稻田作为固定投食田，定期投放泥鳅等食物。

第四，朱鹮在繁殖后期喜欢在稻田觅食，经常发生踩踏秧苗事件，这增加了农户插秧的工作量，甚至可能导致种植收入减少，这是朱鹮保护和农业生产最突出的矛盾。

在生态补偿实施之前，首先要确定朱鹮活动区的稻田、池塘、水库、河流等重要资源的权属是个人还是集体，按照朱鹮分布数量、活动时间、农作物受损程度以及农户在朱鹮保护中做出贡献的大小，划分为三个类别进行补偿。

Ⅰ类湿地：位于保护区核心区内，缓冲区、实验区内朱鹮繁殖数量在10只以上，时间在10年以上；

Ⅱ类湿地：位于保护区缓冲区内、实验区及保护区周边，朱鹮稳定活动不少于10只，时间在5年以上；

Ⅲ类湿地：朱鹮稳定活动不少于10只，时间在5年以下，且农户为朱鹮保护做出贡献。

最终，农户经济损失补偿内容确定为三类：一是对因朱鹮觅食而遭受踩踏减产的稻田进行补偿；二是对朱鹮集区因未使用农药化肥而减产的稻田进行补偿；三是对朱鹮活动的重要天然和人工湿地进行补偿。根据各村划分的类别，按照Ⅰ类湿地800元/亩进行补偿，Ⅱ类湿地600元/亩进行补偿，Ⅲ类湿地400元/亩进行补偿。该项目共涉及5个县区、28个乡镇、100多个村，补偿面积达22747亩，补偿金额为1132.40万元，具体见表3-7。按照《朱鹮损害农作物补偿办法》，补偿资金的兑付按湿地所有权进行分配，属集体管理的湿地，补偿资金通过银行转账，直接兑付到村组所属乡镇财管所，由乡镇代管，并监督、检查资金的使用情况，补偿资金直接兑付到个人，通过银行建立的全县惠农资金"一折通"，将补偿资金由银行直接划入个人账户。无法通过银行兑付的，采取现场兑付和委托村组兑付的方式完成。

表 3-7　2016 年洋县和城固县湿地生态补偿委托兑付情况统计

单位：亩，元

乡镇	个人		集体		总面积	总金额
	面积	金额	面积	金额		
铺镇	142.5	57000	98	39200	240.5	96200
汉王镇	139.05	55620	92.7	37080	231.75	92700
五堵镇	103.15	61890	89.6	53760	192.75	115650
文川镇	151.1	60440	127.4	50960	278.5	111400
三合镇	398.05	159220	37	14800	435.05	174020
汉山镇	224.65	89860	139	55600	363.65	145460
黄官镇	298.05	119220	197	78800	495.05	198020
私渡镇	174.75	69900	116.5	46600	291.25	116500
谢村镇	1333.05	552520	560	243200	1893.05	795720
黄安镇	764.7	352860	484.2	223780	1248.9	576640
戚氏镇	688.7	413220	393.9	236340	1082.6	649560
华阳镇	1519.25	767070	754.9	391440	2274.15	1158510
八里关镇	121.25	97000	89	71200	210.25	168200
溢水镇	2171.35	1401470	1148.5	779000	3319.85	2180470
关帝镇	592.25	355350	269.1	161460	861.35	516810
长溪镇	802.8	368680	416.2	202920	1219	571600
龙亭镇	858.35	343340	491.3	196520	1349.65	539860
洋州镇	787.55	381100	544	257400	1331.55	638500
黄家营	204	122400	55	33000	259	155400
马畅镇	335.65	134260	167	66800	502.65	201060
谢村镇	147.9	59160	129.8	29983.3	277.7	89143.3
金水镇	106	42400	76	30400	182	72800
槐树关镇	216	129600	143	85800	359	215400
磨子桥镇	1520.59	658084	1046.36	468096	2566.95	1126180
白石镇	120.2	48080	65	26000	185.2	74080
茅坪镇	136	54400	76	30400	212	84800
黄金峡镇	254.25	101700	100	40000	354.25	141700
纸坊办	330.4	198240	199	119400	529.4	317640

资料来源：通过 ArcGIS 10.2 软件计算得出。

（二）天然湿地保护与恢复

湑水河、溢水河、贮溪河及其支流等小流域的天然湿地和贮溪河水库、沙河水库的滩涂是朱鹮主要觅食地。但由于灾害性天气增多，湿地功能逐渐退化、湿地面积减少，进而导致朱鹮食物资源匮乏。针对自然保护区及周边天然湿地因气候等因素而导致生态环境恶化的现状，天然湿地保护与恢复工程项目势在必行。该项目计划在河道修建拦河坝，适当抬升水位，增加湿地面积，起到抗旱保湿作用，同时在河道两侧及水库滩涂开挖浅水湾，种植柳树和水草，修建刺丝围栏。该项目的实施使逐渐退化、功能丧失的天然湿地逐步发挥其生态效应，为朱鹮提供稳定的觅食场所和基本的夜宿、繁殖环境，确保朱鹮的正常生存和种群数量的稳步增加。

该项目属于生态恢复工程，在建设过程中涉及的专业技术性较强，由保护区职工依据朱鹮的生物学习性组织进行关键环节的施工。由于保护区没有土地权属，该项目建设必须依靠当地村组的大力支持。为了节省建设成本，同时使老百姓在保护中受益，工程建设全部从当地雇佣人力来完成，采取分段包干的办法，明确任务、限定时间、落实费用、签订工程建设合同，确保建设任务如期完成。

（三）人工湿地修复与整治

水田（尤其冬水田）是朱鹮繁殖期、游荡期的主要觅食场所，优良的冬水田等人工湿地为朱鹮的成功保护做出了不可磨灭的贡献。近年来，随着移民搬迁、农村劳动力输出、子女进城上学，保护区及周边农村人口大量减少，大面积的冬水田荒芜，湿地生态效益降低，朱鹮等依赖湿地生存的鸟类的食物面临极大威胁。截至 2014 年 8 月，在从野外抢救的 32 只朱鹮中，有 25% 是因食物匮乏而失去行动能力的。

扩大湿地面积、修复人工湿地、增加湿地环境承载量是保护朱鹮生境的重要途径。项目计划在朱鹮重点活动区域实施人工湿地的修复与整治工程，通过保护冬水田、恢复退化湿地和改善水利设施，对现有湿地以补偿的形式加强保护，可以有效缓解朱鹮食物缺乏的现状，使朱鹮稳定活动在生态环境优美、人口相对稀少的高山区，减轻因低山和平川地区朱鹮数量增多而带来的保护压力。根据朱鹮活动分布范围，在 19 个村选择现有的

360 亩冬水田进行保护，通过与农户签订 5 年的保护协议，对农户因保护湿地造成的损失进行补偿，要求按 50cm×50cm 的行列间距种植水稻，禁止使用农药化肥，冬水田只允许进行水稻耕种。如果对稻田进行翻犁蓄水，直至第二年水稻种植前蓄水深度保持在 15cm 以上，按 500 元/亩的标准补偿，只翻犁不蓄水按 200 元/亩的标准补偿。同时，对 205 亩荒芜农田湿地进行为期 5 年的恢复保护，改造和完善部分地区的水利设施，主要包括小型库塘清淤改造和引水渠建设。

（四）朱鹮栖息地村落污染治理

通过三十多年的保护实践，"大树、农户、稻田"已成为朱鹮生存必不可少的三要素，村庄是人和朱鹮共同的家园。朱鹮重点活动区的生产生活水平较低，农村公共设施较差，生活垃圾、人畜粪便、生活污水的排放，以及农药化肥、含磷洗衣粉的广泛使用，严重影响了村落周围及湿地的生态环境，给朱鹮等野生动物的生存带来威胁。为此，保护区选择朱鹮活动较为集中的溢水镇刘庄村等 11 个村加强村落污染治理，整治乡村公路环境，改善垃圾处理等相关基础设施，并做好环境保护的宣传教育工作。

从 20 世纪 90 年代开始，雷草沟水库是朱鹮游荡期的重要夜宿地，附近的夏家村也是朱鹮的重要觅食地，因此对这里进行定期巡护监测显得尤为重要。但通往雷草沟库区和夏家村朱鹮活动区的道路为泥土路，路况条件差，加之两条道路旁居民较多，居民的牛羊等牲畜的粪便遍地，污染危害极大。在村落污染治理的同时，保护区联合当地社区对该区域的 5 公里乡村公路进行整治，加固路基，拓宽路面，这不仅有利于改善朱鹮栖息地村落整体环境，还为当地村民出行和日常巡护提供便利。

三 湿地生态补偿制度存在的问题

湿地生态补偿实施过程中，研究区域的补偿制度没有全面推开，补偿资金、补偿标准、补偿模式、补偿相关政策等方面也存在不少问题，特别是对弥补农户利益损失和发展激励是否有作用、如何有效发挥作用仍需进一步探究，具体包括以下 4 个方面。

（一） 湿地生态补偿资金来源有限

湿地生态补偿实践是一项巨大的系统工程，生态补偿资金从哪里来、生态补偿资金充足与否直接影响到湿地生态补偿实践能否顺利开展。当前补偿资金有限、来源单一是湿地生态补偿面临的重大难题。现阶段，湿地生态补偿的资金均来自中央财政，随着湿地保护地数量的不断增加，资金投入严重不足，且未形成多元化的资金来源渠道（刘子刚等，2015）。同时，地方政府财力及重视程度不够，生态补偿资金没有纳入同级财政预算，这阻碍了湿地生态补偿长效机制的建立。

（二） 湿地管理机构实施难度大

针对农户因保护湿地而遭受的损失及所做贡献大小缺乏科学客观的评估手段和有效的监督机制，往往以行政裁决代替制度保障，以精神激励代替利益分配。如果生态效益不能与地方政府绩效考核挂钩，因自然保护区管理机构没有土地所有权和行政执法权，如果保护对象包括所在陆地、水域或海域，涉及林业、海洋、边防、部队等多部门执法问题，对于违反相关法律条文、破坏保护区生态环境的行为，无法采取强制性惩罚措施，执行过程中难免存在推诿扯皮的现象。

（三） 农户诉求考虑不充分

现阶段，我国湿地生态补偿政策的执行是自上而下的，且相关部门在政策制定和实施过程中没有充分考虑农户的诉求，即农户并未真正成为湿地生态补偿制度主体（王宇、延军平，2010）。由于湿地资源的产权仍不明晰，受损农户获得的资金较少或根本不能获得应有的补偿，他们难以维持生计，没有完全体现公平原则（栗明等，2011）。因此，研究区域农户对现行生态补偿机制的满意度较低，未能较好地解决村民的实际困难和发展问题。

（四） 现金补偿仍是主要模式

目前，该区域湿地生态补偿模式较为单一，且没有引入多元化的市场补偿。现金和实物补偿属于"输血型"补偿，虽然有立竿见影的效果，但不能改变农户生产经营方式和生计策略，不利于农户发展能力的根本提升。如果补偿资金不到位、补偿程序不健全，受偿人群往往有限，且受偿时间短暂。而政策补偿和智力补偿属于"造血型"补偿，这种补偿通过与扶贫和经济发展相结合，加大湿地保护力度，能够带动周边地区农户发展，从而使其获得收益，更有利于实现湿地生态补偿的最终目标（王青瑶、马永双，2014）。

第四节　本章小结

研究区域地处秦岭和汉中平原、丘陵的过渡地带，降雨充沛、气候温暖、湿地资源相对丰富。但该区域经济发展水平不高，主要栖息地洋县和宁陕县均为国家级贫困县，保护和发展的冲突较大。该地区湿地生态补偿政策围绕朱鹮及其栖息地的保护，经历了从起步阶段、试点阶段到推广阶段的渐进过程。其中，起步阶段主要是国家林业局（现为国家林草局）和世界自然基金会开展实物和市场补偿相结合的试点；试点阶段是针对破坏和肇事直接给予物质补偿；推广阶段是国家全面实施湿地生态补偿试点。该区域是重要试点之一，包括对社区和农户的补偿和对湿地生态系统的补偿两个方面，通过执行各项配套制度和政策来规范和引导农户生产经营行为，从而对湿地保护产生积极作用，为湿地生态补偿制度的建立积累了丰富的经验。虽然现行湿地生态补偿取得一定成效，但仍存在以下问题：湿地生态补偿资金来源有限、主要依靠政府财政投入，法律法规执行力度不足，补偿管理难度较大，农户对补偿标准和模式的诉求没有得到充分考虑，补偿模式仍以单一的现金补偿为主，缺乏长期的有效激励。

第四章
湿地生态补偿对农户生计
资本及生计策略的影响

本章主要研究湿地生态补偿对农户生计资本及生计策略的影响。湿地生态补偿最重要的目标之一是弥补农户在保护过程中的收益损失，损失来自生计资本、生计策略等多个方面，国际上湿地生态补偿效果评估越来越关注生计视角。通过独立样本 T 检验和单因素方差分析比较补偿户和未补偿户生计资本和生计策略选择的差异以及补偿前后农户生计资本和生计策略的变化，探讨湿地生态补偿对农户生计资本和生计策略的影响，其目的是分析湿地生态补偿实施是否有利于农户生计水平的提高，进而为后面研究湿地生态补偿对农户生计结果、保护意愿和行为的影响以及完善湿地生态补偿制度提供重要依据。

第一节　研究思路

近年来，农户生计问题成为发展中国家和地区关注的焦点。稳定的生计既是全球消除贫困的主要目标，也是衡量一国社会经济发展水平的重要指标。农村贫困与生计的主要研究对象是农户（许汉石、乐章，2012），家庭生计资本状况决定了农户应对生计风险的能力以及采取的不同生计活动，同时是农村生态保护和发展政策干预的着力点。更为重要的是，保护区设立、生态补偿政策和所在区域发展状况等外部因素会对农户生计造成影响（DFID，2000），如果单纯依靠自然资源产品不足以维持生计，农户就会转变生计策略，如开展多样化经营、进城务工等，可见生计多样性是一项重要的生存发展策略（Ellis，1998）。

在 Scoones（1998）、Bebbington（1999）、Ellis（2000）提出生计分析框架的基础上，英国海外发展署更加明确可持续生计的内涵和路径，这也是目前国际上分析湿地生态补偿对农户生计影响最常用的方法之一。农户被认为是在一种具有脆弱性的背景下开展生计活动的，外部社会、制度和组织环境等结构和过程转变因素会影响其生计资本水平，进而通过农户的生计策略选择影响生计结果，农户生计结果又反作用于生计资本。这不仅强调了湿地生态补偿对生计资本的影响，而且还关注政府与微观农户个体的交流、沟通，将生计策略形成及其后果的理论研究与湿地生态补偿实践相结合，以期减少湿地保护外部性导致的农户损失，进而增加其生计资本和生计策略选择。因此，本章依据改进的可持续生计分析框架中有关生计资本计量的方法和生计策略选择，探讨湿地生态补偿对农户生计的综合影响。基于已有研究和实地调研，补偿不仅是增加农户收益的问题，而且是对生计资本水平、未来生计策略选择均有影响的一种政策手段，其影响程度、如何影响恰恰是本章的研究内容。本章按照图 4-1 的思路研究湿地生态补偿对农户生计的影响。

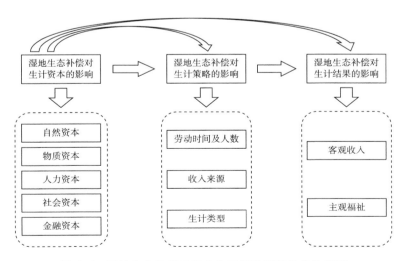

图 4-1 湿地生态补偿对农户生计影响研究的总体思路

第二节　湿地生态补偿对农户生计资本的影响

湿地保护区往往具有生态环境脆弱和经济落后的双重特征，实施湿地生态补偿势必会对区域农户生计产生重要影响。冬水田保护和减少农药化肥使用可能会影响家庭收入，也可能会影响家庭资源利用、劳动力配置、农作物产量等，这些与生计资本均有密切的关系。本章从农户生计资本、生计策略视角出发，通过独立样本 T 检验和单因素方差分析，探究湿地生态补偿对农户生计资本和生计策略的影响，以及生计资本和生计策略的影响因素，进而说明湿地生态补偿政策可能对人类社会经济系统造成的影响。农户不仅是生态补偿项目的参与主体，同时也提供生态系统服务，其生计资本与农户生存和区域可持续发展有关，更重要的是决定了湿地生态补偿实施效果（张丽等，2012）。因此，研究湿地生态补偿对农户生计资本的影响具有重要意义。

一　农户生计资本状况分析

生计资本是农户可持续生计的核心内容，也是农户唯一可以控制和参与的要素，用来存储、积累、交换、投入工作以产生收入流。农户拥有的生计资本越多，越能应对外界冲击，在各种生计策略中灵活转换以保持和增强生计发展的能力（何仁伟等，2014；郝文渊等，2014；赵文娟等，2015）。生计资本数量和质量的量化分析对于研究生计策略以及了解生计现状都具有重要意义，农户所拥有或控制的资本组合可以得到不同的生计结果（Gilman，2000；Scoones，2005；FAO，2008）。农户生计资本的获得需要受到制度和社会关系的调节（Ellis，2000），实行湿地生态补偿可能会对农户生计资本产生积极作用，如增加生产生活要素、提高资源利用效率、提升生产技术水平等。因此，识别湿地生态补偿对农户生计资本的影响，是全面评价湿地生态补偿实施效果的重要依据。

自然资本指农户能够利用和维持生计的土地、水和生物资源，其中农村最重要的自然资本是土地，而以往研究没有考虑土地质量的问题，土地质量容易受到外界环境因素的影响。本章选取水田面积、旱田面积和林地面积及其质量（其权重各占 50%）作为衡量指标，其他资源禀赋没有纳入考虑（黎洁等，2009；蔡志海，2010）。

物质资本指用于生产与生活的基础设施和物资设备，如房屋、畜禽、通信设备及交通工具等均是重要的固定资产或消费品，可以用来抵御潜在的风险或危机（李小云等，2007；李军龙，2013），其中家庭住房状况由房屋类型和人均住房面积 2 个指标共同评估，物质资本的增加能够提升农户的生产力水平（赵雪雁等，2011；苏芳等，2011）。

金融资本指购买、消费和生产物品可自主支配和筹措的资金，包括家庭人均年收入、信贷或借款、政府补贴等（杨云彦、赵锋，2009）。农村家庭获取资金主要通过银行和信用社等正规渠道以及向亲朋好友借款等非正规渠道。随着金融机构的不断完善，农民信用资质有所提高，他们有更多的机会从正规渠道获得资金。政府补贴包括农林业生产补贴、生态补偿及社会保障资金等。

人力资本指家庭劳动力的数量和质量，如知识、技能、年龄、受教育水平、健康状况、是否参加过农业或非农培训、家庭劳动力比重（Sharp，2003；阎建忠等，2009；黎洁等，2009）。人力资本可以反映农户寻求替代生计策略的能力，人力资本缺乏是农户贫困的重要根源（蔡志海，2010；杨云彦，2010）。

社会资本是指农户拥有的社会资源和人际关系，包括加入的社会组织以及构建的关系网络，社会资本的多少主要体现在与亲戚、朋友、邻居及周围人的关系是否密切和谐（黎洁等，2009；严燕，2014）。在参考国内外文献的基础上，本章设计了湿地保护区周边社区生计资本的具体代理变量。

本章采用熵值法根据指标间重复信息量对各个指标赋权，该方法比其他方法更加直接客观。首先，统一各项生计资本指标量纲，进行标准化处理，效益型指标越大越好，成本型指标越小越好；然后，计算各项指标的比重和熵值；最后，为指标赋权。计算结果如表 4-1 所示。

表 4-1 生计资本变量取值及赋权

类型	代理变量	变量取值	指标权重	计算公式
自然资本 N	湿地开垦面积 N1	<1 亩 = 1，1~10 亩 = 2，>10 亩 = 3	0.11	0.11 × N1 + 0.31 × N2 + 0.31 × N3 + 0.14 × N4 + 0.13×N5
	农田面积 N2	<1 亩 = 1，1~10 亩 = 2，>10 亩 = 3	0.31	
	农田质量 N3	差 = 1，一般 = 2，好 = 3	0.31	
	林地面积 N4	<1 亩 = 1，1~100 亩 = 2，>100 亩 = 3	0.14	
	林地质量 N5	差 = 1，一般 = 2，好 = 3	0.13	
物质资本 P	人均住房面积 P1	<10m² = 1，10~50m² = 2，>50m² = 3	0.19	0.19 × P1 + 0.19 × P2 + 0.17 × P3 + 0.19 × P4 + 0.26×P5
	房屋类型 P2	土坯房 = 1，砖木房 = 2，砖混房 = 3	0.19	
	通信设备 P3	<1.5CU = 1，1.5~3CU = 2，>3CU = 3	0.17	
	交通工具 P4	0TU = 1，0~1TU = 2，>1TU = 3	0.19	
	牲畜数量 P5	0LU = 1，0~1LU = 2，>1LU = 3	0.26	
人力资本 H	家庭成员受教育程度 H1	文盲 = 0，小学 = 1，初中 = 2，高中或中专 = 3，大专及以上 = 4	0.39	0.39 × H1 + 0.33 × H2 + 0.28×H3
	家庭成员健康水平 H2	差 = 1，一般 = 2，好 = 3	0.33	
	家庭劳动力比重 H3	<35% = 1，35%~75% = 2，>75% = 3	0.28	
社会资本 S	家庭成员有村干部 S1	都没有 = 1，曾经有 = 2，现在有 = 3	0.48	0.48 × S1 + 0.25 × S2 + 0.20 × S3 + 0.07×S4
	对周围人的信任程度 S2	不信任 = 1，一般 = 2，信任 = 3	0.25	
	经常走动能人数量 S3	较少 = 1，一般 = 2，较多 = 3	0.20	
	加入农业合作社 S4	未加入 = 0，加入 = 1	0.07	
金融资本 F	人均年收入 F1	<5000 元 = 1，5000~30000 元 = 2，>30000 元 = 3	0.47	0.47 × F1 + 0.19 × F2 + 0.34×F3
	人均补贴收入 F2	<200 元 = 1，200~500 元 = 2，>500 元 = 3	0.19	
	能否获得银行贷款 F3	不可获得 = 0，可获得 = 1	0.34	

注：CU 表示通信设备单位，TU 表示交通工具单位，LU 表示牲畜单位。

二 补偿户和未补偿户生计资本的差异性

研究区域补偿户和未补偿户的生计资本情况比较见表 4-2。在人力资本数量方面，补偿户家庭劳动力比重的综合水平为 0.44，学龄前儿童、老年人和完全丧失劳动能力人口占户均总人口的比例高达 34.51%。在人力资本质量方面，补偿户受教育程度仅为0.33，身体健康水平仅为0.45，反映出研究区域农户人力资本较为薄弱，不具备生计的创造能力。在自然资本变量中，开垦湿地、农田和林地得分较低，每户平均耕地面积仅为5.64亩，人均耕地面积为1.53亩，而每户平均林地面积也仅为15.57亩，人均林地面积为4.92亩。可见，资源禀赋不足、自然资本积累不足、农药化肥限制和野生动物破坏等外部干扰也不利于农业生产。在物质资本变量中，未补偿户人均住房面积、通信设备和交通工具比补偿户稍好，拥有率得分分别为0.55、0.78和0.29，而补偿户拥有较多的牲畜。在金融资本变量中，补偿户能否获得银行贷款得分为0.16，表明农户金融资本获取难度较大。尽管保护区给予农户一定的救助和补贴，但是由于物价上涨等原因，这些补偿的作用不断减弱，而提高收入水平是保障农户生计的关键。在社会资本变量中，与其他代理变量相比，补偿户对周围人的信任程度和经常走动能人数量得分较高，分别为0.46和0.69，表明农户越来越重视人际交往，社会关系结构发生改变。

表 4-2　补偿户和未补偿户生计资本的差异

测量指标	未补偿户	补偿户	T值	低收入	高收入	T值
人力资本 H	0.48	0.46	0.12	0.36	0.54	-6.79***
家庭成员受教育程度 $H1$	0.37	0.33	2.16*	0.28	0.42	-5.66***
家庭成员健康水平 $H2$	0.49	0.45	1.79*	0.43	0.49	-1.10*
家庭劳动力比重 $H3$	0.45	0.44	0.31	0.42	0.50	-2.15**
自然资本 N	0.46	0.44	1.43**	0.41	0.48	-4.07**
湿地开垦面积 $N1$	0.12	0.20	8.18***	0.11	0.16	-4.48**
农田面积 $N2$	0.47	0.41	3.35***	0.43	0.49	-1.91*
林地面积 $N4$	0.27	0.25	1.36*	0.29	0.37	-2.85**
物质资本 P	0.48	0.42	1.47*	0.41	0.50	-4.20**
人均住房面积 $P1$	0.55	0.53	1.63	0.51	0.73	-5.98***
通信设备 $P3$	0.78	0.76	0.21	0.75	0.79	-1.75*
交通工具 $P4$	0.29	0.23	2.44**	0.17	0.28	-3.42**
牲畜数量 $P5$	0.26	0.30	-1.12*	0.23	0.27	-1.54*

续表

测量指标	未补偿户	补偿户	T 值	低收入	高收入	T 值
社会资本 S	0.36	0.32	1.25*	0.34	0.53	-1.67***
家庭成员有村干部 S1	0.14	0.17	-0.76	0.08	0.29	-5.49***
对周围人的信任程度 S2	0.53	0.46	5.77***	0.46	0.55	-1.83**
经常走动能人数量 S3	0.61	0.69	-2.58**	0.60	0.72	-3.84***
加入农业合作社 S4	0.01	0.02	-0.35	0.01	0.02	-1.18
金融资本 F	0.31	0.38	-7.59***	0.29	0.45	-8.17***
人均年收入 F1	0.42	0.50	-7.23***	0.27	0.62	-7.05***
人均补贴收入 F2	0.36	0.49	-8.13***	0.52	0.30	5.63***
能否获得银行贷款 F3	0.18	0.16	0.84	0.17	0.19	-2.76*

注：***、**、*分别代表显著性水平为 1%、5%、10%。

农户收入水平与生计资本总量呈正相关关系，收入对农户生计资本的影响存在显著差异。在人力资本中，高收入组比低收入组受教育程度得分高，显著性水平为 1%，家庭成员健康水平和家庭劳动力比重也是如此，显著性水平分别为 10% 和 5%。在自然资本中，高收入组湿地开垦面积和林地面积得分都要高于低收入组（显著性水平均为 5%），然而农田面积得分差异并不明显，显著性水平为 10%，表明了不同家庭自然资源禀赋对收入影响较大。在物质资本中，高收入组要优于低收入组，显著性水平为 5%，其中人均住房面积和交通工具的差异较显著。在社会资本中，高收入组比低收入组拥有更多的经常走动能人和村干部，显著性水平均为 1%，其次是农户对周围人的信任程度，显著性水平为 5%，表明了社会资本对信息获取和生计多样性有积极作用。在金融资本中，高收入组比低收入组的人均年收入和获得银行贷款得分更高，显著性水平分别为 1% 和 10%，但与低收入组相比，高收入组人均补贴收入较低，显著性水平为 1%。

总体来说，补偿户与未补偿户在五类生计资本水平上有明显差异（见图 4-2），并且除金融资本之外，未补偿户的生计资本测量值普遍高于补偿户。其中，补偿户和未补偿户最主要的差异体现在金融资本方面。在自然资本中，补偿户在湿地开垦面积方面高于未补偿户（显著性水平为 1%），而农田面积和林地面积则相反（显著性水平分别为 1% 和 10%），在保护区建立以前湿地被私自开垦。为保护生态环境，现将这部分农田转化为湿地，朱鹮等物种在湿地中觅食会踩踏农作物，因此农田面积和质量均有所下降。在物质资本中，补偿户在交通工具方面得分低于未补偿户（显著性水平为5%），因为补偿户大多居住在保护区内，地理环境闭塞且地形条件复杂，缺乏交通工具出行，而牲畜数量得分则相反（显著性水平为10%），可见补偿户生计主要来源于传统养殖业。在人力资本中，补偿户与未补偿户相比受教育程度低和健康状况差（显著性水平均为10%）。在社会资本中，补偿户的社会资本水平低于未补偿户（显著性水平为10%），其中对周围人的信任程度和经常走动能人数量两项指标影响突出（显著性水平分别为1%和5%）。在金融资本中，补偿户在人均年收入和人均补贴收入方面要优于未补偿户（显著性水平均为1%），因为参与湿地生态补偿的农户获得更多基于鸟类破坏农作物和限制农药化肥使用而发放的补贴收入，但总体生计水平不如未补偿户，间接反映出补贴收入不能完全弥补农户损失。

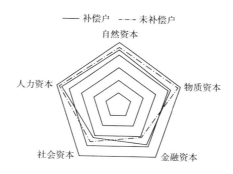

图 4-2　补偿户与未补偿户生计资本类型间的差异
（坐标间距：0.1 个单位）

三　湿地生态补偿对农户生计资本的影响

（一）湿地生态补偿对农户人力资本的影响

如表 4-3 所示，生态补偿后农户人力资本测量值由 0.44 上升到 0.46，且补偿前后人力资本指数之间的差异不显著。其中，家庭劳动力比重和家庭成员健康水平有所下降，而家庭成员受教育程度有所提高。家庭劳动力比重和家庭成员健康水平的下降可能是因为大量青壮年劳动力外出打工的现象较为普遍，随着老龄人口的增加，留守的年长劳动力越来越多，且身体健康状况较差，因此改变了农村劳动力配置情况。湿地生态补偿实施后，农户有更多的资金投入教育培训，提高了家庭的人力资本水平。

表 4-3　补偿前后农户生计资本情况

类型	测量指标	单个指标计算值		T 值	生计资本测量值		T 值
		补偿前	补偿后		补偿前	补偿后	
人力资本	家庭成员受教育程度	0.33	0.38	−1.52*	0.44	0.46	−0.25
	家庭成员健康水平	0.49	0.47	0.83			
	家庭劳动力比重	0.46	0.41	0.97*			
自然资本	湿地开垦面积	0.19	0.10	8.04***	0.50	0.42	7.51***
	农田面积	0.47	0.42	1.49*			
	林地面积	0.23	0.31	−2.56**			
物质资本	人均住房面积	0.51	0.56	−3.73**	0.41	0.45	−1.39*
	通信设备	0.78	0.80	−0.91			
	交通工具	0.21	0.24	−2.44*			
	牲畜数量	0.25	0.29	−1.12*			
社会资本	家庭成员有村干部	0.14	0.15	−0.76	0.35	0.40	−1.17*
	对周围人的信任程度	0.46	0.43	1.07*			
	经常走动能人数量	0.61	0.69	−3.58**			
	加入农业合作社	0.01	0.03	−1.35*			
金融资本	人均年收入	0.42	0.51	−2.69**	0.32	0.39	−4.98***
	人均补贴收入	0.36	0.48	−7.15***			
	能否获得银行贷款	0.15	0.19	−1.08*			
合计					2.02	2.12	

注：***、**、*分别代表显著性水平为1%、5%、10%。

（二）湿地生态补偿对农户自然资本的影响

如表 4-3 所示，自然资本是五类资本中测量值较大的一类，由补偿前的 0.50 降至补偿后的 0.42，且差异在 1% 的水平下显著，补偿后农户的湿地开垦面积和农田面积测量值降低，林地面积测量值上升。湿地生态补偿政策会限制破坏湿地的行为，增强农户湿地保护意识。尽管采取了保护冬水田的措施，但由于气候变化和人口迁移，部分农地因无人耕种而撂荒，所以湿地开垦和农地在短期的变化是比较显著的；相反，考虑到林地的长周期性，且能提高家庭收入，因而林地资本的增加相对缓慢。

（三）湿地生态补偿对农户物质资本的影响

如表 4-3 所示，湿地生态补偿政策有利于物质资本显著提升，由补偿前的 0.41 增长至补偿后的 0.45，且每个具体指标均有所提升，人均住房面积和牲畜数量对物质资本整体水平的贡献度较高。可能的原因是农村传统观念重视建造房屋，补偿后农户的生活条件有所改善，另外部分传统的耕作生产形式转化为科学的养殖生产形式，且增添了兔子、蜜蜂等养殖品种，大大促进了物质资本的增加，这也与调研区域的实际情况相吻合。

（四）湿地生态补偿对农户社会资本的影响

如表 4-3 所示，社会资本测量值由补偿前的 0.35 增长至补偿后的 0.40，且在 10% 的水平下呈显著差异。近年来，农村人情关系不如以前密切，加之不诚信行为和犯罪案件的发生，导致补偿后农户对周围人的信任程度降低，村干部任职、经常走动能人数量和加入农业合作社对社会资本的影响有小幅增加，这主要受农村相对封闭的社会环境限制。

（五）湿地生态补偿对农户金融资本的影响

如表 4-3 所示，补偿前后金融资本的增加比较明显，但总量仍然是五类资本中最小的。其中，农户的人均年收入、人均补贴收入和能否获得银行贷款均有不同程度的提升，表明去除农户因保护湿地而付出的机会成本后，湿地生态补偿政策增加了农户家庭的人均年收入。可见，农户金融资本的增加主要依赖家庭总收入，更多的农户有资格向银行贷款，但获得现金信贷和无偿援助的机会仍较少。

（六）湿地生态补偿对农户生计资本的影响

如表 4-3 所示，湿地生态补偿实施以后，农户的生计资本总指数由

2.02 增加到 2.12。其中，农户的金融资本增幅最大，差值均值达到 0.07，其次是社会资本、物质资本，差值均值分别为 0.05、0.04，而自然资本降幅较大，差值均值达到 0.08，且补偿前后差异显著。尽管人力资本略有增加，但补偿前后差异并不显著。多数农户认为湿地生态补偿在一定程度上提升了生活水平，基本肯定了湿地生态补偿为农户生计资本带来正向影响的结论。

第三节 湿地生态补偿对农户生计策略的影响

在发展中国家，农户经常参与各种生计活动，以实现收入多样化、减小风险冲击、保持消费需求和积累家庭财富。农户生计是动态的并且能够应对不断变化的压力和机遇。随着时间的推移，根据资产组合、环境因素和内部因素，农户开始接受和适应他们的生计策略，并建立生计多样化弹性和维护可持续生计。生计策略是通过活动和资产组合形成家庭生存的手段。湿地生态补偿作为一种驱动力，促使农户寻求更加多样化的生计活动来增加家庭收入，保障生计安全（苏芳、尚海洋，2013；赵雪雁等，2013；Martin and Lorenzen，2016）。湿地生态补偿对生计策略的影响研究对于理解农户生计内生动力、生计策略选择变化以及有效减贫政策和农村发展战略的含义具有重要作用（Jiao et al.，2017）。

一 生计策略指标选取

生计策略是多样化生计方式的组合，每种生计方式之间相互促进、相辅相成，不同农户根据拥有和创造的生计资本进行生计方式的最优选择，以实现可持续生计目标（Ingram et al.，2014；伍艳，2016）。因此，农户的生计策略直接影响到生产行为、收入水平以及人类活动与自然环境之间的关系。由于劳动力市场的不完善，生产决策对农村劳动力配置的影响较为重要（都阳，1999）。本节重点分析农户生计策略中劳动投入时间、人数与收入来源构成三个层面。计算生计活动的年劳动投入时间及各项生计活动投入时间占农户全部生计活动投入时间的比重，另外还要考虑劳动投入人数，计算各项生计活动投入人数占农户全部生计活动投入人数的比重（段伟，2016）。还有学者采用主成分分析和聚类分析方法归纳农户生计活动，并提出生计活动收入所占比例是反映生计策略选择的重要指标（Tesfaye et al.，2011；Soltani et al.，2012）。

二　补偿户和未补偿户生计策略的差异性

（一）补偿户和未补偿户劳动时间和人数分配差异

研究区域农户投入时间最多的两项生计活动是种植业和外出务工，相较于未补偿户，补偿户投入种植业（33.44% vs 25.54%）、林业（10.66% vs 8.50%）和外出务工（41.46% vs 30.69%）的时间更多，投入养殖业（9.21% vs 26.25%）、个体经营（5.24% vs 9.03%）的时间更少。从生计活动投入人数差异来看，相较于未补偿户，补偿户投入养殖业（17.69% vs 14.10%）和外出务工（24.70% vs 22.10%）的人数更多，投入种植业（32.23% vs 36.26%）、林业（21.38% vs 23.13%）和个体经营（4.00% vs 4.41%）的人数更少（见图4-3）。

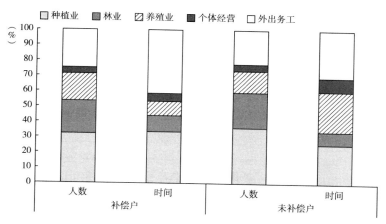

图4-3　补偿户和未补偿户不同劳动时间和人数比重

参与补偿农户种植业、林业和外出务工投入时间比重较大，而养殖业、个体经营投入时间比重较小，可见养殖业和个体经营不是家庭主要生计活动。补偿户和未补偿户作为理性经济人对风险和收入持有不同的态度，需要在各项生计方式之间进行权衡。贫困农户属于风险厌恶型，家庭收入主要来源于农业（种植业、林业）收入。生态补偿对资源利用的限制和自然资本的减少，导致农业生产的劳动力从事其他非农工作，促使农户提高生计活动多样化水平，进而满足其对生存发展和生计安全的需求（赵雪雁等，2013）。合理的替代生计选择关系到经济发展与湿地保护的协调发展，因此湿地生态补偿的干预必须考虑到农户生计问题。

（二）补偿户和未补偿户收入来源差异

补偿户和未补偿户的收入来源差异如图 4-4 所示。从各项收入来源来看，参与补偿的农户本应该高度依赖种植业，然而其通过个体经营和外出务工渠道获得了更高的收入，一方面是耕作方式改变导致冬水田减少，另一方面是野生动物致害或鸟类破坏农作物导致产量降低。此外，未参与补偿的农户也获得了更多个体经营收入和外出务工收入。

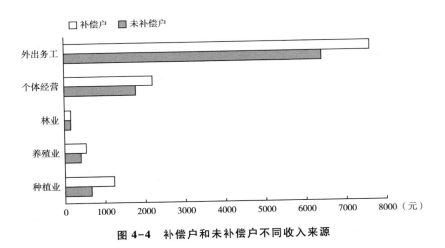

图 4-4　补偿户和未补偿户不同收入来源

从收入的属性看，参与补偿农户的种植业及养殖业收入中家庭自用比例更高，分别为 81% 和 76%，未补偿农户相应为 75% 和 70%。可见，农村自给自足的自然经济仍占主导地位。由于冬水田面积减少、保护约束等因素，参与补偿农户销售农产品获得较少的现金收入，导致其农业生产积极性受到打击。无论是补偿户还是未补偿户，非农收入是家庭收入的主体，所占比例为 64%，因此增加非农收入有助于农户生计多样化，也是研究区域实现减贫的有效途径。

从收入的结构看，未补偿户非农收入占全部收入比重比补偿户更高，分别为 51% 和 48%（见图 4-5）。可见，外出打工收入和个体经营收入对农户生计做出了重要贡献。随着工业化和城镇化进程的加快，湿地生态补偿的实施迫使农户离开土地，降低了农户对自然资源的依赖，逐渐由传统农林业生产向非农产业转移，而在湿地生态补偿试点地区农户收入多样化将成为一种普遍现象。

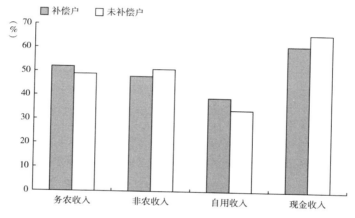

图 4-5 补偿户和未补偿户不同收入结构

基于上述分析，可以发现劳动力配置是否倾向于非农就业取决于外部社会环境、生计资本水平和家庭可承受收入波动风险的程度，以非农活动为主的生计多样化降低了单一生计活动的脆弱性和风险，同时也能确保生计安全和收入增长（Block and Webb，2001；Linquist et al.，2007）。农村劳动力转移是农民在特定资源禀赋条件下的必然反应，也是农村发展乃至工业化的内在必然规律（程名望、史清华，2010）。湿地生态补偿政策是农村劳动力转移的驱动力之一，地方政府和保护区应该重视非农就业的影响，以此化解湿地保护与农户发展之间的矛盾，提高农户的生计水平。如果农村大量剩余劳动力转移到非农产业，将会给粮食安全和农村经济带来一定冲击，同时也不利于湿地生态补偿政策目标的实现。

三 湿地生态补偿对农户生计策略影响

不同学者对农户生计活动类型的划分方式不同。黎洁等（2009）、苏芳和尚海洋（2013）将调查农户分为农业户和兼业户两种类型；梁义成等（2011）和伍艳（2016）将生计活动分为农业多样化策略和非农多样化策略；朱建军等（2016）将农户划分为不同类型，如纯农户、非农户、兼业户等；汤青等（2013）将被调研农户生计策略具体划分为外出打工型、大棚种植型、舍饲养殖型、做小生意型、发展果园型等；Scoones（1998）基于研究和制定政策的需要，把生计策略分为扩张、集约化、生计多样化以及迁移四种类型；陈卓（2015）将农户划分为务工型、种植型、自营工商型、转移支付型和多样来源型五类；李聪等（2014）将生计策略划分为农林种植、家畜养殖、外出务工和非农自营四类。在借鉴上述研究的基础上，本节根据研究区域实际情况对农户生计策略进行分类。

通过比较补偿前后农户生计策略，发现湿地生态补偿对农户生计活动类型的影响表现为务工人数明显增加。如图4-6所示，除营林、采集和退休/无工作的农户所占比例下降外，其他生计方式的农户所占比例均有所上升。从事种植活动的农户比例比补偿前增加了3.76个百分点，尤其是发展绿色农业，其中每户仅有1人从事种植活动的比例增加了17.61个百分点，而每户有2人、3人和4人从事种植活动的比例分别降低了1.37个百分点、7.06个百分点和9.18个百分点；从事养殖活动的农户比例增加了2.47个百分点；有家庭成员外出打工的农户比例增加了9.85个百分点，其中每户1人的比例降低了4.69个百分点，而每户2人的比例增加了4.69个百分点；农户自营的比例增加了1.55个百分点；有家庭成员固定上班的农户比例增加了3.89个百分点；有兼业活动的农户比例增加了1.53个百分点。

生计多样化已经受到发展中国家甚至世界各国的广泛关注，不仅有利于农户抵御风险，而且与减贫、农业生产力、湿地资源管理等问题联系紧密。因此，分析湿地生态补偿对农户生计多样化的影响能够为下一阶段政策的完善提供指导。本节生计多样性指数按照每个家庭从事的生计活动种类计算，即从事单项生计活动，赋值为1，同时从事两种生计活动，赋值

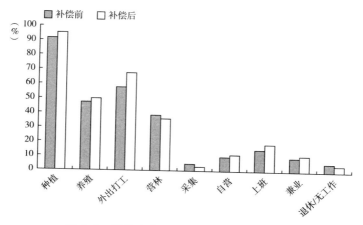

图 4-6　湿地生态补偿前后农户的生计活动

为 2，采用加权平均法计算得出研究区域农户生计多样性指数（赵雪雁等，2013）。

　　补偿后，农户生计多样性指数仅增加了 0.57（见表 4-4）。其中，从事一种生计活动的农户比例由补偿前的 70.38% 降为 61.15%，主要是仅从事种植业、养殖业或林业生计活动的农户有所减少；从事两种生计活动的农户比例由补偿前的 21.92% 增为 28.69%，其中绿色农业+外出务工的生计组合增加最多，其次是林业+外出务工组合；从事三种及以上生计活动的农户比例由补偿前的 7.70% 增至 10.16%，其中"绿色农业+林业+外出务工"的生计组合增加最多。可见，湿地生态补偿在一定程度上促进了农户生计多样化，替代生计引导是生态补偿实施的制度障碍和政策缺失，因此应积极转变农户生计方式，增强农户可持续生计能力。

表 4-4　湿地生态补偿前后农户的生计多样性指数

补偿情况	生计多样性指数	不同生计多样性的农户比例（%）		
		一种	两种	三种及以上
补偿前	1.35	70.38	21.92	7.70
补偿后	1.92	61.15	28.69	10.16

第四节　本章小结

农户生计改善是湿地生态补偿的重要目标之一。本章在借鉴可持续生计理论的基础上，构建了湿地生态补偿对农户生计资本和生计策略影响的分析框架，计算了研究区域农户的生计资本总量和生计多样性指数，并比较补偿前后补偿户和未补偿户生计资本及生计策略的差异，得出如下结论。

第一，除自然资本外，湿地生态补偿政策对农户其他生计资本均有正向影响，其中金融资本最显著。这恰恰说明了湿地生态补偿在降低农户资源依赖、增加农户生计资本方面发挥了一定作用。

第二，湿地生态补偿在一定程度上改变了农户生计策略选择，提高了生计多样性指数。朱鹮保护对农户最强的约束就是减少农药化肥使用和将冬水田转化为其他土地利用类型，这间接推动了农户的非农就业，进而提高了农户生计水平。而冬水田作为一种重要的湿地资源，经济收入较低，农户承担了较大的经济损失，反过来对于没有非农转移的农户而言，湿地生态补偿进一步降低了资源收入，无疑会加剧贫困。

第三，研究区域农户生计资本的总量处于相对较低的水平，特别是金融资本、社会资本。研究区域农户社会资本积累不足，尤其表现在家庭成员有无村干部和是否加入农业合作社上，普遍缺乏增强生计可持续能力的社会基础。在金融资本中，银行借贷受限和收入过低将对农户生计活动造成极大的压力，加剧其生计的脆弱性。

第四，从不同补偿参与程度和收入水平的农户生计资本差异来看，为湿地保护付出较多的补偿户生计资本低于未补偿户，这也恰恰说明了在湿地生态补偿过程中比较贫困的农户承担了更多的保护责任，补偿户大多是经济发展能力较弱的贫困农户。而高收入组农户的人力资本、社会资本和金融资本显著高于低收入组，贫困农户自然资本和物质资本比重较大，对自然资源依赖程度高，湿地保护导致其损失更多。因此，在补偿过程中聚焦贫困户是补偿政策设计的重要依据。

第五，研究区域农户选择较多的替代生计策略是发展绿色农业和外出务工，外出务工和种植业是全部农户投入时间和人数最多的两项生计活动，参与补偿的农户在种植业、林业和外出务工上投入的时间更多，在养殖业、外出务工上投入的人数更多。

第六，从各项收入来源来看，参与补偿的农户本应该高度依赖种植业，然而通过个体经营和外出务工渠道获得了更高的收入，未参与补偿的农户也获得了更多个体经营收入和外出务工收入。

第七，从收入的属性来看，参与补偿农户的种植及养殖产品主要是家庭自用。从收入的结构来看，无论是补偿户还是未补偿户，非农收入均占到家庭全部收入的50%左右，构成了农户最主要的生计来源。

湿地生态补偿能够在一定程度上弥补农户损失，缓解农户在湿地保护过程中的抵触情绪，对生计资本数量和质量的提高均有促进作用。此外，湿地生态补偿对农户生计策略有一定的影响，特别是冬水田保护、减少农药化肥使用等措施保留了冬水田传统的种植方式，因此在相关政策设计时需要考虑湿地生态补偿给农户生计带来的影响。

第五章

湿地生态补偿对农户生计结果的影响

生计结果是生计的重要组成部分，也是反映生态补偿政策实施效果的重要指标。农户生计的改善是湿地生态补偿政策的目标之一，在第四章分析湿地生态补偿对农户生计资本和生计策略影响的基础上，本章通过倾向得分匹配法和似不相关模型进一步分析湿地生态补偿对农户生计结果的影响，主要包括收入和福祉两个方面，实质上是探讨湿地生态补偿对农户切身利益的影响，这既是检验湿地生态补偿能否减贫的客观依据，也是梳理湿地生态补偿制度重点难点的重要基础。

第一节　研究思路

党的十九大提出生态保护和民生福祉是我国需要解决的两大核心问题，贫困和环境退化之间的复杂关系加剧了该问题的严峻性。基于上述分析，贫困农户在湿地保护过程中承担了更多的责任，尽管生态补偿能够在一定程度上改善农户生存状况，但生态补偿最主要的目标仍是生态保护，对提高农户收入的作用非常有限。湿地生态补偿对农户生计结果的影响是一个漫长的过程，所以，经济补偿并不是万能的，需要创新性地、因地制宜地选择"造血型"补偿模式，从根本上提高农户可持续发展能力，从而从多层次、多角度改善农户生计。

湿地生态补偿在保护生物多样性及生态系统方面的积极作用已经得到

普遍认可（姜宏瑶、温亚利，2010；孔凡斌等，2014；谷振宾等，2015；Mombo et al.，2014），而对农户减贫等社会经济的影响是有争议的（胡振通，2016；Ambastha et al.，2007）。反对者认为当前标准下湿地生态补偿政策对提高贫困农户收入的直接效果并不显著（吴乐等，2017；Pagiola et al.，2005）。为了避免以往研究仅采用家庭收入衡量农户生计结果的局限性，本章选取能够反映人类利用资源能力及获得效益的福祉变量，进一步探讨湿地生态补偿对农户生计结果的影响。本章首先比较补偿户和未补偿户家庭收入和主观福祉的差异，并从家庭收入和主观福祉两个维度分析湿地生态补偿对农户生计结果的影响，使评价的结果更加全面科学，研究思路如图5-1所示。事实上，农户是否参与湿地生态补偿并非随机决定的，预期其能够带来更高收益的个体愿意参与湿地生态补偿。已有研究采用的最小二乘回归方法没有很好地解决农户自选择问题，结果存在一定偏差，而且大多数家庭收入研究的假设是个体同质性，没有考虑自身情况的差异性。因此，本章通过倾向得分匹配法解决调查样本的异质性问题，通过似不相关模型解决不同方程扰动项的相关性问题。

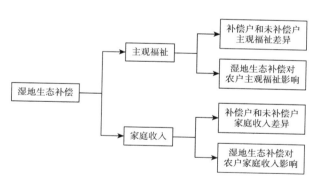

图 5-1　本章研究思路

第二节　湿地生态补偿对农户家庭收入的影响

2015 年，联合国提出消除贫困是人类可持续发展目标之一，生态保护对减贫的作用越来越受到广泛关注（Hunter and Toney，2005；Adams，

2004）。湿地生态补偿是湿地保护的重要手段，其对农户生计和减贫的影响还是未知数（吴乐等，2017；Pagiola et al.，2005）。湿地资源丰富是许多贫困地区的优势所在，如何将这些区域的生态优势转化为经济优势，盘活湿地景观资源，开展绿色农业和生态旅游，是农户增收和区域经济发展的关键问题，也是协调保护和发展矛盾冲突的有效途径，本节主要讨论湿地生态补偿对农户收入的影响是正面还是负面，影响程度有多大。

一　分析框架

针对生态补偿与农户收入作用机理的问题，部分学者认为生态补偿通过为农户支付补偿资金和提高农作物价格，替代低水平且有风险的农业收入，增强了收入来源的多样性和稳定性，增强了贫困农户参与保护的行为意愿（Wang et al.，2019；黄杰龙等，2019）。生态补偿可以平衡高收入和低收入人群的利益分配，实现生态效益和经济效益的有机统一，生态系统服务付费有助于发挥减贫效果的可持续性（任勇等，2008）。

另一部分学者认为生态补偿不能提高农户收入水平。生态补偿的主要目标是改善生态环境，降低农户对土地等自然资源的可及性，约束其资源依赖型的生计活动，如果考虑扶贫目标可能会对生态补偿的实施产生负面影响（Adams，2004；Wunder，2008）。与政府减贫目标相比，生态补偿政策的减贫效果较弱，且加入减贫目标会使生态补偿政策改善环境的功能失去效率（黄杰龙等，2019）。然而，生态补偿减贫增收的效应不能仅考虑生态补偿资金及其占家庭收入的比例，还需权衡其能否覆盖农户参与的机会成本、交易成本，以及有土地使用权的农户能否参与生态补偿（王立安等，2012）。

根据 Angelsen 等（2014）的定义，农户收入指由劳动力和资本带来的增加价值。农户的家庭总收入为一年内家庭人均纯收入，等于上一年家庭纯收入除以成人当量单位（Adult Equivalent Unit，AEU）。成人当量单位计算方法多样，本章采用世界银行（World Bank）的计算方法，将年龄小于15岁的儿童和大于65岁的老人赋予0.5的权重，其他家庭成员（15~65岁）赋予1的权重。收入来源主要有种植业收入、养殖业收入、林业收入、务工收入、个体经营收入、补贴和其他收入7类，可以简单概括为农业收入（种植业、养殖业、林业）和非农收入（务工收入、个体经营收入、补贴和其他收入）（CIFOR，2007）。其中，种植业、养殖业、林业和个体经营收入等于毛收入减去投入品成本（个人机会成本和折旧成本不包含在内）。外出务工收入等于务工收入减去务工期间生活支出。林业收入包括用材林收入、经济林收入、林副产品采集收入、林业生态服务收入（生态公益林补偿、退耕还林补偿等）。由于准确评估林产品的价格非常困难，本章采取市场价值法评估林产品的价格，对于销售的林产品采取出厂价格评估，对于薪柴等用于自身消费的林产品采用替代价格法（如市场上交易的薪柴价格）评估。该区域养殖业收入较少，故将养殖业与种植业收入合并。因此，本章中的收入包括人均家庭年收入、人均种养业收入、人均林业收入、人均非农收入。

综上所述，湿地生态补偿政策能够在一定程度上缓解贫困，对农户生计的影响主要体现在四个方面。第一，农户开始翻犁蓄水恢复冬水田，不改变一季田耕作方式，有助于朱鹮栖息地的保护（赛斐等，2013）。第二，相较于未参与补偿农户，参与补偿农户种植过程中农药化肥使用量大幅减少，既改善了农业生产活动，又提升了土地质量，生态效益进一步内化为农户的经济收入（段伟等，2013）。第三，在一定时期内，湿地生态补偿使农户补贴收入类型更加丰富。第四，农户参与湿地生态补偿本质上是劳动力在各项生计活动中再配置的过程。湿地生态补偿政策减少了从事自然资源生产的劳动力投入，将解放的劳动力转移到其他更有效率的生产活动中，同时补贴收入降低了粮食需求对劳动力配置的约束，增加了从事非农劳动或休闲的时间，间接促进了农户收入结构从传统农业转向非农产业，从而增加了农户的非农收入（赵雪雁等，2013）。湿地生态补偿对农户收入影响的路径如图5-2所示。

二　参与湿地生态补偿的处理效应

基于上述影响机理分析，本节构建反事实框架将非随机数据近似随机化，即由于数据缺失，无法观测到参与湿地生态补偿的家庭在没有参与补偿时的家庭收入，只能观测到参与后的家庭收入，据此提出使用倾向得分匹配法来分析农户参与湿地生态补偿的概率（Rosenbaum and Rubin，

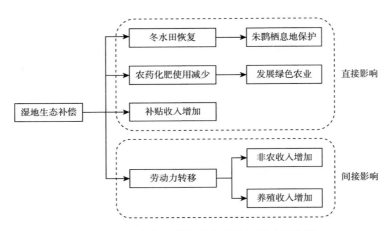

图 5-2　湿地生态补偿对农户收入影响的路径

1983)。因此，具体的模型设定形式如下：

$$\ln y_i = \alpha + \beta_1 D_i + \beta_2 X_i + \varepsilon \quad\quad (5-1)$$

式中，y_i 为农户人均家庭年收入、人均种养业收入、人均林业收入和人均非农收入，虚拟变量 $D_i = \{0, 1\}$ 表示个体 i 是否参与湿地生态补偿，即参与用 1 表示，而未参与用 0 表示。X_i 为个体 i 可观测到影响人均总收入的家庭和个人特征因素及资源禀赋，包括外出务工人数、劳动力比重等家庭特征变量，户主年龄、健康状况、是否为村干部及受教育程度等个人特征变量，农田面积、林地面积等自然资源禀赋和居住地理位置。β_1、β_2 分别表示参与湿地生态补偿的收入效应、人均总收入影响因素的系数，ε 是残差项。

处理效应问题是指评估湿地生态补偿政策的实施对农户收入的影响，本章定义某农户参与湿地生态补偿的收入为 $\ln y_1$，未参与湿地生态补偿的收入为 $\ln y_0$，则该农户参与湿地生态补偿后收入水平的提高为 $\ln y_1 - \ln y_0$。

三　参与湿地生态补偿异质性问题

由于参与补偿和未参与补偿两组收入数据无法同时观测，实际获取的农户收入数据为 $\ln y = D\ln y_1 + (1 - D)\ln y_0$，其中，$\ln y_1$ 和 $\ln y_0$ 是可观测解释

变量 x 和代表不可观测因素的随机扰动项（U_1，U_0）的函数，直接比较参与和未参与湿地生态补偿的收入将产生选择偏差，导致个体异质性问题。

$$E(y_1 \mid D = 1) - E(y_0 \mid D = 0) =$$
$$E(y_1 \mid D = 1) - E(y_0 \mid D = 1) + E(y_0 \mid D = 1) - E(y_0 \mid D = 0) \quad (5-2)$$

式中，$E(y_1 \mid D = 1) - E(y_0 \mid D = 1)$ 为湿地生态补偿的"平均处理效应"，$E(y_0 \mid D = 1) - E(y_0 \mid D = 0)$ 则为"选择性偏差"。

根据调研样本数据，本章研究区域中 70% 的农户是自愿参与湿地生态补偿，且预期能从该政策中获得更高收益。但由于农户选择参与湿地生态补偿是根据其自身及家庭情况进行选择的结果，不同个体选择参与湿地生态补偿的概率存在差异。因此，有必要将样本按照是否参与湿地生态补偿进行分组，从而进行农户基本特征差异的统计检验，结果见表 5-1。

表 5-1　变量描述性统计结果

变量	全体 （$n=928$）	补偿组 （$n=503$）	未补偿组 （$n=425$）	F 值
人均家庭年收入（元）	5994.21	6338.21	5783.02	0.83
人均林业收入（元）	153.66	207.93	120.34	12.48*
人均种养业收入（元）	808.09	1023.74	675.70	0.87
人均非农收入（元）	4627.08	5220.36	4363.29	3.43***
户主年龄（岁）	53.11	53.62	52.80	0.75
户主受教育年限（年）	7.26	7.35	7.21	0.25
是否为村干部（是＝1，否＝0）	0.10	0.14	0.08	4.45**
身体是否健康（是＝1，否＝0）	0.75	0.73	0.76	1.43
家庭劳动力比重（%）	0.56	0.59	0.53	3.68***
外出务工人数（人）	1.06	1.09	0.91	7.84*
农田面积（亩）	5.36	5.51	5.28	0.79
林地面积（亩）	12.71	17.27	10.05	7.26*
地理位置（区内＝1，区外＝0）	0.57	0.68	0.61	3.84**

注：*、**、*** 分别表示在 10%、5%、1% 的水平下显著；通过单因素方差分析（one-way ANOVA）计算 F 值，通过比较完全随机设计的多个样本均值，以推断各样本所代表的总体均值是否相等。

四 倾向得分匹配法

近年来，倾向得分匹配法（PSM）成为政策比较和效果评估常采用的分析方法。如李燕凌和李立清（2009）利用该方法分析了新型农村合作医疗制度下的农村卫生资源利用绩效。栾江（2014）采用该方法排除个体异质性偏误后，对不同教育阶段的农村居民收入水平进行研究。李庆海等（2014）利用广义倾向得分匹配法考察了农村劳动力不同外出务工模式对留守儿童学习成绩的影响。

在处理组和对照组相似的条件下，通过政策干预效应估计结果的差异比较来减少偏误。首先，构建是否参与湿地生态补偿的 Logit（或 Probit）模型，估计得出农户的倾向得分（即每个农户参与湿地生态补偿的概率）；然后，匹配处理组与对照组倾向得分相近的农户；最后，计算出处理组与对照组农户参与湿地生态补偿的平均处理效应（见图5-3）。

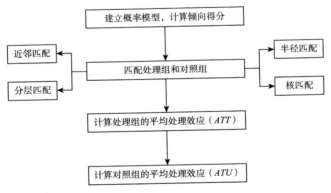

图5-3　倾向得分匹配法模型构建与分析思路

为了将处理组与对照组样本进行匹配，通常采用以下四种匹配方法：近邻匹配、分层匹配、半径匹配和核匹配。湿地生态补偿项目对农户收入的处理效应公式为：

$$ATT = \frac{1}{N_1} \sum_{i:D_i=1} (y_i - \hat{y_{0l}}) \tag{5-3}$$

其中，$N_1 = \sum_i D_i$ 为处理组个体数。

五　结果分析

（一）参与和未参与湿地生态补偿农户描述性统计

本章中所有变量如表 5-1 所示。所有样本的人均家庭年收入为 5994.21 元，其中人均林业收入占 2.56%，人均种养业收入占 13.48%，人均非农收入占 77.19%。2016 年，补偿组和未补偿组的家庭人均森林净收入和非农工作净收入有显著差异。

从不同组别可以看出，在户主村干部身份、家庭劳动力比重、外出务工人数、林地面积和居住地理位置上，补偿组与未补偿组有较显著的差异，所以补偿户和未补偿户的个体和家庭特征是有差异的，因此，采用基于同质性假设的传统线性回归估计会存在偏误。

（二）湿地生态补偿对农户收入影响的估计结果

1. OLS 回归

本章首先采用参数方法对湿地生态补偿的收入效应进行了估计，参与湿地生态补偿对农户人均家庭年收入影响的回归结果见表 5-2。本部分采用普通最小二乘回归（OLS）估计湿地生态补偿对人均家庭年收入的影响。从模型估计结果可以得出：在其他因素不变的条件下，参与湿地生态补偿的农户较未参与农户的人均家庭年收入提高 17.0%（显著性水平为 10%），表明湿地生态补偿在一定程度上有利于促进农户增收和减缓贫困。户主现在担任村干部对人均家庭年收入有显著正向影响，其他个人特征对人均家庭年收入的影响并不明显。在家庭特征中，外出务工人数对人均家庭年收入有显著正向影响，外出务工人数增加 1 人，人均家庭年收入增加 9.3%；家庭劳动力比重对人均家庭年收入影响不显著。在资源禀赋方面，农田面积增加 1%，农户人均家庭年收入增加 1.8%，林地面积、地理位置对农户人均家庭年收入影响不显著。

2. Tobit 回归

为了进一步检验湿地生态补偿对农户各项收入来源的影响，本章采用

Tobit 模型估计了湿地生态补偿对农户人均林业收入、人均种养业收入以及人均非农收入的影响程度。由于这三个因变量均存在较多零值观测数据，故采用 Tobit 模型进行估计，可以很好地解决 OLS 的估计偏误问题，并通过极大似然法对 Tobit 模型进行估计，求出各影响因素的边际系数（Wooldridge，1999）。表 5-2 估计结果表明：在其他因素不变的条件下，较未参与湿地生态补偿的农户而言，参与湿地生态补偿农户的人均种养业收入降低 13.7%（显著性水平为 10%），人均林业收入降低 35.5%（显著性水平为 10%），人均非农收入提高 17.7%（显著性水平为 5%），表明研究区域湿地生态补偿对农户收入结构调整有一定作用，然而由于外出务工收入占据了农户家庭收入的绝大部分，湿地生态补偿对其他收入的影响十分微弱。

表 5-2　采用 OLS 模型和 Tobit 模型估计家庭收入结果

变量	人均家庭年收入	人均种养业收入	人均林业收入	人均非农收入
是否参与湿地生态补偿（1＝参与，0＝未参与）	0.170 * (0.097)	−0.137 * (0.075)	−0.355 * (0.205)	0.177 ** (0.091)
户主年龄	0.014 (0.014)	−0.050 *** (0.016)	0.014 (0.081)	−0.010 (0.014)
年龄平方	−0.001 (0.001)	−0.001 *** (0.001)	−0.001 (0.001)	0.001 (0.001)
户主受教育年限	0.023 (0.016)	0.004 (0.009)	−0.029 (0.025)	0.009 (0.012)
户主健康状况（1＝健康，0＝其他）	0.099 (0.113)	0.092 (0.096)	0.121 (0.303)	0.052 (0.110)
户主村干部身份（1＝现在是，0＝其他）	0.194 * (0.118)	0.247 *** (0.088)	0.302 (0.314)	0.021 (0.121)
家庭劳动力比重	0.201 (0.203)	0.672 *** (0.158)	−0.253 (0.498)	0.275 (0.193)
外出务工人数	0.093 * (0.055)	−0.060 (0.041)	0.122 (0.159)	0.099 * (0.053)
农田面积	0.018 * (0.011)	0.019 ** (0.009)	−0.028 (0.036)	0.003 (0.012)
林地面积	0.001 (0.001)	−0.001 (0.001)	0.008 ** (0.004)	−0.001 (0.001)
地理位置（1＝区内，0＝区外）	−0.048 (0.107)	−0.029 (0.080)	0.449 (0.250)	−0.168 * (0.094)

续表

变量	人均家庭年收入	人均种养业收入	人均林业收入	人均非农收入
乡镇虚拟变量	控制	控制	控制	控制
常数项	7.565***	7.008***	4.418**	8.128***
	(0.417)	(0.333)	(2.095)	(0.380)

注：***、**、* 分别代表在1%、5%、10%的水平下显著，括号内数字为标准差。

3. 倾向得分匹配法

通过控制户主年龄、受教育年限、健康状况、村干部身份和家庭劳动力比重等特征变量，农田、林地面积和其他资源禀赋变量以及地理位置变量，运用 Logit 模型估计农户参与湿地生态补偿的倾向得分。补偿组的样本量为 206～501 个，未补偿组的样本量为 159～349 个，说明未补偿组的小样本无法根据倾向得分找到匹配的对象。

表5-3 显示了湿地生态补偿对农户人均家庭年收入及其收入来源的处理效应。具体来说，湿地生态补偿使补偿组农户人均家庭年收入提高了11.4%～16.5%，人均非农收入提高了17.4%～21.1%，人均种养业收入降低了10.4%～14.7%，人均林业收入降低了31.9%～48.9%。平均处理效应的估计值显著，或三种匹配方法的结果相似，说明结果的稳定性在一定程度上得到了反映。

表5-3 湿地生态补偿对农户收入的处理效应

因变量	匹配方法	处理组	对照组	ATT	标准差
人均家庭年收入	近邻匹配	501	349	0.114	0.105
	半径匹配	501	349	0.153**	0.077
	核匹配	501	349	0.165**	0.079
人均林业收入	近邻匹配	206	159	−0.489*	0.280
	半径匹配	206	159	−0.319	0.294
	核匹配	206	159	−0.398*	0.240
人均种养业收入	近邻匹配	258	249	−0.123**	0.053
	半径匹配	258	249	−0.104	0.086
	核匹配	258	249	−0.147**	0.072

续表

因变量	匹配方法	处理组	对照组	ATT	标准差
人均非农收入	近邻匹配	429	314	0.211***	0.071
	半径匹配	429	314	0.176**	0.085
	核匹配	429	314	0.174**	0.081

注：***、**、* 分别代表在1%、5%、10%的水平下显著。半径匹配法中匹配半径为0.05。标准差通过Bootstrap方法求得。

（三）匹配的平衡性检验

在三种匹配方法中对测试进行平衡，以保证样本匹配有效和评估质量，根据匹配后处理组和对照组的对比，测试系统是否存在差异，结果如表5-4所示，R^2值很小，几乎为零，匹配前的似然比检验至少在5%的显著性水平下被拒绝，而匹配后并没有被拒绝，标准偏差的平均值和中位数下跌，除核匹配估计的人均非农收入的B值大于25%，其余的B值都小于25%，因此，通过倾向得分匹配平衡性检验，基本消除了补偿组和未补偿组可观测变量的主要偏差，匹配结果是真实可靠的。

表5-4 匹配质量的平衡性检验

因变量	匹配与否	方法	Pseudo R^2	LR chi²	MeanBias	MedBias	B值
人均家庭年收入	匹配前		0.071	67.85**	20.90	19.10	66.90
	匹配后	近邻匹配	0.009	3.87	5.20	5.60	20.50
		半径匹配	0.004	2.08	2.80	2.50	12.30
		核匹配	0.010	4.19	4.70	3.70	23.60
人均林业收入	匹配前		0.072	76.73***	21.40	19.00	76.80
	匹配后	近邻匹配	0.006	2.39	3.70	4.20	18.40
		半径匹配	0.002	1.05	2.30	2.00	11.70
		核匹配	0.011	4.30	4.90	3.80	24.10
人均种养业收入	匹配前		0.073	77.59***	21.80	19.00	79.40
	匹配后	近邻匹配	0.008	3.42	4.50	5.00	20.20
		半径匹配	0.003	1.54	2.40	2.20	11.90
		核匹配	0.012	4.78	5.10	4.30	24.70

续表

因变量	匹配与否	方法	Pseudo R²	LR chi²	MeanBias	MedBias	B 值
人均非农收入	匹配前		0.067	64.97**	19.60	16.80	67.30
	匹配后	近邻匹配	0.007	2.83	3.80	4.30	19.20
		半径匹配	0.005	2.18	3.30	3.20	15.80
		核匹配	0.019	8.16	5.90	5.10	30.50

注: ***、** 分别代表在 1%、5% 的水平下显著。

(四) 两种方法估计结果的比较

在农户同质性假设的基础上,采用参数方法 (OLS 模型和 Tobit 模型) 估计得出:在其他因素不变的条件下,参与湿地生态补偿的农户较未参与农户的人均家庭年收入提高 17.0%,人均种养业收入降低 13.7%,人均林业收入降低 35.5%,人均非农收入提高 17.7%。而农户是否参与湿地生态补偿是根据其自身及家庭基本情况决定的,经检验发现,补偿户和未补偿户在家庭特征、资源禀赋和收入水平上存在显著差异。由此可见,农户的选择决策并非随机形成的,而是存在农户个体的自选择问题。

通过使用倾向得分匹配法解决政策评估中农户的异质性问题,得出湿地生态补偿使补偿组农户人均家庭年收入提高了 11.4%～16.5%,人均非农收入提高了 17.4%～21.1%,人均种养业收入降低了 10.4%～14.7%,人均林业收入降低了 31.9%～48.9%。结果表明,基于 OLS 和 Tobit 模型的参数估计方法实际上高估了湿地生态补偿对农户收入的处理效应。研究区域补偿户在生计资本、资源禀赋及收入水平方面均高于未补偿户,这就导致了溢出效应为正,因此该参数估计方法高估了湿地生态补偿的处理效应。

第三节 湿地生态补偿对农户主观福祉的影响

生态系统服务对人类福祉的贡献已经得到普遍认可,福祉也成为生态保护政策效果评估的重要指标,而且得到广泛应用。湿地生态补偿能够改善湿地生态状况及其功能,对人类福祉产生积极的影响。生计脆弱的农户没有享受到湿地保护和发展带来的效益，在很大程度上限制了当地资源利用和农业生产。通过湿地生态保护提升农户主观福祉成为实现保护和发展双赢目标的重要路径。因此，朱鹮栖息地湿地生态补偿对农户主观福祉的影响机理仍需进一步探讨，综合评价湿地生态补偿对农户主观福祉的影响大小和显著性，以期更好地理解生态保护提升人类福祉的路径以及湿地生态补偿政策优化的方向。

一　福祉的内涵

　　福祉的多维性反映了人类的生活理想和全面发展的需求，包括健康、幸福和繁荣等因素，分为客观福祉和主观福祉。客观福祉是指增加或减少福祉的物质或社会属性，包括财富、教育、健康和设施等。主观福祉是指个人对自身处境的评价、想法和感受。联合国千年发展目标将人类福祉的要素定义为基本物质需求、健康、良好的社会关系及选择和行动的自由，以确保维持高质量生活。有学者提出人类福祉包括基本需求、经济需求、环境需求和主观幸福感（Summers，1992）。生态系统服务带来的好处可以满足人类的需要进而构成福祉，但福祉和服务之间并没有线性关系。由于收入对幸福感的贡献在递减，所以福祉水平的高低并不取决于某种收入最大化与否，而是取决于不同人需求水平或需求满意度的收入分配，若分配不合理将导致某种程度的"贫困"。主观福祉的内涵逐渐受到学者们的重视，如衡量草原生态补偿政策对牧民影响的主观评价指标为政策满意度（福祉），客观评价指标为收入，这两项指标是顺利实施草原生态补偿政策的重要参考。

　　湿地生态系统与人类生活密切相关，既可以为人们提供必要的食物、淡水资源等物质产品，也可以对社会和经济发展产生重大影响，如提供娱乐休闲、科研教育等生态系统服务功能。为了保证湿地生态系统的良好运行，研究区域开展湿地生态补偿试点项目，对不同规模群体产生了不同的福祉效果。构建生态补偿机制的主要目的是协调经济增长与湿地保护之间的关系，通过激励和促进湿地保护与修复，增加人类福祉或减缓贫困（Bulte et al.，2008）。

二　指标选择

　　学界从理论层面探讨了生态保护与农户福祉之间的关系，少部分学者展开了实证分析，但关于生态保护政策能否改善农户福祉的争议依旧非常激烈。保护与福祉之间关系的理论模型大多基于 Von Thunen 在 1826 年提出的区域土地利用模型及土地生产、市场和距离之间的分析框架，并指出所有的土地利用都是为了最大化产量，土地的价值是基于土地生产量、经营成本、市场价格、运费以及与市场的距离。可见，生态保护政策与农户福祉呈负相关关系，因为保护政策会限制土地资源的最优化利用，导致农户所承包的土地贬值（Yergeau et al., 2017），还会限制放牧、采集等活动和农药化肥的使用；野生动物数量激增后肇事强度变大，导致土地产量大幅降低（Robinson and Lokina, 2011）。同时农户减少在农林业生产经营活动中的配置，转向非农就业，导致非农就业竞争激烈，非农就业市场劳动力价格下降，使农户福祉受损（王昌海，2017）。由于从生态系统获取人类福祉和社会经济发展的收益成本上升，很多贫困的人及其后代往往享受不到这些收益，陷入"生态退化—福祉下降"的恶性循环（李惠梅、张安录，2013）。

　　部分研究发现生态保护政策或工程有助于增进民生福祉，如设立自然保护区和生态旅游景区，开展退耕还湿、生态补偿等。人类利用生态系统能够为自身提供自然资源、生态环境和服务功能三种便利。生态补偿政策能够通过环境拥有的产品或服务使其他区域乃至全球受益，对人类福祉和其他社会组织来说必不可少（Ferraro and Hanauer, 2015）。黄土高原地区通过退耕还林政策补贴改善了农民生活条件，加强了粮食安全，给农户福祉带来显著正效应（刘秀丽等，2014）。锡林郭勒盟牧区在实施草原生态补奖政策后，牧户福祉综合水平有小幅提升且不同地区牧户福祉的差异性较大（巩芳、张鑫雨，2022）。还有地区通过优化农业生产方式产生正的环境外部性，进而增进人类福祉（韩洪云、喻永红，2014）。

　　学界开始关注主观福祉的测度问题。Sen（1999）最早提出可行能力方法（Capability Approach），认为居民的主观幸福感可以通过测量居民获得不同生活内容组合的能力来反映。在此基础上，学者们提出了很多主观幸福感的测量指标，如人类福利指数、可持续经济效益指数、人类发展指数、人均国内生产总值等，从社会、经济、生态的角度来衡量一国居民的生活满意度（Wills，2009）。Petrosillo 等（2013）认为这些测量方法不足以支撑可持续发展理念，他们基于主观和客观角度分析社会资本、生态资本对居民幸福感的影响。本章以联合国千年发展目标中的福祉架构为基础，由于湿地生态补偿可能使得生态环境改善、农户收入提高、农户发展能力提升及社会交往扩展，故确定这四个维度来衡量湿地周围农民的福祉。本章构建的农户主观福祉指标体系如图5-4所示。

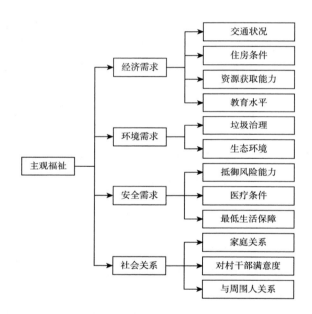

图5-4 农户主观福祉指标体系

三 似不相关模型

为了分析湿地生态补偿对农户主观福祉的影响，本章将计量模型设定为如下形式：

$$Y = \alpha + \beta(W) + \gamma(H) + \delta(N) + e \tag{5-4}$$

　　式中，Y 表示农户主观福祉，满意或比较满意用 1 表示，一般、比较不满意或不满意用 0 表示；α 为常数项；W 表示生态补偿变量，包括是否参与湿地生态补偿、是否减少农药化肥使用、是否参与冬水田保护；H 包括户主年龄、受教育年限、健康状况、家庭人口数等个人特征变量；N 包括农田面积、林地面积等家庭禀赋变量；e 为随机扰动项。鉴于一些不可观测因素会同时影响不同类型的主观福祉，各类主观福祉回归方程之间的随机扰动项具有相关性，这使得合并截面数据的似不相关回归估计（SUR）比单独估计每个方程更有效，允许在同一时期内的扰动和各区段的相关单位有不同的解释变量，在一定时间内不相关回归方程的不同相关方程扰动反映了某种共同的未知因素。

四　结果分析

　　在采用似不相关回归估计前，首先对方程进行同期相关性检验，如果方程之间无同期相关，那么使用最小二乘法估计各个方程是完全有效的。Breusch-Pagan 检验的统计量 p 值为 0.005，模型扰动项相关性拒绝了各方程相互独立的原假设，显著性水平为 1%，因此使用 SUR 进行系统估计更有效率。

　　在湿地生态补偿政策对农户主观福祉的影响研究中，是否参与补偿是正向指标，减少农药化肥使用和保护冬水田是与其相关的负向指标。参与湿地生态补偿对农户主观福祉的影响有正有负，湿地生态补偿改善了村里交通状况、家庭住房条件、垃圾治理、生态环境、抵御风险能力和对村干部满意度，却降低了资源获取能力，不利于农户之间的人际交往（见表 5-5）。作为一项保护制度，湿地生态补偿政策无疑满足了农户的环境需求。而对于安全需求中的医疗条件和最低生活保障，湿地生态补偿政策没有显著影响。减少农药化肥使用可以显著提高农户环境需求，同时降低贫困农户资源获取能力、抵御风险能力。而保护冬水田可以显著提高农户对生态环境和村干部的满意度，对抵御风险能力和最低生活保障更加不满意。

表 5-5　似不相关模型回归结果

变量		参与生态补偿（是 = 1）	减少农药化肥使用（是 = 1）	保护冬水田（是 = 1）
经济需求	交通状况	0.128 ***（0.235）	0.069（0.210）	0.076（0.233）
	住房条件	0.094 *（1.287）	0.083（1.421）	0.044（1.184）
	资源获取能力	-0.137 **（0.232）	-0.101 **（1.375）	-0.117 ***（1.342）
	教育水平	0.016（0.095）	0.048 *（1.843）	0.031（0.217）
环境需求	垃圾治理	0.296 ***（0.181）	0.116 ***（1.345）	0.102 **（1.125）
	生态环境	0.325 ***（0.162）	0.293 ***（0.185）	0.124 ***（0.214）
安全需求	抵御风险能力	0.139 **（0.235）	-0.047 *（1.844）	-0.053 *（0.103）
	医疗条件	0.078（1.197）	0.238（2.416）	-0.012（0.110）
	最低生活保障	0.010（0.103）	-0.063（0.294）	-0.034 *（1.306）
社会关系	家庭关系	0.045（0.139）	0.107（2.306）	0.021（0.263）
	对村干部满意度	0.114 ***（0.150）	0.103 **（1.372）	0.127 ***（0.212）
	与周围人关系	-0.103 *（0.174）	0.101 **（1.124）	0.038（0.286）

注：*** 、 ** 、 * 分别代表在 1%、5%、10% 的水平下显著，括号内数值为标准误。

第四节　本章小结

　　本章通过对陕西朱鹮栖息地周边农户样本数据的分析，运用倾向得分匹配法和似不相关模型估计了湿地生态补偿对农户家庭收入和主观福祉的影响，克服了单个回归产生的偏误，发现生态补偿政策对农户直接收入的增加具有正向作用，恰好验证了第四章湿地生态补偿对农户生计资本和部分生计策略有正向影响的结论，其对农户主观福祉有双重影响，具体结论如下。

第一，湿地生态补偿对农户家庭收入有一定贡献，平均处理效应为14%左右，主要是人均非农收入的提高，平均处理效应为19%，而对人均林业收入和人均种养业收入有负向影响，平均处理效应分别为40%和12%左右。补偿组在户主受教育年限、是否为村干部、家庭劳动力比重、外出务工人数、农田面积、林地面积、地理位置方面比未补偿组更具优势，为实现生态保护和农民增收提供了有利条件。湿地生态补偿对农户收入的影响主要通过两条路径实现：其一，由于湿地生态补偿改变了农户的收入来源构成，即劳动力等要素从传统种养业转向非农产业，该区域农户非农收入有所提高，而种养业收入大大降低；其二，由于湿地生态补偿政策限制采伐朱鹮巢树的木材，该区域农户林业收入减少。综合来看，湿地生态补偿在一定程度上增加了农户的物质财富，政策干预会改变农户利用自然资源的方式，从而影响其收入结构和生计能力。

第二，湿地生态补偿的实施有助于提升农户对农村交通状况、住房条件、生态环境、垃圾治理、抵御风险能力和村干部的满意度，而对农户资源获取能力、与周围人关系有不利影响。农户资源获取能力下降是因为补偿限制了农户的资源利用，对周围人不信任是因为补偿导致了农户之间的利益纠纷，所以设计补偿政策时应考虑公平合理及农户参与意愿。从经济需求来看，湿地生态补偿对农村交通状况和农户住房条件有正向影响，无论是参与湿地生态补偿、减少农药化肥使用还是保护冬水田的农户对资源获取能力的下降均表示不满意，主要是因为补偿政策对农户湿地资源利用有所约束，不利于农户农业收入的增加。从环境需求来看，参与湿地生态补偿、减少农药化肥使用和保护冬水田的农户对生态环境改善和垃圾治理表示满意，从侧面肯定了湿地生态补偿政策对生态保护的积极作用。从安全需求来看，湿地生态补偿对农户抵御风险能力有正向影响，但减少农药化肥使用和保护冬水田的农户对抵御风险能力表示不满意，保护冬水田的农户对最低生活保障水平表示不满意，说明补贴收入在一定程度上可以降低农户生计脆弱性，使农户有能力抵御外界冲击，而湿地生态补偿具体措施（如减少农药化肥使用和保护冬水田）使农户在面临风险时遭受损失。从社会关系来看，参与湿地生态补偿、减少农药化肥使用和保护冬水田的农户对村干部表示满意，减少农药化肥使用的农户对周围人更加信任，参与湿地生态补偿的农户对周围人信任程度表示不满意。

总体来说，湿地生态补偿仍以经济补偿为主，直接增加了农户补贴收入，在政策实施过程中减少农药化肥使用、保持冬水田不变等措施改变了研究区域农户长期形成的农业生产方式和土地利用形式，间接促进了非农就业发展。同时，不能忽视湿地生态补偿对农户林业、种植业和养殖业的抑制作用，可能是因为家庭劳动力有限、农作物自用比例高，限制农药化肥使用会导致产量降低。在未来一段时期内，如果受偿的农民无法快速转变收入结构和收入来源，湿地生态补偿政策对农村减贫的效果会大打折扣。因此，政府应该充分利用市场机制，促进农业生产结构的调整，鼓励农户收入多元化。在分析湿地生态补偿对生计结果的影响时，不应该仅仅关注农户的收入问题，还应该考虑农户的主观福祉，最大限度地发挥湿地生态补偿保障农户利益的积极作用，与政府合作改善当地的医疗条件、交通状况，提升农户最低生活保障水平，改善农户居住条件，增强村委会和村干部的治理能力，为农户争取更多的社会福利。

第六章

湿地生态补偿对农户保护
意愿和行为的影响

湿地生态补偿的第二个目标是激发农户湿地保护意愿和行为，本章着重分析了农户的保护认知、参与意愿和行为是否有明显改进。前文研究表明，湿地生态补偿有利于农户利益损失的弥补和矛盾冲突的化解，进而促进了农户保护意识和参与程度的提高。由此可见，农户保护意愿和行为是促进湿地生态系统健康发展、巩固湿地生态补偿成效的关键。以往湿地保护和生态补偿的相关研究，更多关注政府如何进行顶层设计、采取哪些具体措施修复湿地，很少关注农户在湿地保护和生态补偿中的角色和地位。湿地生态补偿实施以后，农户从湿地资源的利用者转变为湿地生态系统的保护者。只有重视农户在湿地生态系统保护中的作用并加以科学引导，才能确保湿地生态补偿政策发挥最大效果。

湿地生态补偿是调整生态保护相关方之间利益关系的一种经济手段和激励机制，强调湿地保护外部经济的内部化，提高参与湿地保护活动的积极性，最终实现社会公平分配。农户是湿地周边社区的重要行为主体和基本决策单位，同时也是湿地生态补偿的客体（Nepal and Spiteri，2011）。目前，陕西省湿地生态补偿已经进入全面深化阶段，中央政府纵向转移支付容易忽视和弱化农户湿地保护意愿和行为，湿地生态补偿会对农户保护意愿和行为产生直接影响，然而这些影响很难通过客观数据来验证。因此，农户对湿地生态补偿实施前后生态系统服务功能变化的主观评价具有重要的参考价值。本章从湿地生态补偿实施后农户保护意愿和行为出发，运用实地调研资料和数据，通过统计分析和结构方程模型探究湿地生态补偿与农户湿地保护认知、态度、意愿和行为的关系以及保护行为的影响因素，从而丰富湿地生态补偿实践内涵，确保湿地资源的可持续利用。

第一节　农户对湿地保护及生态系统变化的认知和态度

保护恢复湿地成为近年来世界各国政府和学者关注的热点问题。作为湿地保护的主体，农户对湿地保护和生态系统变化的认知能够从侧面反映现行生态政策的实施效果，也是完善我国湿地生态补偿机制的重要依据。通过描述性统计分析，发现农户对湿地保护和湿地生态补偿政策的认知度普遍较低，管理部门应该对湿地周边社区加大湿地知识普及力度和政策宣传力度，增强农户自主参与湿地保护和生态补偿的意愿，这对动员、引导社会各界共同行动来遏制湿地退化或消失趋势具有非常重要的现实意义。

一　农户对湿地保护的认知分析

农户作为湿地生态保护的利益相关者，其湿地保护认知和态度会给生态保护效果带来直接影响。因此，分析农户对湿地保护的认知和态度，有助于识别湿地保护工作中存在的主要问题和矛盾，进一步明确湿地管理工作和生态补偿政策优化的方向。

图 6-1 给出了农户对湿地的认知。从图 6-1（a）可以看出，72%的农户听说过湿地，这表明大部分农户对湿地有一定的认知；从图 6-1（b）可以看出，了解保护区相关法律法规的农户占 60%左右，可见制定保护区相关法律法规有助于增强当地居民的湿地保护意识，规范其湿地资源利用行为；图 6-1（c）显示，89%的农户认为湿地对社会经济发展有作用，这为保护区工作的顺利实施奠定了基础；从图 6-1（d）可以看出，81%的农户意识到湿地保护的重要性，这与保护区强化宣传教育密不可分。就农户的保护认知水平而言，研究区域周边农户的湿地保护意识有待增强，尤其要了解更多的湿地相关法律法规。

图 6-2 给出了农户对近 5 年湿地保护变化的感知。尽管近 5 年湿地保

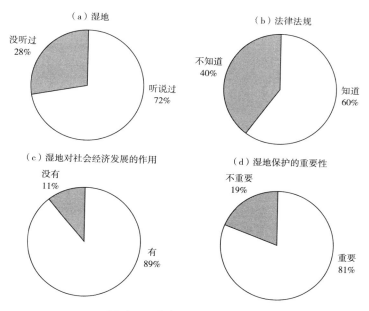

图 6-1　农户对湿地的认知

护支付意愿不断增强，但仍有近一半的农户支付意愿较低，生态保护具有较强的外部性，湿地保护成本不应该让当地农户来承担。43%的农户认为生态旅游会破坏湿地环境，另有36%的农户持反对意见，说明生态旅游对湿地生态系统既有正面影响又有负面影响。71%的农户认为湿地周边野生动物数量变多，反映了保护区的设立对生物多样性保护是有利的，在改善湿地生态环境方面取得了积极的效果。同时45%的受访者表明湿地水质变好，38%的受访者感觉湿地面积增加，60%的受访者赞同湿地周围环境有所改善，可见湿地保护水平逐渐提高得到了农户的普遍认可，政府应该继续加强对湿地生态系统的管护。

二　农户对补偿前后湿地生态系统服务功能变化的认知分析

湿地生态系统变化具有复杂性、不确定性等特点。通过与当地湿地保护管理部门座谈发现，湿地生态系统监测体系仍不完善，难以通过连续多年的实际监测数据对湿地生态系统进行综合评估。然而农户见证了湿地生

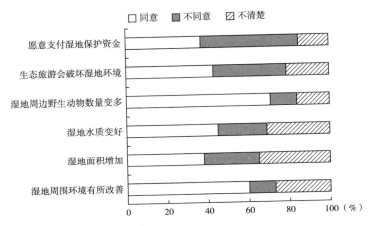

图 6-2　农户对近 5 年湿地保护变化的感知

态系统几十年的变化，且他们世世代代生活在湿地周边，对这里的生态环境十分熟悉。因此，农户对补偿前后湿地生态系统的变化有切身感受，其对湿地生态系统变化的认知具有参考性。

本节中湿地生态系统服务功能认知是研究农户湿地保护意愿和行为的前提和基础。联合国千年生态系统评估指出，生态系统服务（ES）指从生态系统的生态活动中获得收益（MEA，2005），是连接人类福祉和自然生态系统效益的潜在工具。通过供给（如食物、水、天然药物和薪柴等）、调节（如调蓄洪水、改善水质）、文化（如游憩、审美和教育）和支持（如营养循环、主要生产）功能（见图 6-3），湿地直接或间接地维持着很多人的生计（Carpenter et al.，2009；Gret-Regamey et al.，2013；Mombo et al.，2014；Ondiek et al.，2016）。

在图 6-3 基础上，本节分别选取提供食物（动物和植物）、提供淡水（农业用水和生活用水）、调节气候、净化水质、防控自然灾害、休闲娱乐、景观审美、土壤形成 8 个方面来研究湿地生态补偿对湿地生态系统的影响。在农户调查问卷中，包括变差、没变和变好 3 个评价等级，具体调查结果见表 6-1。可以看出，湿地生态系统服务功能在补偿后均有所改善。其中，土壤形成、净化水质、提供食物、休闲娱乐、提供淡水、景观审美功能变好明显，均有 50% 以上的农户认为这几项功能呈现变好的趋势，而不到 50% 的农户认为调节气候和防控自然灾害这两项功能变好，相对于前

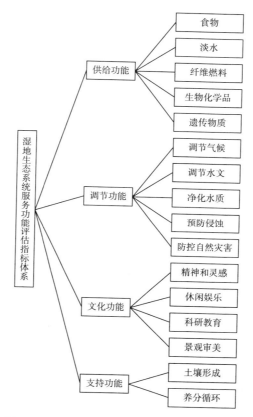

图 6-3 湿地生态系统服务功能评估指标体系

几项功能而言，"变好"的比例较低，这可能是由近年来全球气候变化和自然灾害频发造成的。大多数农户对补偿后湿地生态旅游和优美景观功能认知度提高，表明在贫困地区生态旅游的发展将会促进周边社区增收。

表 6-1 农户对湿地生态系统服务功能认知情况

单位：%

指标	变差	没变	变好
土壤形成	1.50	45.53	52.97
净化水质	0.65	36.31	63.04

续表

指标	变差	没变	变好
调节气候	0	66.82	33.18
提供食物	2.11	41.10	56.79
休闲娱乐	0	32.99	67.01
防控自然灾害	0.75	58.63	40.62
提供淡水	3.02	41.04	55.94
景观审美	0	15.68	84.32

三　农户对湿地生态补偿的认知和满意度分析

自湿地生态补偿政策实施以来，农户对湿地生态补偿的认知度逐渐提高。其中，认为湿地生态补偿很重要的比例为91.43%，但有近一半的农户认为因保护湿地遭受的损失远远不能通过生态补偿弥补，有些损失较小的家庭认为补偿能够起作用。82.93%的农户认为补偿和自己的生产生活关系密切，适度的补偿可以促使农户由粗放型生产转变为绿色生产，认识到湿地保护重要性的过程就是增加自然价值和自然资本的过程，从中可享受到合理回报和经济补偿。只有获得稳定收益的农户才愿意投入更多劳动力从事湿地保护，其保护意愿和行为才会得以增强。

总体上说，多数农户对湿地生态补偿都持有较为积极的态度。其中，86.12%的农户自愿参与湿地生态补偿，13.06%的农户表示不是自愿参与，而是由政府主导实施；78.92%的农户对湿地生态补偿时间基本满意，16.57%的农户表示不满意，农户普遍认为湿地生态补偿能够持久实施，补偿年限越长越好；45.31%的农户对湿地生态补偿金额基本满意，52.24%的农户表示不满意，反映出当湿地保护和农户生计发生冲突时，农户的经济损失没有得到相应的补偿；69.39%的农户对湿地生态补偿模式基本满意，21.63%的农户表示不满意，表明在生计较为脆弱的保护区，现金补偿形式能够直接满足大部分农户的生存需求（见图6-4）。

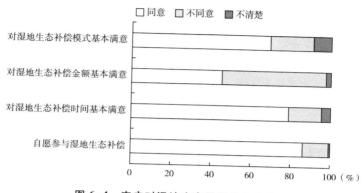

图 6-4 农户对湿地生态补偿的态度分析

第二节 基于结构方程模型分析湿地生态补偿对农户保护意愿和行为的影响

在分析湿地生态补偿对农户生计影响的基础上，本节试图揭示农户对湿地生态补偿政策的响应及其原理。湿地生态补偿通过改善农户生计促使其参与湿地保护，使其由经济理性转变为生态理性，这也是湿地生态补偿政策最重要的目标之一。从上述农户的认知、态度、意愿和行为特征可知，湿地生态补偿实施改变了农户保护湿地的主观想法和实际行为，保护意愿受到主观规范、感知行为、行为态度的直接影响，进而间接影响保护行为。本节以计划行为理论为基础，采用结构方程模型（SEM）将政策变量和主观规范、感知行为、行为态度、保护意愿和保护行为变量进行关联性分析，进一步认识湿地生态补偿产生的具体效果。

一 理论基础与研究方法

（一）理论基础

计划行为理论（Theory of Planned Behavior，TPB）是基于理性行为理论（Theory of Reasoned Action，TRA）发展形成的，加入个人对行为的控

制能力，用来解释和研究行为主体的行为意愿问题（Ajzen and Fishbein，1977）。该理论认为行为意愿直接影响个人实际行为，而主观态度、行为规范和感知行为控制三个因素间接影响个人实际行为（高琴等，2017）。基于计划行为理论，有学者研究发现个体心理因素的作用逐渐增强，强调行为态度、主观规范、感知行为控制、生态认知对退耕还林、绿色新能源技术应用意愿和行为、流域生态治理参与意愿、亲环境行为等的影响（Kaiser and Gutscher，2003；Han et al.，2010；史恒通等，2017；王火根、李娜，2017；张化楠等，2019；靳乐山等，2020；徐洪、涂红伟，2021）。部分学者对计划行为理论进行扩展，运用结构方程模型分析生态补偿等政策制度因素对农户采用节水灌溉技术、湿地保护意愿和行为产生的显著影响（靳乐山、甄鸣涛，2008；陆文聪、余安，2011；庞洁等，2021）。

农户在生态保护政策执行中扮演着关键角色，农户保护意愿和行为形成机制的研究成果较为丰富（潘理虎等，2010；Sommerville et al.，2010；Kinzig et al.，2011）。比如，基于计划行为理论和价值—信念—规范理论（VBN）框架，采用结构方程模型（SEM）、支付意愿法（WTP）等分析游客亲环境行为、湿地保护意愿和行为的影响因素（Suziana，2017；Sánchez et al.，2018；何学欢，2019）。此外，有学者运用定序变量 Logit 模型、偏最小二乘法、多分类 Logistic 回归、累积比数 Logistic 回归、有序 Probit 模型等方法研究退耕还林、生态公益林建设、生态补偿及低碳补偿等参与意愿和行为的影响因素（姜波等，2011；李军龙，2013；吴春梅等，2014；Habesland et al.，2016；王立国等，2020；丘水林、靳乐山，2022），将农户的年龄、性别、受教育程度、家庭人口数量等作为农户特征因素，将种植面积、地块坡度、土壤温度和湿度等情况作为资源特征因素，将家庭收入、贷款、农业生产设备等作为经济和管理特征因素，将参加农业合作社、获取农业信息、推广农业技术、社会关系网络等作为外源性因素。

已有研究表明农户生态保护意愿和行为主要受个体或家庭特征、心理状况、社会资本等内生性因素影响，却忽略了影响农户保护意愿和行为的外生性政策因素及作用机理。另外，学者们仅关注农户行为的某一个或几个影响因素，却忽略了这些因素之间相互制约、错综复杂的关系，Logit、

Probit 模型难以识别出这种关系，导致在模拟农户行为决策时，估计结果可能会出现偏差。比如，家庭生计在一定程度上受到资源禀赋的影响，同时农户参与意愿又受到家庭生计的影响，这些直接和间接的影响过程无法通过一一对应的关系进行统计分析。因此，本节采用结构方程模型系统分析各变量之间的双向耦合关系和影响程度，这是增强湿地生态补偿政策科学性、有效性的重要突破口和着力点。

（二）研究方法

与传统回归相比，结构方程模型不但检验了显变量、潜变量、干扰或误差变量间的关系，而且整合了因素分析与路径分析两种统计方法，能够获得自变量对因变量的直接效果、间接效果和总效果。因此，本章将采用结构方程模型分析主观规范、行为态度、感知行为控制和生态补偿变量对农户保护意愿及行为的影响。测量方程和结构方程的具体形式为：

$$X = \Lambda_x \xi + \delta \tag{6-1}$$

$$Y = \Lambda_y \eta + \varepsilon \tag{6-2}$$

$$\eta = \beta\eta + \Gamma\xi + \zeta \tag{6-3}$$

式中，X 为外生观测变量向量；Y 为内生观测变量向量；ξ、η 分别为外生潜变量和内生潜变量构成的向量；Λ_x 是外生观测变量在外生潜变量上的因子载荷矩阵；Λ_y 是内生观测变量在内生潜变量上的因子载荷矩阵；β 是内生潜变量间的系数矩阵；Γ 是外生潜变量和内生潜变量间的系数矩阵；δ、ε、ζ 为残差向量，表示不能由潜变量解释的部分（Bollen and Long，1993）。估计的因果关系函数形式如下：

$$\eta_1 = \eta_1(\xi_1, \xi_2) \tag{6-4}$$

$$\eta_2 = \eta_2(\xi_1, \xi_2, \eta_1) \tag{6-5}$$

在本章湿地生态补偿政策对农户保护意愿和行为的影响研究中，观测变量可以代表无法观测的潜变量，而结构方程模型可以更加直观地反映出外生潜变量和内生潜变量之间的相关性。由于保护意愿和保护行为之间有严密的逻辑关系，为此本章采用结构方程模型能够比一般方法更好地解决估计结果和实际数据拟合的问题。

二 模型构建与变量定义

(一) 模型构建

农户是补偿以后湿地保护的主体，考察农户湿地保护行为需要了解农户行为决策的影响机制，即湿地生态补偿后受制度变迁的影响，农户湿地保护意愿和行为发生了哪些变化。为了达到以上目标，本节依据计划行为理论，并借鉴该理论在农户行为方面的研究成果，结合研究区域补偿后农户实际保护湿地情况，构建湿地生态补偿对农户保护意愿和行为的概念模型。在考虑湿地生态系统特点的基础上，本节对具体的结构方程模型做了改进，将补偿后农户的主观规范（F1）、行为态度（F2）、感知行为控制（F3）三个潜变量作为影响农户补偿后湿地保护意愿的因素。此外，增加湿地生态补偿认知（F4）这一潜变量来测度补偿实施的情况。同时，设定了湿地保护意愿（F5）、湿地保护行为（F6）两个潜变量来测度生态补偿以后湿地保护活动的具体情况。其中，主观规范（F1）、行为态度（F2）、感知行为控制（F3）和湿地生态补偿认知（F4）四个潜变量是前提变量，湿地保护意愿（F5）、湿地保护行为（F6）两个潜变量是结果变量。据此，本节构建的结构方程模型分析路径如图6-5所示。

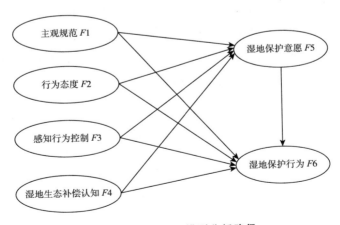

图 6-5　结构方程模型分析路径

按照上述分析的基本路径，本节做出如下假设。

H1：农户湿地保护意愿与湿地保护行为有正相关关系；

H2：农户主观规范与湿地保护意愿有正相关关系；

H3：农户主观规范与湿地保护行为有正相关关系；

H4：农户行为态度与湿地保护意愿有正相关关系；

H5：农户行为态度与湿地保护行为有正相关关系；

H6：农户感知行为控制与湿地保护意愿有正相关关系；

H7：农户感知行为控制与湿地保护行为有正相关关系；

H8：农户湿地生态补偿认知与湿地保护意愿有正相关关系；

H9：农户湿地生态补偿认知与湿地保护行为有正相关关系。

基于以上路径假设，确定了结构方程模型的建立需要完成以下任务。

第一，分别从三个前提变量，讨论主观规范、行为态度和感知行为控制等具体的变量对补偿以后农户湿地保护意愿产生了哪些影响。

第二，通过农户保护意愿与行为的路径影响，研究补偿以后农户的湿地保护意愿对农户实际保护行为的影响。

第三，通过农户态度、意愿和行为等因素与湿地生态补偿认知的关系，研究湿地生态补偿对农户保护意愿和行为的影响。

（二）变量定义

本章采用 Likert 5 点量表法定义研究区域农户主观规范、行为态度、感知行为控制、湿地生态补偿认知、湿地保护意愿、湿地保护行为变量相对应的可观测变量，各变量赋值为 1~5 分，变量名称及取值见表 6-2。

表 6-2　模型变量及其取值

类别	变量说明	变量取值
主观规范 $F1$	政府认为应该保护湿地 X_1	1 = 非常不同意；2 = 不太同意；3 = 一般；4 = 比较同意；5 = 非常同意
	家人认为应该保护湿地 X_2	同 X_1
	邻居朋友认为应该保护湿地 X_3	同 X_1

续表

类别	变量说明	变量取值
行为态度 F2	湿地保护是国家政策，必须执行 X_4	同 X_1
	湿地保护能带来优美环境 X_5	同 X_1
	湿地保护能增加收入 X_6	同 X_1
感知行为控制 F3	具有湿地保护的能力 X_7	1＝很不满意；2＝不太满意；3＝一般；4＝比较满意；5＝非常满意
	因保护湿地而利益受损的补偿 X_8	1＝非常少；2＝较少；3＝一般；4＝较多；5＝非常多
	能够承担湿地保护过程中的风险 X_9	同 X_7
生态补偿认知 F4	湿地生态补偿政策的相关信息透明 X_{10}	1＝非常不同意；2＝不太同意；3＝一般；4＝比较同意；5＝非常同意
	湿地生态补偿政策能够弥补损失 X_{11}	同 X_{10}
	保护区给予技术指导和项目扶持 X_{12}	1＝影响很小；2＝影响较小；3＝一般；4＝影响较大；5＝影响很大
保护意愿 F5	保护意识越来越强 Y_1	1＝非常不同意；2＝不太同意；3＝一般；4＝比较同意；5＝非常同意
	了解湿地保护相关法律 Y_2	1＝非常不愿意；2＝不太愿意；3＝一般；4＝比较愿意；5＝非常愿意
	支持保护区管理工作 Y_3	同 Y_2
	愿意参与湿地保护 Y_4	同 Y_2
保护行为 F6	维护恢复后的冬水田和库塘 Y_5	1＝非常不同意；2＝不太同意；3＝一般；4＝比较同意；5＝非常同意
	不随意砍伐树木 Y_6	同 Y_5
	减少农药化肥使用 Y_7	同 Y_5
	按时翻犁蓄水 Y_8	同 Y_5
	阻止他人破坏湿地及伤害朱鹮 Y_9	同 Y_5
	参与野生动物救助 Y_{10}	同 Y_5

1. 湿地生态补偿认知

农户湿地保护的直接成本以及资源利用受限产生的机会成本很高，只有对此给予补偿才能改善农户生计、激发农户保护湿地的行为和意愿。湿地生态补偿关注生态环境与人的行为之间的因果关系，通过调整人的行为模式实现生态环境保护，以激励或约束人的行为模式为前提条件，根据利益主体的行为进行策略选择（靳乐山、甄鸣涛，2008）。因此，农户湿地保护行为和意愿除受心理因素影响外，也必然受到生态补偿政策的影响。已有研究表明，农户对湿地生态补偿的认知对农户湿地保护行为产生了直接影响，也可以通过湿地保护意愿对农户湿地保护行为产生间接影响（赵建欣、张忠根，2007；张文彬、李国平，2017）。可见，湿地生态补偿对农户保护行为和意愿的影响与补偿机制、补偿力度、补偿类型等因素有较强的关联性。

2. 主观规范

湿地生态补偿是一种诱致型制度变迁，政策的实施是以政府和湿地管理部门为主导、以周边农户为参与主体。主观规范是指农户在决定是否保护湿地生态环境时受到的外部社会压力，尤其指重要的他人意见和看法对个体实施某种行为的影响，而农户湿地保护受到的外部社会压力主要来自家人、亲戚、朋友、邻居等（Ajzen，1991；庞洁等，2021）。

3. 行为态度

行为态度是指在进行湿地保护时，农户对该行为影响自身利益变化的感受或对湿地保护政策的看法。农户湿地保护态度是协调保护和发展之间关系的关键因素，决定了其资源利用方式、对保护项目的接受程度和对保护政策的响应等实际行为，其重要性已经得到相关研究和保护机构人员的广泛关注（Ambastha et al.，2007；Dobbie and Green，2013）。

4. 感知行为控制

感知行为控制是农户在意志控制下对湿地保护行为难易程度的自我感觉，是对影响其湿地保护意愿因素的主观认知。一般情况下，当农户认为自身有能力进行湿地保护时，往往具有较高的感知水平，湿地保护意愿就越强烈（Ajzen，1991）。农户的能力建设在整个湿地生态补偿制度变迁的过程中扮演着十分重要的角色，农户湿地保护的感知行为是其对自身保护能力的一种判断。

5. 湿地保护意愿

湿地保护意愿是指农户从事湿地保护相关活动的主观愿望。行为态度、主观规范和感知行为控制提升了农户的湿地保护意愿，进而产生正向的湿地保护行为。湿地生态补偿实施后，农户保护意愿的变化主要表现在其是否愿意继续耕种冬水田、是否减少农药化肥使用，并适时翻犁蓄水，这是朱鹮栖息地保护的前提和基础，因此在设定湿地保护意愿变量时要考虑人工湿地生态系统的特点。

6. 湿地保护行为

湿地保护行为是指农户受思想支配而从事湿地保护相关活动。大量使用农药和化肥会加剧朱鹮食物的污染，威胁鸟类的生存安全。不翻犁蓄水容易引起冬水田退化，加快朱鹮栖息地和觅食地的破坏速度，尤其是在冬季危害更大。在农户资源利用行为中，由于采集薪柴和砍伐树木会影响朱鹮的夜宿和筑巢（赫晓霞、栾胜基，2006），所以本章采用薪柴采集指标来衡量湿地和森林生态系统的健康程度。

第三节　结果分析

一　SEM 信度与效度检验

结构方程模型检验不仅要对整个模型的适用性进行检验，还要对各变量的合理性、显著性进行检验。在建立模型和估计的基础上，该方法先描述变量之间的关系，然后收集资料加以验证，如果拟合结果不太理想，需要对模型做进一步修正，进而评估理论假设模型与资料的匹配程度，常用卡方值或卡方/自由度来检验结构方程模型的拟合度，样本大小可能会影响这些统计值。

先设定初始潜变量模型，经调试后得到最终的耦合模型。一般来说，使用结构方程模型需要对其样本数据进行信度和效度检验，以确定适用性。运用 SPSS 17.0 软件对调研问卷得到的 6 个潜变量 22 个观测变量进行信度检验，结果发现每个潜变量和总量表的 Cronbach's α 值均大于 0.7（见表6-3），可见量表和变量的可靠性和一致性较高。

表 6-3 变量的信度检验

潜变量	观测变量	Cronbach's α 值
主观规范 F1	政府认为应该保护湿地 X_1	0.908
	家人认为应该保护湿地 X_2	
	邻居朋友认为应该保护湿地 X_3	
行为态度 F2	湿地保护是国家政策，必须执行 X_4	0.834
	湿地保护能带来优美环境 X_5	
	湿地保护能增加收入 X_6	
感知行为控制 F3	具有湿地保护的能力 X_7	0.795
	因保护湿地而利益受损的补偿 X_8	
	能够承担湿地保护过程中的风险 X_9	
生态补偿认知 F4	湿地生态补偿政策的相关信息透明 X_{10}	0.801
	湿地生态补偿政策能够弥补损失 X_{11}	
	保护区给予技术指导和项目扶持 X_{12}	
保护意愿 F5	保护意识越来越强 Y_1	0.773
	了解湿地保护相关法律 Y_2	
	支持保护区管理工作 Y_3	
	愿意参与湿地保护 Y_4	
保护行为 F6	维护恢复后的冬水田和库塘 Y_5	0.758
	不随意砍伐树木 Y_6	
	减少农药化肥使用 Y_7	
	按时翻犁蓄水 Y_8	
	阻止他人破坏湿地及伤害朱鹮 Y_9	
	参与野生动物救助 Y_{10}	
总体信度检验		0.812

内容效度、结构效度能够反映量表对调研目标表达的真实性和准确度（张文彬、李国平，2017）。在参考已有文献的基础上，结合当地实际状况并咨询专家，本节设计了量表及相关问题，经过多次预调研后进行反复修改，因此具有较好的内容效度。另外，运用 AMOS 17.0 软件分析潜变量的结构效度，即收敛效度和区分效度，可以发现每个潜变量的收敛效度的平方根都大于变量间的相关系数，区分效度检验全部通过（见表6-4）。

表 6-4 潜变量的效度检验

潜变量	收敛效度	区分效度					
		$F1$	$F2$	$F3$	$F4$	$F5$	$F6$
$F1$	0.840	0.917					
$F2$	0.886	0.431	0.941				
$F3$	0.777	0.212	0.052	0.881			
$F4$	0.757	0.462	0.336	0.030	0.870		
$F5$	0.577	0.075	0.354	0.139	0.128	0.760	
$F6$	0.427	0.139	0.301	0.073	0.257	0.345	0.653

二 SEM 拟合结果

实际上，结构方程模型参数估计量化了潜变量本身、观测变量本身及潜变量与观测变量之间的关系（Arhonditsis et al., 2006；Chen and Lin, 2010），常采用极大似然估计和广义最小二乘法进行参数估计（吴明隆, 2009）。本节采用极大似然估计法，其估计结果相对其他估计方法更佳。通过 AMOS 17.0 软件对构建的 SEM 进行拟合，从表 6-5 可以得出，每个具体路径的系数大都比较显著。

主观规范对农户湿地保护意愿的影响路径系数分别为 0.880、0.959 和 0.908，即主观规范变动 1 个标准差，农户湿地保护意愿分别提高 0.880 个标准差、0.959 个标准差和 0.908 个标准差，说明农户的湿地保护意愿在很大程度上会受到政府、家人、邻居朋友的正向影响。行为态度对农户湿地保护意愿的影响路径系数分别为 0.988、0.873 和 0.959，即行为态度变动 1 个标准差，农户湿地保护意愿分别提高 0.988 个标准差、0.873 个标准差和 0.959 个标准差。只有农户感受到湿地保护带来的利益和好处，才会愿意参与湿地保护。感知行为控制（湿地保护能力、补偿收入状况以及风险承受能力）对农户湿地保护意愿的影响路径系数分别为 0.917、0.755 和 0.566，即感知行为控制变动 1 个标准差，农户湿地保护意愿分别提高 0.917 个标准差、0.755 个标准差和 0.566 个标准差。信息透明度、弥补损失程度、技术指导和项目扶持对湿地生态补偿政策贡献度较大，且对农户的湿地保护意愿有正向影响，路径系数分别为 0.854、0.890 和 0.865。保护意愿对农户湿地保护行为的影响路径系数分别为 0.847、0.780、0.718和 0.682，湿地保护意识、湿地保护相关法律、支持保护区管理工作和愿意参与湿地保护能够正向影响农户的湿地保护行为。维护恢复后的冬水田和库塘、不随意砍伐树木、减少农药化肥使用、按时翻犁蓄水、阻止他人破坏湿地及伤害朱鹮和参与野生动物救助对湿地保护行为的影响路径系数分别为 0.794、0.782、0.624、0.507、0.649 和 0.505，有助于提高农户湿地保护的积极性。

表 6-5　结构方程模型拟合结果

潜变量	观测变量	非标准化系数	标准误差	临界值比	显著性	标准化系数	平方多重相关系数	组合信度	平方提取方差值
F1	X1	1.068	0.046	23.382	***	0.880	0.775	0.940	0.840
	X2	1.084	0.039	27.798	***	0.959	0.92		
	X3	1.000				0.908	0.825		
F2	X4	1.032	0.023	44.880	***	0.988	0.975	0.959	0.886
	X5	0.940	0.035	27.005	***	0.873	0.762		
	X6	1.000				0.959	0.919		
F3	X7	1.933	0.225	8.588	***	0.917	0.841	0.912	0.777
	X8	1.343	0.144	9.351	***	0.755	0.571		
	X9	1.000				0.566	0.32		
F4	X10	1.026	0.056	18.314	***	0.854	0.73	0.903	0.757
	X11	1.078	0.056	19.090	***	0.890	0.791		
	X12	1.000				0.865	0.749		
F5	Y1	1.000				0.847	0.717	0.844	0.577
	Y2	0.903	0.065	13.826	***	0.780	0.609		
	Y3	0.793	0.062	12.708	***	0.718	0.516		
	Y4	0.741	0.062	11.976	***	0.682	0.465		
F6	Y5	1.000				0.794	0.63	0.813	0.427
	Y6	0.890	0.069	12.832	***	0.782	0.612		
	Y7	0.701	0.068	10.285	***	0.624	0.389		
	Y8	0.597	0.072	8.273	***	0.507	0.257		
	Y9	0.884	0.082	10.734	***	0.649	0.422		
	Y10	0.533	0.065	8.226	***	0.505	0.255		

注：*** 表示在 1% 的水平下显著。

在本章中，模型的总体拟合指数采用增值拟合指数 IFI 表示，同时，根据 Chen 和 Lin（2010）的建议，采用拟合度指数 GFI、比较拟合指数 CFI、调整拟合指数 AGFI 和均方根误差近似值 RMSEA 进一步对模型进行评价。如果 IFI、CFI、GFI 和 AGFI 拟合指数大于 0.9，说明拟合度较好，而 RMSEA 拟合指数小于 0.08 被认为拟合度较好（Lee，2007；赵正等，2016）。可以发现，模型增值拟合指数、比较拟合指数和均方根误差近似值均符合评价标准，且拟合度指数、调整拟合指数接近 0.9，模型整体拟合度较好，具体拟合结果见表 6-6。

表 6-6 结构方程模型的拟合指数

拟合指数	理想标准	模型拟合度
Normed Chi-sqr（X^2/df）	$1<X^2/df<3$	2.410
GFI	>0.9	0.876
AGFI	>0.9	0.842
RMSEA	<0.08	0.069
CFI	>0.9	0.934
IFI	>0.9	0.934

采用 AMOS 17.0 软件得出的结构方程模型拟合的路径系数是非标准化的，因此需要标准化处理这些路径系数，使其能够直接进行比较分析。SEM 拟合结果和标准化系数见表 6-7。

表 6-7 结构方程模型中潜变量拟合结果

变量间的关系	非标准化系数	标准化系数	临界值比	p
$F5 \leftarrow F1$	-0.086	0.079	-1.086	0.277
$F5 \leftarrow F2$	0.406	0.071	5.736	***
$F5 \leftarrow F3$	0.060	0.085	0.703	0.482
$F5 \leftarrow F4$	-0.384	0.181	-2.124	**
$F6 \leftarrow F5$	0.349	0.066	5.244	***

注：***、** 分别表示在 1%、5%的水平下显著。

根据计算结果，可以得出方程中所有变量的路径系数（见图 6-6）。

根据路径结果，得出以下结论：农户的行为态度（F2）对其湿地保护意愿（F5）有正向影响，湿地保护意愿（F5）对农户湿地保护行为（F6）有正向影响，且在1%的显著性水平下通过检验；农户湿地生态补偿认知（F4）对农户湿地保护意愿（F5）有正向影响，且在5%的显著性水平下通过检验，其系数值 α_1、α_2 和 α_3 分别为 0.071、0.066 和 0.181，因此假设 H1、H4、H8 得证。

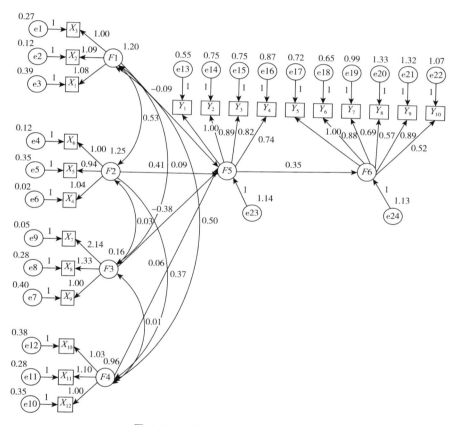

图 6-6　SEM 中各变量之间的关系

第四节　本章小结

本章构建了以物种保护为主的人工湿地生态补偿政策对农户保护意愿

和行为的影响模型，在一定程度上弥补了现有研究忽视外部环境变量的不足。本章通过结构方程模型评估了湿地生态补偿对农户湿地保护行为和意愿的影响，得到如下结论。

第一，农户行为态度有利于其湿地保护意愿显著提高，其影响系数为0.071，在1%的显著性水平下通过检验。

第二，湿地保护意愿又会对农户湿地保护行为产生明显的促进作用，其影响系数为0.066，在1%的显著性水平下通过检验。

第三，农户湿地生态补偿认知对农户湿地保护意愿和行为影响的直接效应为0.181，在5%的显著性水平下通过检验，且生态补偿政策、心理变量等因素都会通过湿地保护意愿间接影响湿地保护行为，这充分说明湿地保护意愿对保护行为的重要性。5%的显著性水平意味着生态补偿政策的激励效应尚未完全显现，存在进一步改进提升的空间。

湿地生态补偿政策变化容易导致农户产生短期利益行为，而且会对未来产生不稳定预期，在一定程度上难以对农户湿地保护行为形成长期有效的激励。本章从"政策驱动"的视角探究农户湿地保护意愿和行为的形成机制，上述研究结论对当前湿地生态补偿管理实践具有如下启示。

第一，完善湿地生态补偿机制。一是推进生态补偿法治建设。完善生态补偿法律法规和政策依据，结合本地区实际情况出台生态保护补偿条例和实施细则，并强化执法监督，推动相关法律法规落地落实。二是动态调整生态补偿标准和模式。综合考虑人口、资源、土地面积、经济发展水平、农户受偿意愿及文化传统等因素，动态制定科学合理的补偿标准；充分发挥试点带动作用，开展市场化、多元化生态保护补偿模式，如湿地银行、公共私营合作（PPP）等，可见推动政府与市场相互支持是当前完善湿地生态补偿机制的关键。三是加强生态补偿事后监管。利用卫星遥感、大数据等信息技术手段，加大对生态补偿的调查监测力度，特别是监测朱鹮重点活动区域的资源、环境和生态补偿效果。在生态补偿效果达标时给予有贡献的社区和农户物质奖励，未达标时及时进行修复和依法依规采取惩罚措施。

第二，促进生态产品价值实现。多年来，朱鹮保护造就了洋县优越的生态环境，为发展有机产业创造了条件，如绿色农业、生态旅游等。一方面，通过龙头企业引领，采用"公司+合作社+基地+农户"模式，鼓励农户从事有机种植业、养殖业，如有机大米、黑米、鱼、猪、禽、蛋等，推出具有地域特色的"朱鹮"牌黑谷酒、谢村黄酒、五彩米及其深加工食品、薯类、梨果、食用菌等有机产品。另一方面，打造精品旅游景区、特色旅游村镇、田园综合体和以有机观光农业、休闲度假、研学教育等为主题的洋县生态旅游品牌，丰富农户生计方式，提供非农就业机会，降低农户对湿地资源的依赖程度，从而强化农户湿地保护意愿和行为，实现生态环境与经济社会可持续协调发展。

第三，培育湿地保护积极心理。一是加强生态文明理念和自然资源价值观的宣传教育，促进朱鹮文化推广项目与朱鹮生态文旅品牌融合，打造朱鹮主题文创文艺作品和文旅活动，提升朱鹮文化品牌的生态价值、经济价值、文化价值，提高当地农户对湿地保护重要性的认同度，树立绿色发展的行为态度。二是充分利用村规民约，大力培育农村文明乡风，发挥村党组织和村干部的号召作用，营造积极保护湿地生态环境的良好社会氛围，增强当地农户湿地保护的主观规范，这是村民生态自治的制度化体现。三是适当提高现有生态补偿补贴标准，鼓励市场化、多元化补偿模式，使农户从湿地生态环境保护中获得更多的收益，通过增强农户对未来收入的预期，正向激励农户的感知行为控制，进而引导农户参与湿地保护且能够承担湿地保护过程中的风险。

第七章

基于选择实验法湿地生态
补偿标准选择分析

在评价现行湿地生态补偿政策实施效果的基础上，剖析农户补偿需求是湿地生态补偿制度设计最关键的环节，农户认为哪种补偿标准合理、更倾向于哪种补偿模式也是农户最关心的两大问题。以往研究是基于补偿主体（政府、保护机构）的视角，围绕补偿标准测算、补偿措施完善及生态服务价值支付意愿等内容展开的，然而从微观农户（补偿对象）视角入手对湿地生态补偿政策需求的研究鲜有涉及，忽视了社区农户政策需求对湿地生态补偿实施的重要价值。为此，本章首先比较农户湿地保护成本和收益，分析湿地保护是否会对农户造成损失、损失分别为多少，进而采用选择实验法探讨农户如何选择湿地生态补偿标准及其影响因素，以期得出更加科学客观的结论，为加强保护区管理和优化湿地生态补偿政策提供依据。

第一节　农户湿地保护成本与收益对比分析

农户是朱鹮及栖息地保护的最大贡献者，同时也承担了较大的外部成本。因此，全面而准确地评价湿地保护与农户发展冲突所带来的生计损失，有助于分析湿地生态补偿政策对当地社会经济发展及农户生计的影响。因此，农户湿地保护成本和收益问题是研究湿地生态补偿标准不容忽视的一个重要方面（温亚利、谢屹，2006；王昌海等，2012；李彩红，

2014；Burnett et al.，2017）。本节结合专家咨询、管理者访谈和农户调研三种形式，对农户湿地保护总成本、总收益及户均湿地保护成本、收益进行详细估算和对比分析，为制定更加合理的湿地生态补偿标准提供参考。因此，农户利益损失是湿地生态补偿标准制定的重要依据，应该引起管理者的足够重视。

一　农户湿地保护总成本与总收益分析

通过专家咨询和湿地管理者座谈发现，朱鹮及其栖息地保护对当地农户生计有一定的不利影响，但该种影响造成的损失并不大。据统计，在洋县和城固县朱鹮活动范围内，冬水田面积由 2009 年的 6000 亩左右减少到 2016 年的 4000 亩左右，水田面积约为 30000 亩，净损失为 300 元/亩，因此，该区域湿地保护实际净损失为每年 120 万元左右。但是，湿地生态补偿实施过程中确定补偿标准的依据是水田面积及水稻种植市场收益，平川丘陵地区水稻平均产量为 1000 斤/亩，水稻市场价格为 1.2 元/斤，种植收益应为 1200 元/亩，因保护朱鹮导致农户种植收益损失率约为 60%，种植收益降到 720 元/亩。而山区水稻平均产量为 600 斤/亩，水稻市场价格为 1.2 元/斤，种植收益应为 720 元/亩，因保护朱鹮导致农户种植收益损失率为 20%~30%，种植收益降到 180 元/亩。按照现行湿地生态补偿标准，估算农户实际种植收益为 2232 万元，损失高达 1656 万元。近年来，朱鹮活动区域逐渐从山地向平川丘陵地带转变，相对来说山区冬水田面积较少，朱鹮活动频次和强度较大，所以种植冬水田和水田的损失基本相同。目前，保护区只是建议减少农药化肥使用，而在部分固定投食田强制农户禁止使用农药化肥。因此，湿地生态补偿侧重于补偿农户因朱鹮踩踏秧苗而造成的损失。

由于冬季气温低、日照短，山区海拔高等原因，宁陕县水田种植只有一季，不存在冬水田和水田的区别。2016 年，宁陕县水田面积由 2007 年的 1700 亩左右下降到 1133 亩，县农业农村局核定损失为 350 元/亩，按照该标准估算因保护冬水田导致农户种植收益总损失为每年 40 万元左右。平川地区水稻平均产量为 1100 斤/亩，水稻市场价格为 2 元/斤，种植收益为 2200 元/亩，而山区平均产量为 700 斤/亩，水稻市场价格为 2 元/斤，种植收益为 1400 元/亩，水稻种植总收益应达到 163.18 万元。实际上，朱鹮对冬水田的破坏仅仅发生在插秧时节，净损失约为 100 元/亩，损失面积为 300 亩，每年净损失为 3 万元左右。可见，尽管陕西省林业局下拨的湿地生态补偿资金有限，仅能按照 200 元/亩的标准补偿，但也足以弥补农户的保护损失。

二　户均湿地保护成本与收益分析

在美国，成本收益法最早应用于政府公共管制政策，并将其作为联邦政府监管机构制定和执行监管措施的基本原则。成本收益法不仅是解决企业相关利益难题的工具，也是评估政府公共管制政策效率的有效手段。在同一时间点的基础上，成本效益法采用贴现率换算成同一时点可以比较分析不同时期、不同种类的成本与收益，其中成本与收益必须以货币形式包含在内。成本效益法的核心公式如下：

$$NPV = \sum_{t=0}^{n} B_t (1 + r)^{-t} - \sum_{t=0}^{n} C_t (1 + r)^{-t} \tag{7-1}$$

$$BCR = \sum_{t=0}^{n} B_t (1 + r)^{-t} \Big/ \sum_{t=0}^{n} C_t (1 + r)^{-t} \tag{7-2}$$

式中，NPV 为湿地保护净收益现值，BCR 为成本效益比。在 t 时间点上，C_t 代表保护成本，B_t 代表保护收益，r 为折现率，n 为湿地保护影响显著的一段时间。如果 $NPV>0$ 或者 $BCR>1$，说明相关湿地保护政策是有效的。NPV 用来反映政策的可行性，而 BCR 能够检验不同地区政策执行的差异（Hanley，1993；Gao et al.，2016；吴未等，2017）。

本章针对农户因朱鹮栖息地保护而产生的成本和收益（下文称"保护成本和收益"）情况进行计算，其中折现率一般采用当期市场利率，本章选取 4% 作为折现率，折现周期为 5 年（2012～2016 年是该区域湿地生态补偿全面实施阶段），并结合受访农户回忆 2016 年和 2012 年的湿地保护成本和收益数据最终确定。目前，当地居民面临着湿地保护带来的利益损失和资源约束，如传统资源使用限制、生产方式改变、野生动物致害（Mishra，1982）、减少农药化肥使用、外出务工机会成本、生态旅游经营成本等（Lusigi，1984；Hough，1988）。从长远来看，湿地保护带来的经济效益和生态效益逐渐显现，包括生态补偿和生态移民的补贴收入、湿地保护区解决农户就业问题、参与社区发展项目收入、绿色有机大米收入、生态旅游收入等。本节通过对户均湿地保护成本和收益的比较（见表 7-1），分析湿地保护对农户生计是否有积极作用，进一步验证湿地生态补偿政策实施的必要性。

表 7-1　2012 年和 2016 年农户湿地保护成本和收益

单位：元，%

指标	2012 年	比重	2016 年	比重
户均保护收益	8099.52		11577.45	
湿地生态补偿	0	0	1183.40	10.22
生态移民政府补贴	779.94	9.63	948.02	8.19
生态旅游经营收入	4115.16	50.81	5002.00	43.20
保护区内工作收入	894.93	11.05	1087.79	9.40
参与保护区发展项目收入	547.99	6.77	666.09	5.75
绿色水稻种植收入	1761.50	21.75	2690.15	23.24
户均保护成本	10961.21		13298.62	
朱鹮踏秧造成损失	538.45	4.91	617.67	4.64
减少农药化肥损失	907.68	8.28	1115.31	8.39
生态旅游经营成本	5789.09	52.81	7036.67	52.91
外出打工机会成本	1661.99	15.16	2020.16	15.19
替代能源支出	2064.00	18.83	2508.81	18.87
户均保护收益/成本	73.89		87.06	
户均保护净收益	-2861.69		-1721.17	

近五年，生态旅游经营收入和绿色水稻种植收入一直是湿地保护给农户带来的主要收益。生态旅游对当地农户生计的促进作用越来越明显，如增加就业机会、带动相关产业发展、增强环境保护意识、减少湿地破坏现象等，但不能忽视生态旅游的迅速发展对野生动物及栖息地的负面影响。日常巡护是加强湿地管理的重要手段，大多数保护区采取聘用当地农户为临时管护人员的手段，既可以解决湿地管理人手不足的难题，又能提高周边农户收入水平和湿地保护关注度。2016 年，湿地生态补偿政策实施给农

户带来的收益占总收益的 10.22%，在弥补农户因保护外部性造成的损失方面具有促进作用，能缓解保护与发展之间的矛盾。

2012~2016 年，研究区域农户的户均保护成本有所增加，其中生态旅游经营成本是最大的保护成本，其次是替代能源支出和外出打工机会成本，且比例有所上升。湿地生态旅游发展需要大量的资金投入和完善的配套设施，完全由个人进行前期投入并支付成本比较困难，这大大降低了农户经营生态旅游的积极性，因此在湿地生态旅游起步阶段，政府应该对参与生态旅游的农户进行政策和物质支持。禁止砍伐朱鹮巢树和限制薪柴采集会推进替代能源的普及，同样非农就业转移也会减少当地农户对自然资源的掠夺式开发利用行为，无形中增加的日常生活支出属于农户承担的湿地保护间接损失。因此有必要开展湿地生态补偿工作，实现保护和发展的利益均衡。

2012 年，研究区域农户的户均保护收益为 8099.52 元，户均保护成本为 10961.21 元，户均保护净收益为 -2861.69 元，户均保护收益/成本为 73.89%。2016 年，研究区域农户的户均保护收益为 11577.45 元，户均保护成本为 13298.62 元，户均保护净收益为 -1721.17 元，户均保护收益/成本为 87.06%。近五年，研究区域农户的户均保护成本和户均保护收益均有所增加，而且保护成本高于保护收益，但差距在不断缩小，表明农户对朱鹮栖息地的保护行为承担了较高的成本，这对农户而言是不公平的。从户均保护成本与收益的比较结果可以看出，有必要开展湿地生态补偿工作，弥补农户因保护造成的损失，协调好保护和发展的关系，那么补偿标准的确定将成为政策设计和实施的核心内容。

第二节　选择实验法设计

通过农户湿地保护成本与收益的比较分析，得出湿地生态补偿标准不仅要考虑能否弥补农户直接损失，还应关注农户受偿意愿。早期学者普遍采用生态系统服务价值法、机会成本法和意愿调查法等估算生态补偿的标准，然而湿地生态系统提供的大部分服务没有市场，估算出来的价值因选取方法不同而大相径庭。即使是有市场价格的生态服务产品，湿地生态系统在其中的真实贡献至今仍不得而知，在确定以政府为主导的生态补偿标准过程中存在形式笼统、脱离实际的不足，因此补偿标准应基于成本而不是收益确定（谭秋成，2009）。生态补偿标准必须以对保护提供者付出成本的充分补偿为基本前提，这是国内外学者的共识（Macmillan et al.，1998；韩洪云、喻永红，2014）。农民机会成本损失是确定补偿标准的重要依据，应该把生态保护和建设的直接成本，连同部分或全部机会成本补偿给农民（孔凡斌，2007；谭秋成，2009）。

不同农户在生产条件、技术水平、收入结构、受教育程度、环境意识方面存在差异，对共有湿地资源的需求并不相同。基于公平性与可操作性，湿地生态补偿标准制定应充分考虑农户的补偿意愿及选择。因此，湿地生态补偿标准不能只考虑单一因素，而应结合相关条件综合比对。已有湿地生态补偿标准研究主要采用聚类分析、补偿系数法、机会成本法、条件价值法等（徐大伟等，2012；王昌海等，2012；姚莉萍等，2016）。选择实验法打破了传统方法的约束，不仅扩大了陈述选择法的实践范围，而且克服了条件价值法的一些缺陷，实现相关利益者对不同湿地补偿属性水平的选择排序，并分析不同组合方案的福利水平价值变化差异，从而间接得出湿地生态补偿意愿及额度，因此，评价结果有助于管理者针对资源属性调整环境发展策略（McVittie and Moran，2010）。

一　属性及其水平设定

选择实验法的理论基础是 Lancaster 的特性需求理论和随机效用理论。特性需求理论认为消费者的效用可由商品的属性（如价格、外观、功能和文化价值等）决定。随机效用理论认为消费者会根据商品/服务特征属性水平和自身特征进行效用最大化选择。选择实验法是通过构造选择的随机效用函数，将选择问题转化为效用比较问题，用效用的最大化来表示消费者对选择集合中最优方案的选择，以达到估计模型整体参数的目的。

消费者从备选方案中选择某一商品/服务消费所获取的效用函数可表示为：

$$U_{in} = V_{in} + \varepsilon_{in} \tag{7-3}$$

式中，U_{in} 为消费者 n 从第 i 项选择中获得的总效用；V_{in} 为消费者 n 从

第 i 项选择中系统获得的可观测效用部分，V_{in} 取决于选项属性 X_{in} 和代表价格属性的指标，也可以包括个体社会经济特征；ε_{in} 为不可观测效用部分，即随机误差项。对于某一个选择集 M，消费者 n 选择选项 i 而不选择选项 j 的概率为：

$$P(i) = \Pr(U_{in} > U_{jn}) = \Pr[(V_{in} + \varepsilon_{in}) > (V_{jn} + \varepsilon_{jn})] \tag{7-4}$$

假设其中可观测效用函数 V_{in} 可简化为线性函数，表达式如下：

$$V_{in} = C + \beta'x_i \tag{7-5}$$

式中，C 为常数项；x_i 代表选择集中的属性及价格指标矩阵；β' 为效用参数矩阵。

本章设计选择实验的目的是：第一，了解农户对湿地保护的边际受偿意愿；第二，对湿地生态补偿政策各个属性的重要性进行排序；第三，为管理部门保护湿地资源和实施生态补偿提供政策建议。在参照 Dias 和 Belcher（2015）、Franzén 等（2016）关于湿地生态补偿选择属性划分的基础上，结合保护区周边农户过量（或不合理）使用农药的情况，通过专家咨询确定了研究区域湿地生态补偿的 4 个关键属性：补偿年限、耕地划入比例、农药化肥减少比例和补偿支付水平（Brownstone and Train，1999）。

在确定每个属性水平时，不仅要考虑科学的研究标准，而且要考虑受访者的直观感受，因为研究数据是通过问卷调查获得的。鉴于此，水平的设置应清晰、明确，选项层次性强，将本实验的当前（基准）状态设置为：补偿年限为 1 年；耕地划入比例为 20%；农药化肥减少比例为 20%，年补偿支付水平为 750 元/亩。具体指标设置和解释见表 7-2。

表 7-2　选择实验法属性及状态水平设定

符号	属性变量	备注	状态水平
$X1$	补偿年限	补偿持续的年份	①1 年；②5 年；③10 年
$X2$	耕地划入比例	划入补偿的土地比例	①20%；②50%；③100%
$X3$	农药化肥减少比例	每年减少农药化肥使用比例	①10%；②20%；③30%
$X4$	补偿支付水平	希望达到的补偿水平	①150 元；②750 元；③1500 元

二　选择集确定

根据湿地生态补偿属性及其状态水平，对表中 4 个属性及其水平进行组合，产生了 $3^4=81$ 个方案。鉴于不可能将 81 个选择全部呈现给受访者进行问答，采用正交设计方法删除一些备选项，仅保留正交项。为了避免问卷缺乏代表性和可操作性，本章仅考察 4 个属性对受访者选择的影响效果，不考察各属性因素间的交互作用，故选用 $L_9(3^4)$ 正交表。据此设定每个选择集中包含基准选项（一种最贴近当前环境的状态）和 2 个随机组合的改善选项，即每个选择集有 3 个选项，共得到 3 个选择集和 1 个比较集组合成一个选项卡。如此每个选项卡中有 4 个备选项，也就是说利用一个选项卡可以得到 4 个观测值，最终通过组合可得到 4 个选项卡。同时把正交表中安排各因素的列（不包含欲考察的交互作用列）中的每个水平数字换成该因素的实际水平值，便形成了可以在实际调研中使用的选择实验方案。在问卷调查中，从 4 个选项卡中随机抽取 1 个，并将该选项卡随机展示给受访者（见表 7-3）。

表 7-3　湿地生态补偿标准的选择集示例

方案	补偿年限	耕地划入比例	农药化肥减少比例	补偿支付水平	您的选择
方案 1	1 年	20%	10%	150 元	☐
方案 2	1 年	50%	20%	750 元	☐
方案 3	1 年	100%	30%	1500 元	☐
以上三种方案均不参加					☐

三　模型构建

选择实验法在假设选择情形的实验时，不可避免会产生一些偏差，要求受访者了解该环境物品及其所处的真实背景，样本选择难度较大。该方法的应用包括结合混合 Logit 模型评估城市和湿地生态系统服务价值（Dias and Belcher，2015；石春娜等，2016），结合条件 Logit 模型评价国家森林公园资源和管理属性经济价值（王尔大等，2015），结合 MNL 模型对农地保护的外部效益进行测算，从利益相关者视角结合多项 Logit 模型分析不同特征的受访者对湿地生态价值的选择（李京梅等，2015）、市民对耕地资源生态补偿的支付意愿及额度（Smyth et al.，2009）、居民对湿地修复属性的支付意愿价值以及湿地围垦的生态效益损失和修复补偿（敖长林等，2012；苏红岩、李京梅，2016）。

常用的计量模型包括多项分对数模型（Multinomial Logit Model）、条件对数模型（Conditional Logit Model）和混合对数模型（Mixed Logit Model），常用的参数估计方法是极大似然估计法。其中，混合 Logit 模型（也称作随机参数 Logit 模型，Random Parameter Logit，RPL）放宽了独立同分布假设，允许模型参数在个体间变动，即具有同样社会经济特征的人对属性特征的选择是不同的，可以用来解释异质性，而且操作上更具灵活性和可信性。

假设个体 i 选择方案 j 所能带来的随机效用为：

$$U_{ij} = x'_{ij}\beta + z'_i\gamma_j + \varepsilon_{ij}(i = 1,\cdots,n;j = 1,\cdots,J) \tag{7-6}$$

式中，解释变量 x'_{ij} 既随个体 i 而变，也随方案 j 而变；而解释变量 z'_i 只随个体 i 而变。个体 i 选择方案 j 的概率为：

$$P(y_i = j \mid x_{ij}) = \frac{\exp(x'_{ij}\beta + z'_i\gamma_j)}{\sum_{k=1}^{J}\exp(x'_{ik}\beta + z'_i\gamma_k)} \tag{7-7}$$

由于条件价值法是目前学者研究受偿意愿（WTA）的最流行且常用的方法。在 WTA 的估算中，不考虑被调查者个人属性对 WTA 的影响，计算被调查者所选最大补偿意愿的期望值。给定被调查者的不同受偿意愿值和选择概率，得出所有被调查者受偿意愿的均值。受偿意愿的均值（WTA_{ML}）计算公式如下：

$$WTA_{ML} = \frac{1}{2}\left(\sum_{i=1} A_i P_i + \sum_{i=1} B_i P'_i\right) \tag{7-8}$$

式中，A_i 和 B_i 分别为被调查者 WTA 第 i 个报告值的下限和上限，P_i 和 P'_i 分别为选择第 i 个报告值下限和上限的概率（周晨、李国平，2015）。

β_i 和 β_{price} 分别为间接效用函数估计中非市场环境属性项和价格项的系数，该部分价值的公式提供了价格变化和属性之间的边际替代比例。边际替代率可导出一个边际价值的估计值（或称为隐含价格），这个隐含价格表示不同属性水平下边际支付意愿/接受意愿，有助于反映各属性特征的相对重要性，即消费者对各属性特征的选择差异。属性特征 i 的隐含价格可表示为：

$$MRS = -\left(\frac{\beta_i}{\beta_{price}}\right) \qquad (7-9)$$

为了检验不同类型家庭对生态补偿方案选择的影响差异，分别构造了不带交叉项和带交叉项的计量模型进行数据分析，模型表达式如下：

$$Y_{in} = \beta_0 + \sum_k \beta_k x_{nk} + \varepsilon_{in} \qquad (7-10)$$

$$Y_{in} = \beta_0 + \sum_k \beta_k x_{nk} + \sum_m \beta_m ASC \times S_i + \varepsilon_{in} \qquad (7-11)$$

式中，Y_{in} 为农户 i 对方案 n 的选择情况，选择用 1 记录，不选择用 0 记录（$n=1，2，3$）；x_{nk} 表示方案 n 中属性 k 的水平；ASC 表示与某个特定选择相对应的常数项，解释了模型中没有包含的因素对效用的平均影响；S_i 表示受访者的社会经济特征变量；β_k、β_m 分别为选择属性和社会经济特征的估计系数；ε_{in} 是随机扰动项。本章采用混合 Logit 模型来估计模型（7-10）和模型（7-11）（Adamowicz，2007）。

第三节　农户对湿地生态补偿标准选择分析

湿地生态补偿标准是政策制定的难点和重点，也是与农户生计和保护意识密切相关的问题。欧美国家生态补偿实践由来已久，从土地休耕到上下游流域付费，而我国生态补偿实践起步较晚，从天保工程、退耕还林到重点生态公益林都存在"一刀切"的弊端，不符合我国补偿区域类型多样的实际情况，难以反映农户的真实损失，容易导致补偿标准过低，不利于实现预定的环境目标和充分利用有限的资金。生态补偿标准的合理确定应该考虑当地的经济和社会发展条件，更应该考虑农户对湿地生态补偿政策的需求和可接受程度（毛显强等，2002；李晓光等，2009；郭跃，2012；刘春腊等，2014）。

一 受访农户基本特征描述性统计

研究区域男性农户约占75%，受访者的平均年龄为53.15岁，平均受教育程度为7.24年，2015年家庭人均年收入约为10952.04元，有51%的农户兼业，16%的农户是村干部，73%的农户居住在保护区内，家庭平均规模为3.48人，家庭平均经营的土地面积为5.96亩，最多拥有40亩农田（见表7-4）。可见，留守在家的农户年龄较大，受教育程度仍处于较低水平，一般是小学或初中学历，家庭资源禀赋有所改善，生计策略趋向多样化。

表 7-4　农户基本特征描述性统计

变量名称	均值	标准差	最小值	最大值
性别（男性＝1）	0.75	0.43	0	1
年龄（岁）	53.15	10.68	20	80
受教育程度（年）	7.24	3.25	0	15
是否为村干部（是＝1）	0.16	0.29	0	1
工作类型（兼业＝1）	0.51	0.50	0	1
家庭土地面积（亩）	5.96	5.16	0	40
居住位置（保护区内＝1）	0.73	0.43	0	1
家庭人口数（人）	3.48	1.50	1	9
家庭人均年收入（元）	10952.04	9787.51	0	66740

调查发现，61%的农户认为湿地对社会经济发展有重要作用，63%的农户认为湿地及周围环境有所改善，主要表现在水鸟数量和种类的增加；湿地旅游观光功能的认知度最高，占71%，75%的农户赞同公共政策有助于使用者保护湿地，如湿地生态补偿等；86%的农户赞同政府应该提高对湿地及周围区域环境质量的投资。受访者认为政府没有把湿地保护摆在突出位置，这与学者们的观点一致，公众意识到环境的贬值且其应该得到政策制定者更多的关注（赵雪雁等，2012）。

二 农户对补偿标准选择的描述性统计

根据农户对湿地生态补偿标准的需求，共筛选出 4 个选择集和 12 个方案。在选择集 1 中农户更倾向于方案 2，占 39.65%，即补偿年限 1 年，耕地划入比例 50%，每年农药化肥减少比例 20%，补偿支付水平 750 元/公顷，其次是方案 3 和方案 1；在选择集 2 中农户更倾向于方案 2，占 56.35%，即补偿年限 5 年，耕地划入比例 20%，每年农药化肥减少比例 20%，补偿支付水平 1000 元/公顷，其次是方案 1 和方案 3；在选择集 3 中农户更倾向于方案 2，占 47.48%，即补偿年限 5 年，耕地划入比例 100%，每年农药化肥减少比例 10%，补偿支付水平 750 元/公顷，其次是方案 3 和方案 1；在选择集 4 中农户更倾向于方案 2，占 50.30%，即补偿年限 10 年，耕地划入比例 50%，每年农药化肥减少比例 10%，补偿支付水平 1500 元/公顷，其次是方案 3 和方案 1（见表 7-5）。总体而言，农户普遍认为补偿年限长和补偿支付水平高是最重要的方面，而对耕地划入比例和农药化肥减少比例的诉求相对不强。

表 7-5　农户补偿标准选择描述性统计

选择集	方案	补偿年限（年）	耕地划入比例（%）	农药化肥减少比例（%）	补偿支付水平（元/公顷）	选择比例（%）
选择集 1	方案 1	1	20	10	150	25.79
	方案 2	1	50	20	750	39.65
	方案 3	1	100	30	1000	34.56
选择集 2	方案 1	1	20	10	150	25.54
	方案 2	5	20	20	1000	56.35
	方案 3	5	50	30	150	18.11
选择集 3	方案 1	1	20	10	150	25.78
	方案 2	5	100	10	750	47.48
	方案 3	10	20	30	750	26.74
选择集 4	方案 1	1	20	10	150	21.60
	方案 2	10	50	10	1500	50.30
	方案 3	10	100	20	150	28.10

三 农户对补偿标准选择的影响因素分析

混合 Logit 模型用于分析生态补偿标准涉及的各个属性及各属性相对应的常数项（ASC）的估计，随机参数模型估计的系数显著，拥有高水平属性的选择集更容易被选，这与效用理论的内容一致。表 7-6 中常数项（ASC）大于 0 且显著，说明选择方案对大部分农户而言具有一定的吸引力，任何生态补偿机制的完善对提高农户效用都有积极影响。

表 7-6 计量模型估计结果

变量	模型 1		模型 2	
	系数	标准差	系数	标准差
选择属性变量				
常数项（ASC）	0.250 ***	0.040	0.069 ***	0.015
补偿年限	-0.075 *	0.054	-0.089	0.110
耕地划入比例	-0.460 **	0.172	-0.638 ***	0.152
农药化肥减少比例	-3.518 **	1.837	-5.050 **	2.549
补偿支付水平	0.010 ***	0.002	0.016 ***	0.002
非选择属性变量				
ASC×性别	—	—	0.208	0.863
ASC×年龄	—	—	-0.016 *	0.014
ASC×受教育程度	—	—	0.091 **	0.036
ASC×保护认知	—	—	0.289 *	0.137
ASC×居住位置	—	—	0.102 ***	0.038
ASC×家庭人口数	—	—	0.125 **	0.054
ASC×家庭人均年收入	—	—	0.134 ***	0.032
Log likelihood	-296.356 ***		-291.247 ***	
Pseudo R^2	0.133		0.229	

注：*** 代表显著性水平为 1%，** 代表显著性水平为 5%，* 代表显著性水平为 10%。

表 7-6 模型 1 和模型 2 估计结果表明，耕地划入比例、农药化肥减少

比例及补偿支付水平 3 个属性对湿地生态补偿标准选择的影响显著。在两个模型中，补偿年限、耕地划入比例和农药化肥减少比例变量系数为负，表明补偿年限太长、耕地划入比例和农药化肥减少比例过高会降低选择该选择集的效用。减少农药化肥使用易导致农作物减产，出于自身利益最大化原则，农户对此的积极性并不高，但随着朱鹮保护意识的提高，减少农药化肥使用会逐渐得到实现。补偿支付水平提高可以显著增加农户参与生态补偿的概率，即在其他条件不变的情况下，补偿支付水平每公顷每增加 150 元，农户选择生态补偿方案的概率会增加 1%，这既与预期的研究结果一致，也符合农户调研的实际情况，如 Birol 等（2006）对湿地生态系统服务功能的选择分析、Cranford 和 Mourato（2014）提出的生态服务信用支付机制、龚亚珍等（2016）对湿地保护区生态补偿政策的设计。

带交叉项的随机参数模型能够更好地解释选择异质性，即一个自变量在另一个自变量不同的取值或取值范围对因变量产生的影响不同，且比普通模型具有更高的拟合度（Log likelihood = −291.247 > −296.356），但应避免出现多重共线性（Wang et al.，2007）。模型 2 引入的被调查者个体特征中，农户年龄、受教育程度、居住位置、家庭人口数、家庭人均年收入和湿地保护认知对选择效用表现出一定的显著效果。具体来看，年龄越大，农户参与生态补偿的可能性越低；受教育程度、居住位置、家庭人口数、家庭人均年收入和湿地保护认知对参与生态补偿均有显著的正向影响，农户在保护环境的同时也关心生计，所以给予一定的补偿会降低其机会成本；男性比女性参与生态补偿的概率更高，但影响并不显著。可见，在模型中引入社会经济特征变量有助于识别不同群体的参与意愿，对于制定有针对性的补偿政策更具科学性。

四　农户受偿意愿和边际受偿意愿测算

针对保护区周边水稻田减产以及形成鸟类庄稼等现象，当地政府及朱鹮保护区对损失较大的农户进行生态补偿。为了构建更加科学合理的补偿制度，本节对湿地周边农户经济补偿的主观意愿开展调查，根据公式（7-8）计算结果，农户年受偿意愿的均值为 608.56 元/公顷，最小值为 150 元/公顷，最大值为 1500 元/公顷。

在此基础上，利用上述两个模型估计的参数进一步计算边际受偿意愿，即补偿方案各个属性的接受意愿价格（改变一单位的某个属性所需付出的边际货币成本），结果见表7-7。当地社区居民面临的保护区带来的利益损失和约束越来越大，如对传统资源使用的限制、野生动物对庄稼的破坏、对社区土地的剥夺和占用，因此，考虑农户对湿地生态补偿的接受意愿更加合理。以带交叉项的模型（模型2）为例，若延长1年的补偿期，需要额外对每公顷土地补偿9.30元；若耕地划入面积增加10%，需要额外对每公顷土地补偿63.24元；若农户减少10%的农药化肥使用量，需要额外对每公顷土地补偿500.39元。

表7-7　农户边际受偿意愿测算结果

单位：元/公顷

属性	模型1	模型2
补偿年限	7.16	9.30
耕地划入比例	44.23	63.24
农药化肥减少比例	338.27	500.39

第四节　本章小结

本章采用选择实验法，选取湿地生态补偿方案涉及的关键属性（包括补偿年限、耕地划入比例、农药化肥减少比例、补偿支付水平）进行组合，研究如何优化我国湿地生态补偿制度，尤其是确定补偿金额及标准，得出如下结论。

第一，农户普遍认为补偿年限长和补偿支付水平高是最重要的方面，而对耕地划入比例和农药化肥减少比例的诉求相对不强，因为补偿年限和补偿支付水平直接关系到农户生计和收入来源，耕地参与和农药化肥减少带来的间接损失往往容易被忽视。

第二，补偿政策设计对农户受偿意愿的影响显著，其中补偿年限、耕地划入比例、农药化肥减少比例的影响为负，补偿支付水平的影响为正。

第三，在家庭人口特征中，年龄对农户受偿意愿有显著负向影响，受教育程度、居住在保护区内、保护认知、家庭人口数和家庭人均年收入对农户受偿意愿有显著正向影响。

第四，在补偿标准制定方面，湿地周边农户年受偿意愿的均值为608.56元/公顷，若延长1年的补偿期，需要额外对每公顷土地补偿9.30元；若耕地划入面积增加10%，需要额外对每公顷土地补偿63.24元；若农户减少10%的农药化肥使用量，需要额外对每公顷土地补偿500.39元，这为我国制定湿地生态补偿标准提供了依据。

可见，湿地生态补偿是一种为了解决湿地保护外部性问题（即边际外部成本），实现湿地资源可持续利用的利益驱动和协调机制。根据农户湿地保护成本和收益的计算结果，湿地生态补偿标准能够弥补朱鹮踩踏秧苗的损失，但并不能解决减少农药化肥使用导致的收入下降问题。通过参考以往研究和预调研，发现农户最关注的就是补偿的可持续性、冬水田保护范围、农药化肥使用减少量、每公顷土地补偿金额，这4个指标与农户经济利益密切相关。年龄越大的农户越愿意服从国家湿地生态补偿政策，受教育程度越高、居住在保护区内、保护认知越高、家庭人口数越多、家庭人均年收入越高的农户认为湿地保护会带来利益损失，维护自身合法权益的愿望越强烈。因此，建议严格规范保护区周边居民农药化肥使用行为，加强绿色农业的相关培训和技术支持，鼓励农户采用环境友好型的生产方式，进而减轻湿地生态环境的负荷，推进退耕还湿和生态补偿工作的开展。保护区通过建立替代生计项目、引导非农产业发展等手段转变传统生计方式，增加家庭人均年收入，优先考虑以务农为主的中老年群体，同时强化湿地保护宣传教育，这是农户积极参与湿地生态补偿的关键。

第八章

农户对湿地生态补偿模式的选择
及影响因素分析

生态补偿是实现社会经济发展和环境保护，以及两者之间相互协调和统一的最根本、最主要的机制，补偿模式是湿地生态补偿机制的重要组成部分。国外学者提出生态补偿是人类为生态系统服务功能付费的措施，并注重从市场交易的角度对湿地生态补偿模式进行分类。在发展中国家和地区，生态系统退化主要是由家庭生计需求不断增长和社会经济快速发展所致，加上市场机制不如发达国家健全，仅有一些地方尝试在水资源和流域方面开展以市场补偿为主导的项目，湿地生态补偿模式仍以政府为参与退耕还湿、湿地恢复和保护以及生态移民的农户提供经济补贴为主。为了使湿地生态效益、社会效益和经济效益最大化，地方政府应根据区域特点、生态系统结构、社会经济发展水平，制定和实施多样化的生态补偿模式（江秀娟，2010；葛颜祥等，2011；徐永田，2011；韩鹏等，2012；王军锋、侯超波，2013）。

基于前文对农户因湿地保护损失什么和损失多少的分析，本章从农户对资金补偿、实物补偿、政策补偿、项目补偿和智力补偿五种模式的不同选择及其影响因素入手，该种补偿模式是否有效、农户是否认同该种补偿模式是本章需要解决的关键问题。目前，我国湿地生态补偿以现金补偿和实物补偿为主，很多地方也有发展政策给予倾斜，这种补偿模式虽有显著效果，但并不能从根本上提升农户发展能力。因此，智力补偿和项目补偿作为一种辅助方式，使原本的"输血型"补偿转变为"造血型"补偿，有助于增强湿地生态补偿的效果和可持续性。

第一节　农户对湿地生态补偿模式的选择

通过对农户和村级调查数据的整理分析（见图 8-1），发现资金补偿是研究区域最受欢迎的补偿模式，占 49.84%，说明农户普遍认为资金补偿是弥补农作物受到鸟类破坏的损失和缓解保护与发展之间冲突最直接的补偿模式；其次是政策补偿、智力补偿，分别占 7.69%、6.89%；对于项目补偿和实物补偿支持度相对较低，仅有 3.70%、1.45%；而接近 1/3 的农户提出综合补偿可能是更理想的选择，从生产经营、就业指导、技术培训、经济补贴等多个方面对农户进行补偿将会成为未来湿地保护政策发展的必然趋势。此外，希望补偿形式是一次性发放补偿的农户占 25.16%，每年发放补偿的占 51.45%，两种形式均可的占 23.39%（见图 8-2）。可以看出，补偿模式是否具有连续性是农户比较关注的问题。

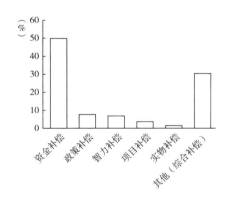
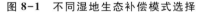
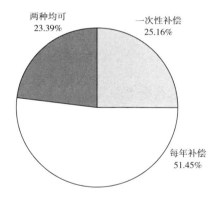

图 8-1　不同湿地生态补偿模式选择　　图 8-2　不同湿地生态补偿形式选择

第二节　不同湿地生态补偿模式特征及问题

按补偿主体和运作机制分，湿地生态补偿模式可分为政府补偿、市场补偿两类。前者是由政府和有关部门直接支付给资源权利人因湿地保护而应该得到的粮食和现金补偿；后者是通过优惠贷款、就业指导、技术援助、扶持发展新产业等方式，间接补偿因湿地保护造成的其他损失，如生产经营活动受限、剩余劳动力增加等。按资源配置方式分，湿地生态补偿模式可分为资金补偿、政策补偿、项目补偿、实物补偿、智力补偿（曹小玉等，2008；杨新荣，2014），本章采用第二种分类方法进行分析。

一 资金补偿

目前，资金补偿是最常用、最容易实现的补偿方式，具有见效快、操作简便等明显的特点，但必须在法律允许的条件下，通过补偿主客体间的利益协调，采用合理的损失估算方法减少矛盾。研究区域湿地生态补偿的主体是上级政府部门。近年来，中央和地方政府及相关部门通过财政补贴、税收减免、转移支付等手段开展湿地生态补偿，保护区及周边旅游开发企业通过社区发展项目间接实施湿地生态补偿，还有通过向开发资源的主体征收补偿税和接受社会捐助的方式来弥补损失。

二 政策补偿

在法律框架内，由中央政府对省政府、市政府、县政府自上而下进行权力补偿和机会补偿。一方面，对环境保护贡献者的补偿、对因资源开发利用而造成生态破坏的经济补偿。另一方面，机会补偿是一种制度安排，充分考虑地区的实际情况，为补偿区域制定相关政策提供发展机会，给予优惠补偿措施，如国内外针对生物多样性进行生态补偿，以保护湿地朱鹮、黑颈鹤等野生鸟类及其栖息地。

三 项目补偿

无论是资源开发还是退耕还湿都会使当地农民失去土地，政府应妥善安置生态移民，为补偿区域适当引入投资开发者，促进替代产业的发展，尤其是引入一些污染小的劳动密集型企业项目来解决失地农民就业问题，如因为拉市海保护区基础设施建设占用部分农户的土地，所以政府吸引社会资金开发生态旅游项目（骑马、划船、农家乐等），同时为农户提供经济补偿，取得了良好的生态效益和经济效益。项目引进作为生态补偿的一种有效途径，既促进了地方经济发展，又有利于生态环境保护。

四　实物补偿

为了维持基本生计，由政府提供物资和劳动保障的补偿模式具有不可替代的作用，以增强补偿区域农户的生产生活能力。退耕还湿和退耕还林均会造成周边农户粮食自给率的下降，因此，应该将实物补偿与粮食直补、资金补偿相结合。1998 年，鄱阳湖和洞庭湖实施退田还湖、恢复湿地项目，按照每亩 100~205 斤大米补助，并结合资金补偿，该模式得到了社会的广泛支持和响应，为湿地生态补偿的顺利完成奠定了群众基础。

五　智力补偿

智力补偿是在政府增加教育投资的前提下，培训生产者的生产技能、就业能力，丰富其生态保护知识等。陕西朱鹮保护区开展环保、生产和管理方面的培训，从观念上改变了农户湿地资源过度依赖行为，并降低了农药化肥使用量，为农户就业和发展提供了智力支持。相对于其他补偿模式，智力补偿的效果并不明显，该补偿有利于促进人口、资源和环境的可持续发展。在具体的实施过程中，补偿区域往往没有意识到智力补偿的优势所在。因此，不能用智力补偿完全取代其他补偿模式，智力补偿和其他补偿是相辅相成、相互促进的关系，综合各种补偿模式将会成为未来湿地生态补偿制度设计的方向。

第三节　农户对湿地生态补偿模式选择的影响因素分析

一　模型设定

目前，有很多学者采用多元 Logistic 回归模型研究个体行为选择机理。

如彭长生（2013）建立多元 Logistic 回归模型分析城市化进程中农民迁居选择行为及其影响因素。吴静等（2013）利用多元 Logistic 回归模型探讨福建省三明市集体林权制度改革后农户林业经营模式的选择行为及其影响因素。李强等（2015）通过多元 Logistic 回归模型分析城乡接合部规划建设模式及其驱动力。根据研究区域实际情况，被解释变量 y 表示农户对湿地生态补偿模式的选择，将补偿模式分为资金补偿、政策补偿、项目补偿、实物补偿、智力补偿，分别取值为 1、2、3、4、5。由于被解释变量为分类变量且取值超过 2，故采用多元 Logistic 回归模型进行估计。由于无法同时识别所有的系数 β_k（$k = 1，\cdots，J$），通常将某方案（比如方案 1）作为"参照方案"，然后令其相应系数 $\beta_1 = 0$。由此，个体 i 选择方案 j 的概率为：

$$P(y_i = j \mid x_i) = \begin{cases} \dfrac{1}{1 + \sum_{k=2}^{J} \exp(x'_i \beta_k)} & (j = 1) \\[3mm] \dfrac{1}{1 + \sum_{k=2}^{J} \exp(x'_i \beta_k)} & (j = 2, \cdots, J) \end{cases} \tag{8-1}$$

其中，"$j=1$"所对应的方案为参照方案，农户选择其他补偿模式的概率与选择参照方案的概率比值 $\dfrac{P(y = j \mid x)}{P(y = J \mid x)}$ 为事件发生比。此模型称为"多项 Logit"，可用极大似然估计法（MLE）进行估计（陈强，2014；刘人瑜等，2013）。

从条件概率 $P(y = j \mid y = 1 \text{ or } j)$ 的表达式可以看出，该条件概率并不依赖于任何其他方案，即如果将多值选择模型中的任何两个方案单独挑出来，都是二值 Logit 模型，此假定称为"无关方案的独立性"（IIA）。对于 IIA 假定，常用的检验方法为豪斯曼检验。其基本思想是，若 IIA 假定成立，删掉某个方案会降低估计效率，不影响其他方案参数估计的一致性。在 IIA 原假定成立的情况下，去掉某个方案后子样本的系数估计值（记为 $\widehat{\beta_R}$）与全样本的系数估计值（记为 $\widehat{\beta_F}$，不含被去掉方案的对应系数）没有系统差别。为此，Hausman（1977）提出以下统计量：

$$(\widehat{\beta_R} - \widehat{\beta_F})' [\mathrm{Var}(\widehat{\beta_R}) - \mathrm{Var}(\widehat{\beta_F})]^{-1} (\widehat{\beta_R} - \widehat{\beta_F})' \xrightarrow{\text{形成}} \chi^2(m) \tag{8-2}$$

其中，m 等于 $\widehat{\beta_R}$ 的维度。

二　变量选择及描述性统计

湿地生态补偿带来的土地产权变化、农户收益变化、农户认知态度变化和相关配套政策都会对补偿模式选择产生影响，且在一定程度上体现了农户对湿地生态补偿模式的需求，应据此制定科学合理的湿地生态补偿模式。本章选取户主个人特征、农户家庭特征、资源禀赋状况及湿地生态补偿认知和态度作为影响农户湿地生态补偿模式选择的 4 类因素（张春丽等，2008；Myers，1996），具体变量的名称、定义、均值和标准差见表 8-1。

表 8-1　变量选择及描述性统计

变量名称	变量定义	均值	标准差
农户湿地生态补偿模式选择	资金补偿 = 1，智力补偿 = 2，政策补偿 = 3，实物补偿 = 4，项目补偿 = 5	2.28	1.47
户主个人特征			
户主性别	男 = 1，女 = 0	0.90	0.29
户主年龄（岁）	连续变量	50.62	11.06
户主是否担任过村干部	是 = 1，否 = 0	0.20	0.40
户主受教育程度	文盲 = 0，小学 = 6，初中 = 9，高中 = 12，中专 = 11，大专 = 14，本科及以上 = 16	6.78	3.41
是否参加过农业技能培训	是 = 1，否 = 0	0.13	0.33
农户家庭特征			
劳动力人数（人）	连续变量	2.63	1.13
外出打工人数（人）	连续变量	0.93	1.09
家庭人均年收入（元）	连续变量	9270.26	12220.68
湿地资源依赖度（%）	连续变量	62.38	35.46
资源禀赋状况			
农田面积（亩）	连续变量	7.40	8.45

续表

变量名称	变量定义	均值	标准差
农田质量	好＝1，一般＝2，差＝3	2.07	0.70
湿地开垦面积（亩）	连续变量	2.62	6.81
是否有电脑	是＝1，否＝0	0.19	0.39
湿地生态补偿认知和态度			
补偿模式满意度	满意＝1，一般＝2，不满意＝3	1.79	0.89
补偿金额满意度	满意＝1，一般＝2，不满意＝3	1.97	0.88
补偿是否能弥补损失	是＝1，否＝0	0.64	0.48
补偿和生产生活关系	密切＝1，一般＝2，不密切＝3	1.49	0.68

调查样本中，20%的户主现在或曾经担任村干部，技术培训是提升农民主体能力的重要途径之一，仅有13%的户主参加过农业技能培训，且平均受教育程度处于小学水平，主要是由于研究区域缺乏农业技能培训的政策和资金，农户对教育的重视程度仍然较低；家庭劳动力普遍不足，对湿地资源依赖度较高；农田质量大多一般甚至偏差，仍存在湿地开垦现象，只有19%的家庭拥有电脑；被访者对补偿模式和补偿金额满意度一般，其中64%的农户认为湿地生态补偿能够弥补损失，农户赞同补偿和生产生活关系较为密切。总体来说，农户湿地保护和生态补偿认知有所提高，但湿地生态补偿制度仍需改进，尤其是补偿模式和补偿标准方面。

三　研究结果

（一）户主个人和家庭特征对湿地生态补偿模式选择的影响

户主性别对湿地生态补偿模式选择影响为负。如表8-2所示，性别变量在模型Ⅲ、Ⅳ中的显著性水平为10%，与预期影响方向相符。这表明在其他条件不变的情况下，男性选择资金补偿的意愿更强，选择实物补偿和项目补偿的意愿更弱，分别仅为女性的0.69和0.57倍［Exp（B）＝0.69和0.57］，大部分作为户主的男性认为资金补偿对家庭生计的促进作用更加直接明显。

表 8-2　模型回归结果

解释变量	模型Ⅰ：智力补偿/资金补偿		模型Ⅱ：政策补偿/资金补偿		模型Ⅲ：实物补偿/资金补偿		模型Ⅳ：项目补偿/资金补偿	
	系数	标准误	系数	标准误	系数	标准误	系数	标准误
户主个人特征								
户主性别	0.34	0.44	0.55	0.46	-0.69*	0.37	-0.57*	0.35
户主年龄	0.01	0.01	0.01	0.01	0.07***	0.01	0.01	0.01
户主是否担任过村干部	0.02	0.28	1.11**	0.49	-0.32	0.32	0.56**	0.30
户主受教育程度	0.14***	0.03	-0.02	0.04	-0.07	0.04	-0.03	0.04
是否参加过农业技能培训	0.47***	0.18	-0.30	0.31	-0.54	0.44	0.48*	0.30
农户家庭特征								
劳动力人数	-0.01	0.11	-0.06	0.11	-0.03	0.12	-0.07	0.11
外出打工人数	0.07	0.10	-0.07	0.12	-0.22	0.14	-0.14	0.12
家庭人均年收入	0.03***	0.01	0.04***	0.01	0.03***	0.01	0.02**	0.01
湿地资源依赖度	-0.34	0.33	-0.21	0.34	-0.39	0.36	-0.24	0.34
资源禀赋状况								
农田面积	-0.02	0.02	-0.02	0.02	-0.01	0.01	-0.03	0.02
农田质量	-0.91***	0.17	-0.15	0.17	-0.38**	0.19	-0.32**	0.16
湿地开垦面积	-0.05**	0.02	0.01	0.02	-0.04*	0.02	-0.16***	0.05
是否有电脑	0.37	0.30	0.79***	0.29	0.01	0.33	0.33	0.30
湿地生态补偿认知和态度								
补偿模式满意度	0.63***	0.18	0.35*	0.20	0.22	0.19	0.21	0.19
补偿金额满意度	-0.92***	0.19	-0.36**	0.19	-0.33*	0.19	-0.52***	0.21
补偿是否能弥补损失	0.56**	0.26	0.26***	0.05	1.01***	0.27	0.52**	0.27
补偿和生产生活关系	-0.55***	0.17	-0.45***	0.16	0.14	0.18	-0.47***	0.17

注：*** 代表显著性水平为 1%，** 代表显著性水平为 5%，* 代表显著性水平为 10%。

年龄对湿地生态补偿模式选择影响为正。年龄变量在模型Ⅲ中的显著性水平为 1%，与预期影响方向相符。这表明在其他条件不变的情况下，随着年龄的增长，农民更倾向于实物补偿，因为居住在保护区周边的年长者外出不方便，提供实物补偿无疑能解决其温饱问题。

户主是否担任过村干部对湿地生态补偿模式选择影响为正。在模型Ⅱ和Ⅳ中，该变量显著性水平为 5%，与预期影响方向相符。这表明在其他条件不变的情况下，如果户主担任过村干部，则他们更倾向于选择政策补偿和项目补偿，这可能是由于上级政策和项目都要通过村委会落实到农户，村干部的响应相对积极。

受教育程度和是否参加过农业技能培训对湿地生态补偿模式选择影响为正。在模型Ⅰ中，受教育程度和参加农业技能培训变量显著性水平为1%，与预期影响方向一致。这表明在其他条件不变的情况下，在受教育程度提高、参加农业技能培训的背景下，相对于资金补偿，农户更倾向于智力补偿。同时，通过模型Ⅳ的估计结果还可以看出，参加过农业技能培训的农户选择项目补偿的意愿强于没有参加过的农户（p<0.1），说明参加过培训的农户能够通过项目补偿获取农业生产知识，或是改变务农的现状，提高家庭人力资本水平。

家庭人均年收入对湿地生态补偿模式选择有显著的正向影响。在模型Ⅰ、Ⅱ、Ⅲ和Ⅳ中，家庭人均年收入变量显著性水平至少为5%，与预期影响方向一致。这表明在其他条件不变的情况下，家庭人均年收入越高，农户更倾向于选择智力补偿、政策补偿、实物补偿和项目补偿。在基本生存需求得到满足的前提下，农户也需要政策支持、智力支持、实物支持和项目支持来改善生计。

（二）资源禀赋状况对湿地生态补偿模式选择的影响

农田质量对湿地生态补偿模式选择有显著的负向影响。在模型Ⅰ、Ⅲ和Ⅳ中，农田质量变量至少通过5%的显著性水平检验，与预期影响方向一致。这表明在其他条件不变的情况下，农田质量越高，农户更倾向于资金补偿。农田质量决定了农作物产量，进而影响农户生计资本，因此资金补偿十分必要。

湿地开垦面积对湿地生态补偿模式选择有显著的负向影响。在模型Ⅰ、Ⅲ和Ⅳ中，湿地开垦面积变量通过显著性检验，与预期影响方向一致。这表明在其他条件不变的情况下，湿地开垦面积越大，农户更倾向于资金补偿。土地是农民生计的基本保障，一旦把质量好的农田变为湿地，资金补偿就能够有效解决保护区与社区之间的利益冲突。

是否有电脑对湿地生态补偿模式选择有显著的正向影响。在模型Ⅱ中，是否有电脑变量通过1%水平的显著性检验，与预期影响方向一致。这表明在其他条件不变的情况下，拥有电脑的农户更倾向于政策补偿。Tizale（2007）利用实际案例证明了农户信息收集和生产行为之间的正相关性，拥有电脑的农户了解国家政策更容易，可以随时调整资源利用行为。

（三）湿地生态补偿认知和态度对湿地生态补偿模式选择的影响

补偿模式满意度对湿地生态补偿模式选择有显著的正向影响。在模型Ⅰ、Ⅱ中，补偿模式满意度变量至少通过10%水平的显著性检验。这表明在其他条件不变的情况下，对现行补偿模式不满意的农户更倾向于智力补偿和政策补偿，与实际选择的补偿模式一致，所占比例分别为14.70%和13.38%。

补偿金额满意度对湿地生态补偿模式选择有显著的负向影响。在模型Ⅰ、Ⅱ、Ⅲ和Ⅳ中，补偿金额满意度变量通过显著性检验，与预期影响方向一致。这表明在其他条件不变的情况下，对现行补偿金额不满意的农户更倾向于资金补偿，问题集中于补偿标准和以前相比没有太大变化，而且补偿资金分配不合理、不公平。

补偿是否能弥补损失对湿地生态补偿模式选择有显著的正向影响。在模型Ⅰ、Ⅱ、Ⅲ和Ⅳ中，补偿是否能弥补损失变量至少通过5%水平的显著性检验，与预期影响方向一致。这表明在其他条件不变的情况下，认为补偿能够弥补损失的农户更倾向于智力补偿、政策补偿、实物补偿和项目补偿。

湿地生态补偿和生产生活关系对补偿模式选择有显著的负向影响。在模型Ⅰ、Ⅱ和Ⅳ中，补偿和生产生活关系变量通过1%水平的显著性检验，与预期影响方向一致。这表明在其他条件不变的情况下，没有意识到湿地保护重要性的农户更倾向于资金补偿。湿地保护和退耕还湿涉及的主要利益主体是农户，如果农户湿地保护意识不强，退耕还湿等政策的实施就会遭遇阻力，这时资金补偿成为农户普遍关注的焦点（廖玉静等，2009）。

第四节　本章小结

补偿模式是农户对湿地生态补偿政策的重要需求，本章通过多元Logistic回归模型探究农户对湿地生态补偿模式的选择及其影响因素，为评价和完善湿地生态补偿制度奠定基础，具体研究结论如下。

第一，目前多数农户倾向于有形的资金和实物补偿，从而提高家庭的自然资本和物质资本。未来的湿地生态补偿将侧重于提高农户的人力资本、社会资本和金融资本，通过对农户"损失什么—损失多少—补偿什么—补偿多少"的科学评估与判断，建立针对不同生计水平和类型的湿地生态补偿模式，妥善处理资金补偿、政策补偿、项目补偿、实物补偿和智力补偿之间的关系，并注重协调补偿主客体的利益冲突。

第二，农户对湿地生态补偿模式的选择受多方面因素的影响。在个人和家庭特征中，男性、年龄小、受教育程度低、未参加过农业技术培训、不是村干部、家庭收入较低的农户选择资金补偿的意愿更强；在资源禀赋状况中，农田质量高、湿地开垦面积大、没有电脑的农户倾向于选择资金补偿；在补偿认知和态度特征中，对湿地生态补偿模式满意、对补偿金额不满意、认为补偿不能弥补损失、湿地保护意识薄弱的农户愿意选择资金补偿，相反其他农户更希望增加智力补偿、项目补偿和政策补偿。

湿地生态补偿对农户最直接的影响就是保护冬水田和减少农药化肥使用量，从而导致粮食减产和收入降低。资金补偿和实物补偿是现阶段的主要补偿模式，且都是有形物品，在一定程度上能改善农户生计，如增加生产生活资料、提高资源利用效率等，能够满足广大农户的补偿诉求。农户的个体特征、家庭特征等因素会影响其选择何种补偿模式，且影响程度各有差异。男性作为一家之主，更多地考虑养家糊口，年龄小、受教育程度低、未参加农业技术培训、不是村干部、家庭收入低、没有电脑、补偿认知水平较低的农户没有充分认识到智力补偿、项目补偿和政策补偿的重要作用，农田质量高、湿地开垦面积大的农户普遍认为湿地保护造成的经济损失较大，只有资金补偿和实物补偿才能有效弥补。目前，农户通常是被动地参与湿地生态补偿项目，因此政府在制定政策时要充分尊重农户个体差异，灵活调整生态补偿模式，既要维护农户基本利益，又要注重实现生计的可持续性，最终建立以农户需求为导向的生态补偿机制。

第九章

湿地生态补偿政策效果
分析及优化对策

前面章节系统分析了湿地生态补偿对农户生计和保护行为的影响，以及农户对湿地生态补偿标准和模式的需求，本章采用压力—状态—响应（PSR）分析框架探讨研究区域湿地生态补偿政策设计及实施情况，其目的是综合评价现行湿地生态补偿实施总体效果的好坏。基于此，本章深入探讨湿地保护和生态补偿面临的诸多挑战，主要体现在社会经济发展导致湿地保护压力增加，自然灾害和气候变化给湿地生态系统带来不利后果等。在生态补偿试点过程中，农户普遍反映补偿标准"一刀切"、过低，补偿模式单一、不合理，其对补偿标准和补偿模式的诉求没有得到完全实现。因此，针对农户的生态补偿，应注重科学分类、适当提高标准、丰富补偿模式，更加聚焦农户切身的利益，并给予农户更多参与保护的机会，为下一步更好地设计和完善湿地生态补偿制度和相关政策提供参考。

第一节　湿地生态补偿实施效果综合评价

湿地生态补偿制度评价涉及多个方面的内容，仅从农户对湿地生态补偿的响应和需求分析中，难以直接测度反映湿地生态补偿实施效果的各项具体指标，需要结合客观数据对湿地生态补偿总效果进行全面科学的判断。因此，本章从压力、状态、响应三个维度构建湿地生态补偿效果的综合评价指标体系。通过年鉴数据和专家打分赋权，采用 AHP-综合指数法评价研究区域湿地生态补偿实施效果，根据评价结果分析湿地生态补偿政策所产生的各种影响，为全面推进湿地保护工作提供参考。

一　评价指标体系构建

加拿大统计学家 Rapport 和 Friend 于 1979 年最早提出了"压力—状态—响应"（PSR）模型。20 世纪 80 年代末，经济合作与发展组织（OECD）和联合国环境规划署（UNEP）在研究环境指标时对 PSR 模型进行了适用性和有效性评价，它能够反映人类社会、经济活动与生态环境之间的关系，即资源获取—生产消费—环境质量改变—社会经济活动及其福利（刘雅玲等，2016）。湿地与人类社会相互影响、相互制约，人类为了自身的生存发展需要从湿地获取物质和能量，然后通过一系列的行为活动来改变资源的数量和环境的质量，而湿地生态系统又通过自身状态的变化来反作用于人类社会。学者们基于 PSR 模型构建了土地利用系统健康评价指标体系，分析三峡库区重庆段农业面源污染状况，探讨围填海等人类活动对黄河三角洲湿地生态系统的综合影响（杨志敏，2009；张锐等，2014；靳宇弯等，2015）。师通波（2013）基于 PSR-AHP 模型对重庆房地产调控政策绩效进行评价。可见，压力—状态—响应分析框架是国内外政策评估较为常用的方法之一。因此，本章选取压力—状态—响应模型对湿地生态补偿实施效果进行综合评价，并识别出现有制度存在的问题。

本章数据来源于 2012 年和 2016 年陕西省三个县的统计年鉴和二手资料，在构建指标体系时，通过以下三个步骤来确定具体的评价指标。第一步，采用文献法和实地调研法初步明确分析构架和一级指标，从湿地生态环境与经济发展相协调的角度，以湿地生态补偿实施效果为目标层（A），在确定 PSR 框架的基础上选取 31 个湿地生态补偿制度相关指标；第二步，通过德尔菲法对湿地、生态、林业等领域的 12 位专家进行咨询，根据专家反馈意见对指标进行筛选，并按照超过 2/3 的专家认为该指标可以保留的原则筛选出 24 个指标，其余指标删除；第三步，通过与陕西朱鹮保护区及保护站的湿地管理者开展参与式座谈和预调研，最终确定符合当地实际情况的 18 个具体指标，在充分遵循可行性、层次性、系统性、及时性等原则的基础上，构建了本章的综合评价指标体系（见表 9-1）。

表 9-1　现行湿地生态补偿政策实施效果综合评价指标体系

二级指标（准则层）	三级指标（指标层）	四级指标（要素层）
压力 B1	人为压力 C1	工业企业个数 D1
		公路里程 D2
		年内减少耕地面积 D3
	自然压力 C2	水库库容减少量 D4
		自然灾害发生次数 D5
状态 B2	经济状况 C3	有效灌溉面积 D6
		农药化肥使用量 D7
		农村人均可支配收入 D8
	生态状况 C4	森林面积 D9
		水土流失面积比重 D10
	社会状况 C5	劳动力比重 D11
		建设占地比重 D12
响应 B3	生态效益 C6	污水处理率 D13
		朱鹮数量 D14
	社会效益 C7	湿地保护政策 D15
		外出务工人数 D16
	经济效益 C8	第一产业产值 D17
		农林水事务投资 D18

（一）压力指标

压力是对湿地生态系统（自然环境和动植物资源等）及其保护产生不利影响的活动、因素或事件。波及范围、程度和时间是比较判定压力因子的三个衡量标准（潘景璐，2013）。人为干扰和自然因素可能会导致湿地功能退化、生境破碎化更加严重。湿地生态补偿政策通过改变农村粗放型经济发展模式和农户传统资源利用方式，进而减小对湿地生态系统的破坏，但是自然灾害、水位下降等因素较难控制。因此，湿地生态补偿面临的压力对政策效果有十分重要的影响，本章设计的压力指标具体包括工业企业个数（D1）、公路里程（D2）、年内减少耕地面积（D3）、水库库容减少量（D4）、自然灾害发生次数（D5），其中工业企业个数和公路里程可以反映该区域基础设施建设对朱鹮栖息地的间接压力，年内减少耕地面积可以衡量该区域耕地资源的紧张程度，水库库容减少量和自然灾害发生次数可以反映自然条件变化对湿地生态系统的不利影响（马小明、张立勋，2002；谢花林等，2015）。

（二）状态指标

状态是反映湿地生态补偿实施过程中生态系统状况及湿地环境要素变化的重要指标，具体包括自然资源、湿地生态系统、人类生产生活等现状。本章通过评价湿地生态补偿试点的社会状况、经济状况、生态状况来衡量一个区域甚至一个国家湿地生态系统、社会经济发展目标与管理决策之间的关系，进而评价湿地生态补偿对研究区域可持续发展的作用。经济状况选取有效灌溉面积（$D6$）、农药化肥使用量（$D7$）、农村人均可支配收入（$D8$）三个指标来表示，生态状况选取森林面积（$D9$）、水土流失面积比重（$D10$）两个指标来表示，社会状况选取劳动力比重（$D11$）和建设占地比重（$D12$）两个指标来表示，其中有效灌溉面积、农药化肥使用量、农村人均可支配收入可以反映该区域土地利用经济效率和农户生活水平的高低，森林面积、水土流失面积比重可以反映该区域生态环境的质量，劳动力比重、建设占地比重直接关系到农村人口数量和土地节约集约利用程度（毕安平等，2013；张锐等，2014）。

（三）响应指标

响应指标是测量湿地生态补偿对农业生产和整个社会经济发展的贡献，反映了社会或个人针对因恢复湿地和保护朱鹮而带来不利于人类生存与发展的变化所采取的措施，具有间接性和根本性。这一指标具体包括生态效益、社会效益和经济效益三个方面。生态效益主要体现在水、土壤、生物多样性等生态环境状况的改善，包括污水处理率（$D13$）、朱鹮数量（$D14$）两个指标；社会效益主要体现在对绿色农业生产的促进作用、农户就业、湿地保护意识和对社区环境的满意度等，包括湿地保护政策（$D15$）、外出务工人数（$D16$）两个指标；经济效益主要体现在水产品、农作物和人均收入，包括第一产业产值（$D17$）、农林水事务投资（$D18$）两个指标。其中，污水处理率、朱鹮数量直接体现了管理部门湿地生态补偿的实施效果，湿地保护政策、外出务工人数可以反映国家和地区的湿地保护程度，第一产业产值、农林水事务投资是对土地经济投入和产出的总体衡量（麦少芝等，2005；蒲秋实，2008）。

二　评价方法选取

评估湿地生态补偿实施效果是一个较为复杂的过程。因此，本节结合研究区域 2012～2016 年湿地生态补偿政策的现实状况，采用层次分析法求出指标权重，进而通过综合指数法进行全面评价。

1977 年，美国运筹学家 Satty 等最早提出层次分析法（AHP），用于系统分析多目标、多准则的决策优化问题，将定性和定量方法相结合，是应用广泛、简洁实用、可靠性强的主观赋权方法。本章的研究对象是湿地生态补偿实施效果，涉及的评价指标范围广泛、复杂多样，既有正向指标又有负向指标，既有定量指标又有定性指标，如湿地生态补偿面临的压力、区域社会经济发展现状、生态保护状况及产生的生态、社会和经济效益等。因此，层次分析法成为解决社会经济问题的重要手段（张小琳，2014）。为了使各种不同含义、不具可比性的指标统一起来，第一，将各类指标无量纲化；第二，建立递阶层次结构模型（包括目标层、准则层、指标层和要素层）；第三，各指标进行两两比较，构造出判断矩阵；第四，计算特征向量并进行判断矩阵的一致性检验，当随机一致性比率 $CR = \dfrac{CI}{RI} <$ 0.10 时，判断矩阵具有满意的一致性；第五，将判断矩阵的每一列向量进行归一化处理得到特征向量，即为本层次指标的权重 w_i，并按照自上而下、逐层顺序进行排序。

自 20 世纪六七十年代以来，人们提出了一系列的环境评价方法，以期准确地反映环境质量的真实状况（陈仁杰等，2009）。综合指数法由单要素指数组合而成，是综合评价区域生态环境状况优劣程度的数量指标，能够反映性质不同、单位各异要素的综合水平，避免了不同指标说明状态不一致而产生的片面性，具有简便、直观、效果好等特点，可以作为评判湿地生态补偿实施效果的量化考核手段之一（朱国宇、熊伟，2011）。鉴于以上优点，本章选取综合指数法根据各个具体影响因素的实际值，将压力、状态、响应三个因素的实际值按权重求和，以得到最终评价结果。主要计算公式如下：

$$Y = \sum_{i=1}^{n} w_i x_i \qquad (9-1)$$

其中，Y 为目标层的综合评价值，w_i 为评价指标 x_i 对应的权重系数。

三　综合评价结果与讨论

近年来，越来越多的研究采用层次分析法根据管理者问卷和相关领域专家的经验进行赋权，以提高赋权的准确性和合理性。本章根据专家对调查问卷中每个具体指标的打分，对每位专家的打分结果构建判断矩阵，并进行一致性检验。为了降低其赋权的主观性，按照 1-9 标度法对每个指标的相对重要性进行赋值，在此基础上得出准则层、指标层和要素层所有指标的权重系数，从而说明某一项具体指标在政策评价中的重要程度。以目标层 A-准则层 B 指标为例，根据专家打分，构造准则层的判断矩阵 A，则矩阵 A 能够相互比较压力、状态、响应三个准则层对湿地生态补偿实施效果影响的重要性，其他层次采用同样方式构造判断矩阵。具体结果见表 9-2 和表 9-3。

表 9-2　A-B 判断矩阵

A	压力 $B1$	状态 $B2$	响应 $B3$
压力 $B1$	1	5	1/3
状态 $B2$	1/5	1	1/7
响应 $B3$	3	7	1

表 9-3　评价指标的权重系数

一级指标 （目标层）	二级指标 （准则层）	三级指标 （指标层）	四级指标 （要素层）	权重 （w_i）
湿地生态补偿实施效果综合评价	压力 $B1$ （0.3434）	人为压力 $C1$ （0.8333）	工业企业个数 $D1$	0.3243
			公路里程 $D2$	0.2345
			年内减少耕地面积 $D3$	0.4412
		自然压力 $C2$ （0.1667）	水库库容减少量 $D4$	0.4350
			自然灾害发生次数 $D5$	0.5650

续表

一级指标 （目标层）	二级指标 （准则层）	三级指标 （指标层）	四级指标 （要素层）	权重 （w_i）
湿地生态 补偿实施 效果综合 评价	状态 B2 （0.0746）	经济状况 C3 （0.2426）	有效灌溉面积 D6	0.2103
			农药化肥使用量 D7	0.3022
			农村人均可支配收入 D8	0.4875
		生态状况 C4 （0.6694）	森林面积 D9	0.3897
			水土流失面积比重 D10	0.6103
		社会状况 C5 （0.0879）	劳动力比重 D11	0.6590
			建设占地比重 D12	0.3410
	响应 B3 （0.5820）	生态效益 C6 （0.6370）	污水处理率 D13	0.3775
			朱鹮数量 D14	0.6225
		社会效益 C7 （0.1047）	湿地保护政策 D15	0.7410
			外出务工人数 D16	0.2590
		经济效益 C8 （0.2583）	第一产业产值 D17	0.6276
			农林水事务投资 D18	0.3724

　　2012~2016 年是研究区域湿地生态补偿全面推行的关键时期，通过采用 AHP-综合指数法，系统分析了研究区域湿地生态补偿政策实施过程中存在的问题、状况和效果，结果见表 9-4。从综合评价结果来看，尽管湿地保护和补偿力度不断加大，社会经济发展导致的保护压力依然在增加，该区域生态和社会状况有所好转，而经济状况呈现恶化趋势，人类与自然的矛盾冲突始终存在，但湿地生态补偿总体上为当地居民带来了生态效益、经济效益和社会效益，对促进生态文明建设和可持续发展具有积极作用。

表 9-4　研究区域湿地生态补偿政策实施效果综合评价

指标	2012 年	2016 年
压力	0.2068	0.2214
状态	0.2040	0.2166
响应	0.1513	0.2121
人为压力	0.1631	0.2004

指标	2012 年	2016 年
自然压力	0.1522	0.1701
经济状况	0.1960	0.1833
生态状况	0.2146	0.2248
社会状况	0.0832	0.0943
生态效益	0.3421	0.3763
社会效益	0.2980	0.3152
经济效益	0.3354	0.3679

从压力来看，近 5 年湿地生态补偿面临的压力有所增加，且人为压力大于自然压力，其中年内耕地面积减少是最大的威胁，工业企业、道路交通也会导致生境的破碎化，而水库库容减少、自然灾害频发对湿地生态系统也有明显的不利影响，其他各种压力的影响较小，这些压力将会是未来完善湿地生态补偿政策时需要解决的问题。

从状态来看，湿地生态补偿政策的实施必然会受到当地经济、生态和社会环境的影响，其中生态状况影响最显著，主要是因为湿地生态补偿的目标是实现生态保护和经济发展的和谐统一，农药化肥使用大幅减少导致研究区域经济状况略微下降，却促进了生物多样性和湿地生态系统恢复；社会状况中劳动力比重也是决定湿地生态补偿实施效果的重要因素，如果家庭劳动力充足，一部分农户可以选择外出务工，另一部分农户继续进行农业生产，既可以扩大收入来源，也可以保护冬水田，有助于湿地生态补偿政策取得良好的效果。

从响应来看，湿地生态补偿政策总效益呈上升趋势，且增加程度依次为生态效益、经济效益和社会效益，这说明人类对湿地生态环境状况变化做出的反应不断加强，湿地保护工作取得成效。随着湿地生态补偿政策的深入推进，朱鹮栖息地环境恶化的趋势得到遏制，但仍需根据实施情况和遇到的问题及时调整补偿政策或管理措施。根据湿地生态补偿政策实施效果评价指标体系的权重可以看出，湿地生态补偿对朱鹮数量增加、湿地保护政策执行、第一产业产值提升均有显著影响。针对目前生态效益、经济效益和社会效益增长不均衡问题，需要从以下几个方面逐步改进研究区域湿地生态补偿政策：促进生态环境与经济社会的协同发展；帮助因实行生态补偿而形成的剩余劳动力培养新的生存技能，以弥补农作物和水产品产量下降带来的损失；强化湿地保护的全民参与意识，使人与自然的关系从冲突走向协调。

第二节　基于农户视角湿地生态补偿政策效果分析

政策不是静止、孤立、零散的，只有坚持系统谋划、科学统筹，才能有效地发挥作用，湿地生态补偿政策也不例外。国家与地方陆续出台了一系列湿地生态补偿政策制度。本节从农户视角出发，以我国原有湿地生态补偿制度体系为基础，结合实施效果和农户需求，全面认识和把握如何深入推进湿地生态补偿有序开展。

一　湿地生态补偿对农户生计和保护行为的影响

湿地生态补偿政策最终要实现农户生计改善和参与保护积极性提高两大目标。首先，从研究区域湿地生态补偿实施情况来看，湿地生态补偿在一定程度上提高了农户生计资本水平，尤其是对自然资源依赖度较高、承担更多保护成本的贫困农户效果更为明显，但湿地生态补偿要求限制农户将一季稻转变为两季稻、禁止农户开垦湿地等行为，使农户自然资本有所降低。其次，湿地生态补偿促进了农户生计策略多样化。由于农业生产具有投入多、回报少的特点，在生产经营过程中工人雇佣、自然灾害应对、病虫害防治等方面成本高、风险大的问题日益突出，单一从事传统种植业和养殖业的农户越来越少，保护冬水田、减少农药化肥使用等措施保留了冬水田传统的种植方式，使农户有更多的时间进行自营和外出务工，有利于区域经济多元化发展，降低了农户的资源依赖和生态破坏程度。最后，湿地生态补偿对农户收入提高和福祉改善均有一定影响。为了保护湿地生态系统，不合理的农业生产经营活动受到制约，促使农户向非农产业转移，增加农户的家庭纯收入，同时农户普遍反映生态环境和安全保障明显好转，基本的经济条件和社会交往能够满足，但湿地生态补偿对资源获取和信任关系产生了一些负面影响。

另外，湿地生态补偿在保护目标实现方面有较为明显的作用。通过当地政府和保护区的大力宣传教育，农户对保护湿地和生态补偿的认知和态度有所提升。湿地生态补偿的实施使农户认识到朱鹮及其栖息地保护的重要性，在周围亲朋好友的影响下，农户自愿参与绿色农业生产、发展生态旅游等活动，这既能改善周边地区的生态环境，也能促进生态产品的价值实现，而不是单纯地降低资源利用收入。可见，湿地生态补偿是弥补农户保护损失的重要手段。因此，农户的湿地保护意愿受到其行为态度、主观规范、感知行为控制的影响，湿地保护意愿和生态补偿政策能够激励农户开展湿地保护行为。

二　农户对湿地生态补偿的需求

尽管湿地生态补偿相关政策有利于保证外部效应内部化，但目前它的成本远高于补偿效益（马庆华、杜鹏飞，2015），推动完善湿地生态补偿机制离不开湿地内在属性和外部驱动因素的共同作用，其中内在属性包括生活方式、文化水平等，而外部驱动因素主要包括人口数量、社会经济发展水平、经济增长方式等。通过实地调研发现，周边社区和农户对补偿标准和补偿模式的两大需求没有得到完全的实现。

（一）周边社区对湿地生态补偿的需求

村委会是提供湿地生态补偿中介服务的重要基层组织，连接着县乡政府和广大村民，在国家政策落实执行和为群众服务方面扮演着双重角色。村委会是生态补偿的协调人，同时充当了补偿者和受偿者的代理人，广泛参与损失统计和利益分配等工作；村委会直接经营集体所有土地，也是生态补偿的直接受偿主体。

发放湿地生态补偿款项关系到全体村民的重大利益，必须由村民会议集体讨论决定分配方案。由于湿地保护区管理机构监督补偿后农户是否按照合同要求执行的力量不足，而村委会作为集体组织代表对本村水田破坏和农药化肥使用情况相对熟悉，由村委会负责协助统计因朱鹮等鸟类踩踏需要补偿的家庭数量及农田面积，并代行湿地管理部门的反馈监督职能，能够站在公正的立场维护补偿和受偿双方的权益，对补偿后的违规行为及时予以纠正，从而形成生态环境的受益者付费、破坏者赔偿、建设者和保护者得到合理补偿的良性运行机制。在此过程中，并不是每个村委会都积极参加湿地生态补偿项目，主要原因是补偿金额较少且涉及农户较多，增加了其日常工作量。它们在追求村集体利益最大化的同时，可能会侵害广大村民的利益，如虚报村集体土地面积，非法获取那些超出面积的生态补偿款，或者自行制定和执行生态补偿款的分配方案，这不利于通过完善湿地生态补偿制度安排来实现社会公平正义。

（二）农户发展受限对湿地生态补偿的需求

目前，我国初步建立了以国家公园、湿地自然保护区、湿地公园为主体的湿地保护体系，湿地保护率达 52% 以上。但为了保护湿地生态系统，湿地周边的地方政府和民众的发展受到制约，因此，实施湿地生态补偿具有重要的现实意义。

经调研发现，研究区域农户都因湿地保护遭受了不同程度的损失，并有相应的生态补偿诉求。通过保护工作者的不懈努力，朱鹮和留鸟数量有所增加，但鸟类破坏农作物的问题更加突出。水稻受损最严重，严重受损比例为 58.41%；其次是玉米，严重受损比例为 42.54%；再次是小麦，严重受损比例为 25.08%；最后是大豆、花生，严重受损比例为 12.06%（见表 9-5）。户均受偿意愿为 666.52 元/亩，同时为了保证朱鹮的食物安全和充足，限制周边农户使用农药化肥，户均受偿意愿为 471.43 元/亩。这虽给传统农业生产带来了不利影响，却促进了绿色生态农业的蓬勃发展和农户的非农转移。

表 9-5　鸟类破坏农作物情况及变化趋势

主要受损作物	严重受损比例（%）	受损季节	破坏主要物种	破坏变化趋势
小麦	25.08	全年都有	朱鹮、留鸟	+
水稻	58.41	夏、秋	朱鹮、留鸟	+
玉米	42.54	夏、秋	朱鹮、留鸟	+
大豆、花生	12.06	全年都有	朱鹮	+

开发湿地资源是周边农户生存和发展最迫切的需求，而湿地保护导致其自然资源利用的能力受到严格限制，并以牺牲自我生存发展权为代价。因此，补偿这部分农户的成本损失，既能减轻因贫困而导致湿地破坏的压力，又有利于实现社会和谐稳定。而补偿标准和补偿模式是湿地生态补偿政策的关键因素，也是周边社区和农户最关心的内容。从农户的角度来看，补偿年限、耕地划入比例、农药化肥减少比例和补偿支付水平是补偿标准的重要组成部分，而补偿模式也应该由单一的资金或实物补偿转化为综合补偿。合理制定补偿标准和补偿模式需要考虑地区发展状况和个体政策需求的差异性，最终实现农户生计的改善和参与湿地保护积极性的提高。

（三）湿地生态补偿实施的总体效果

在湿地生态补偿试点的关键时期，湿地保护和补偿力度不断加大，但基础设施建设和工业生产对朱鹮生境的破坏力度较大，更加激化了生态保护和经济发展之间的矛盾。总体来说，湿地生态补偿相关政策的实施，不仅弥补了农户因朱鹮踩踏秧苗和减少农药化肥使用而造成的损失，也通过一系列措施保护与恢复了湿地生态系统，主要表现在农业生产和生活用水的污染治理、野生朱鹮数量的不断增加，提高了当地绿色农业和生态旅游的知名度，同时带动了其他湿地保护政策的落实，促进了农户非农就业。可见，湿地生态补偿政策效果应兼具对湿地生态功能和经济效益的二元追求。尽管湿地生态补偿政策取得了一定成效，但政策持续推行及优化完善仍是未来工作的重点。

第三节　湿地生态补偿政策优化思路与对策

湿地生态补偿是一项以调整利益相关者经济关系为核心的综合制度体系，具有相关利益者众多、影响复杂、涉及面广等特点。从研究区域湿地生态补偿实施情况来看，湿地生态补偿制度的关键要素包括补偿主客体、补偿标准、补偿模式、资金来源和相关政策保障，这些内容与农户生计、保护和经营行为密切相关，而农户行为的变化会进一步作用于湿地生态系统。本节基于上述经济学原理和农户现实需求，确定湿地生态补偿机制的主要内容和基本框架，从补偿主客体、补偿标准、补偿模式、资金来源、相关制度保障五个方面对我国湿地生态补偿制度进行原则性构建，并从有利于政府公共管理的制度创新角度，完善湿地生态补偿机制的相关配套政策。

一　总体思路

湿地生态补偿制度是落实湿地保护权责、调动各方参与湿地保护积极性的重要手段。通过制度变迁和政策完善激发农户湿地保护的积极性，提高绿色有机农业的生产能力，使研究区域成为生态补偿的成功范例和最适宜朱鹮生存的栖息地，同时农户可以从生态保护中获得更多经济收入，使绿色产业得到更好发展，实现人与自然和谐共生的现代化。然而，上述目标的实现都是以生态效益为前提的，如果湿地生态系统仍然遭到人为破坏或者进一步退化，那么农业生产经营也会受到严重的影响，必须重视湿地生态系统的保护修复和质量提升。因此，湿地生态补偿制度推进的过程中应兼顾资源配置和生态保护的双重目标，构建完善的湿地生态补偿制度体系（见图9-1），其中补偿标准确定和补偿模式设计是关键。只有使农户在湿地生态补偿中弥补经济损失并获得额外的生态效益，才能达到公平和效率的统一。

二　补偿主客体及利益诉求

（一）补偿主体及其责任

利益相关者通过不断合作、博弈形成湿地生态补偿主体，对于严格保护的湿地，各级政府是最重要的补偿主体，上级、下级政府分别提供公共程度高、公共程度低的公共物品，承担不同的责任。因此，中央政府应是国家级湿地自然保护区的补偿主体，保护成果由全体人民共享，有利于确保生态安全；而地方政府是各级自然保护区的补偿主体，能够为区域生物多样性保护和生态环境改善等做出贡献。另外，按照不同的比例，中央和地方政府应该合理划分湿地保护权责，但湿地生态效益具有不可分割的特

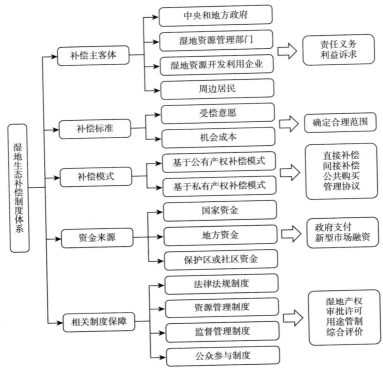

图 9-1　湿地生态补偿制度体系

点，科学测算生态效益在不同受益区域的分配比例成为湿地生态补偿政策制定的关键问题。不同补偿主体的权责见表 9-6。

表 9-6　不同湿地生态补偿主体的权责分析

补偿主体		权利	责任
确定的补偿主体	湿地资源开发利用企业和个人	湿地资源的使用和收益权	资源使用付费
	湿地资源管理部门	湿地资源管理执法权、部分收益权	湿地资源恢复和治理的责任
	地方政府	湿地资源的收益权、管理权、处置权	湿地保护和环境改善的责任
	中央政府	湿地资源的收益权、管理权、处置权	湿地保护和环境改善的责任
潜在的补偿主体		没有明确的权责，但作为湿地生态补偿的间接受益者，有参与和监督的权利	

（二）补偿客体及其责任

从经济学角度出发，湿地生态补偿客体由补偿金征收对象和发放对象组成。补偿金征收对象即对湿地生态造成破坏的单位和个人；而补偿金发放对象即在湿地生态保护中做出贡献和牺牲的单位和个人，也就是为特定社会经济系统提供生态服务功能或生态现状受到人类活动影响和损害的政府、企业和个人，具体分为直接投入者、直接受损者、机会受损者和间接受损者。

从生态学角度出发，本书认为湿地生态补偿客体还有湿地生态系统本身的生态服务功能，其不仅为人类生存发展提供了大量的生产资料，也为改善生态环境和保护野生动物栖息地起到了重要的作用（孙博等，2016b）。尽管湿地生态系统是生态补偿的最终受益者，但不是直接受益者，需要通过人的行为和活动间接地实现补偿效果。

湿地自然保护区（特别是核心区）和重要生态功能区周边居民作为最重要的补偿客体，承担着生态保护的重任，拥有生产资料获取的权利和平等发展的权利。目前，我国湿地生态补偿实施仍以政府为主导，容易忽视社区农户自我发展的问题。补偿政策既要维护农户利益，又要注重农户生计的可持续性，结合当地绿色经济发展情况，实现经济、社会和环境一体化。农户是"理性经济人"，他们会考虑如何让自身的利益最大化，并根据这一点来制定最为合适的生产经营方式，有可能通过牺牲生态环境或依赖自然资源来维持基本生计。在这种情况下，注入外部政策和资金对农户进行合理的补偿来保护湿地成为必然的选择。因此，补偿机制既应该包含对具有多种服务功能的湿地生态环境进行保护性补偿，还应该对保护区周边农户的经济利益受损进行赔付性补偿，更加重视湿地周边居民的主观福祉，这样才能充分保障重点区域湿地生态效益的有效发挥。

（三）主客体之间的关系

一个国家和地区的可持续发展离不开政府推动。因此，中央政府是重要的补偿主体，处于湿地生态补偿政策的核心地位，利用法律、行政、经济等手段进行宏观调控，为地方政府做好示范并承诺及时、充足地补偿农户损失，切实减轻地方政府的财政负担。地方政府则按照国家的湿地生态补偿制度安排执行各项工作，湿地保护区等相关管理机构负责制约和规范社区、企业、个人行为，并委托村委会对企业破坏环境行为、农户冬水田受损和保护情况开展监督，各利益相关者相互配合，共同提高湿地生态补偿政策的有效性和持续性（见图9-2）。

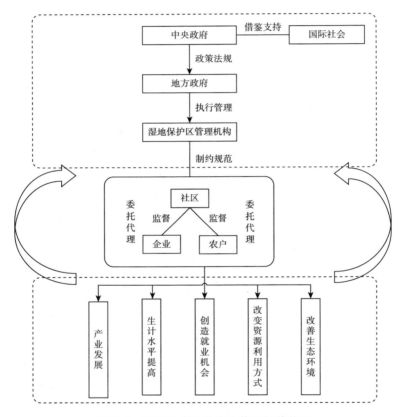

图 9-2 湿地生态补偿主客体之间的关系

在我国，不能完全放任市场落实湿地生态补偿政策，而应由政府负责构建补偿机制，通盘考虑湿地生态补偿短期经济效益与长期生态效益。当地政府对湿地生态补偿的利益需求与国家和社会保护湿地的总体利益相一致，即希望通过湿地相关产业的发展，为居民创造就业机会并提高生计水平，同时改变资源利用方式进而改善生态环境，促进地方社会、经济、生态全面协调发展。就中央层面的管理而言，中央政府希望通过湿地生态系统服务功能收入分成的模式对不同职能部门在合理利用湿地资源过程中产生的直接收益进行分配，从而达到生态保护的目的。

三　补偿标准

　　目前，在实践中湿地生态补偿标准制定原则和方法多种多样，主要考虑补偿对象性质、利益实现方式、经济发展水平、资源禀赋及农业生产情况等，分类分区划定具体的补偿标准。国际重要湿地、国家重要湿地、湿地自然保护区、国家湿地公园和一般湿地应区别对待；保护成果显著、生态系统脆弱、珍稀物种栖息的湿地，能发挥更大的生态效益，应作为湿地生态补偿的倾斜对象。根据本书研究结果，设定补偿标准时还要考虑湿地生态补偿对农户生计、保护认知的影响及区域特点，在充分尊重个体差异的基础上核算不同农户的受损价值，防止"一刀切"的补偿模式。可见，制定科学合理的湿地生态补偿标准，既能弥补当地群众湿地保护的机会成本，也能使政府管理机构可承受湿地保护的投入。

　　根据成本效益分析理论，效益最大化是湿地生态补偿政策制定的原则和底线，生态补偿的额度既不能超过湿地保护所带来的生态效益，也不能低于湿地丧失所带来的各种损失（Margules and Pressey，2000）。发达国家在制定补偿标准时，还会充分考虑农户的受偿意愿，以达到在停止补偿后他们依然能够并且愿意继续保护湿地，这一点已经在英国得到验证。鉴于湿地生态系统的复杂性和功能的多样性，农户利用湿地资源的方式多种多样，如自然捕捞、养殖、围垦种植等，且保护措施对不同类型农户产生的机会成本损失各不相同，农户的机会成本损失不仅包括土地利用的收入，还包括发展权利的损失，因而农户的机会成本损失不能通过单一湿地利用方式的经济效益来衡量。根据保护措施对农户家庭造成的损失估算结果和农户受偿意愿的调查结果，湿地周边农户年受偿意愿的均值为 608.56 元/公顷，保护区周边被调查样本共有 629 户，计算得到基于农户受偿意愿的年补偿金额为 38.28 万元/公顷。

　　综观以往研究可以发现，根据机会成本来制定补偿标准是目前最可行的方法（Martins，2001）。尼加拉瓜在牧区造林计划中也将机会成本作为制定补偿标准的参考（Pagiola et al.，2007）。根据第五章保护措施给湿地周边农户带来的机会成本为每年每户 7839.52 元，而通过选择实验法得出湿地生态补偿标准为每年每户 4674.61 元，因此，研究区域湿地生态补偿标准应设定为每年每户 4674.61～7839.52 元，这样既可以弥补农户的机会成本损失，也能够得到农户的普遍认可。然而需要说明的是，评估湿地生态系统服务价值有助于丰富和完善生态补偿标准计算的理论和方法，既可以推动生态经济学相关学科的发展，也可以针对不同区域的实际情况分配补偿资金。目前，生态系统服务价值的评价方法及结论争议颇多，从现阶段我国政府的财政能力来看，把所有生态系统服务价值作为制定补偿标准的依据不具有可操作性，但它在提高公众对湿地保护重要性认识方面的贡献不可磨灭。

四　补偿模式

在我国，湿地所有权属于国有或公有，国家把它的所有权委托给中央或地方政府，它们再通过代理人保护管理湿地。而大部分靠近社区的湖泊、库塘和稻田等具有经济价值的湿地，按照惯例，农村集体组织拥有其实际所有权和使用权。因此，根据我国湿地产权的特殊性，对于具有公有产权性质的湿地，采取资金、实物等方式使当地社区从湿地保护中受益。对于具有私有产权性质的湿地，采取公共购买或管理协议等方式对当地社区的损失给予补偿，同时鼓励居民以环境友好型的生产方式主动参与湿地保护。湿地保护措施（如不使用农药化肥等）会导致区域内部分农户农产品产量下降和家庭经济收入减少，仅采取现金补偿不是最持久最根本的办法。因此，当地政府应鼓励发展绿色有机农业项目，优先吸纳受湿地保护影响较大的农户就业，充分利用补偿资金对受损农户进行职业培训，通过税收等政策优惠扶持自谋生路的农户。鉴于湿地周边社会经济状况的多样性和复杂性，未来要探索多元化、市场化生态补偿模式，提供多种选择以满足不同人群的需求。

（一）基于公有产权的补偿模式

为了保护恢复湿地生态系统，资金和实物补偿是最常见的直接补偿模式。一方面，补偿者向农户提供效益或损失补偿金、捐赠款等；另一方面，补偿者向农户提供一些物质上的帮助。湿地生态补偿可以借鉴粮食直补和退耕还林的经验，针对因保护丧失耕地的农户给予最基本的实物保障。

在经济落后的农村地区，补偿主体通常会向社区和农户提供技术咨询、市场营销和信息资讯等服务，加强农户农业科技知识及耕地经营的宣传和培训，尤其是水田种植和绿色有机农业，为湿地生态系统保护提供强大的智力支持。事实证明，智力补偿要比直接经济补偿更能促进该区域社会经济发展和生态环境保护双重目标的实现。据统计，智力补偿是朱鹮栖息地周边农户喜爱的补偿模式之一，被调查者中有 20.7%希望得到相关技术指导和市场拓展。

另外，为受偿地区提供优惠政策和发展项目也是补偿模式之一。湿地保护是一种外部性较强的行为，不能仅仅依靠市场机制调节，还需要政府起主导作用，合理配置自然资源。但由于政府财力有限，可以给予为湿地建设做出贡献的经济主体政策优先权和优惠补贴，如小额低息贷款、信用担保贷款、社区共管基金、税收减免等。结合区域资源禀赋优势，调整农村产业结构，通过国内外合作项目帮助和扶持示范村、示范户发展各种替代产业，特别是非资源消耗型产业。这不仅能开辟新的收入来源渠道，还能为农户提供更多的就业岗位，使经济发展与湿地保护真正融为一体，从而建立互利式社区参与生态保护的可持续机制。

（二）基于私有产权的补偿模式

对于因历史遗留问题难以确权的湿地资源，应给予农户充足的利益分配权，保障农户的基本权益。但当社区与保护区的矛盾冲突难以调和时，可以借鉴美国等发达国家的成熟经验，引入具有补偿形式灵活、运行成本较低、补偿主体多元、双方平等自愿等优点的市场化补偿模式。基于私有产权的湿地生态补偿模式主要有以下两种。

公共购买制度是指通过政府出资、公众捐助等方式，从拥有所有权的私人手中购买具有较高生态价值的区域，使其成为政府和公众共同管理的资源，以保护重点区域的制度。通过市场交易或支付兑现生态系统服务价值，进一步扩大湿地保护范围，克服土地产权形成的障碍。

依据法律规定或自愿原则，在限制湿地开发和保护期间补偿所有者由此产生的经济损失方面，湿地管理部门与所有者达成协议，以契约的形式对补偿主客体在湿地保护中的权利、义务和相应的法律责任进行明确规定，有利于提升湿地保护管理工作的效率。

五 补偿资金来源

在我国，湿地生态补偿资金主要来源于国家和地方层面的财政转移支付、保护区或社区层面的生态补偿基金，支付对象是生态系统服务提供者（见图9-3）。从国内外的实践及相关文献中可以发现，设立生态补偿基金是目前最好的补偿手段之一，它具有广阔的筹集渠道，资金利用效率也较高，还可以通过收取生态补偿税费筹集资金，在很大程度上减轻了政府的财政负担。同时，完全市场化的湿地生态补偿模式是政府支付型和政府主导型生态补偿的有效补充手段，也是生态补偿机制创新的重要方向，具体表现形式有生态标志、可配额的交易制度和一对一的私人交易补偿三种。

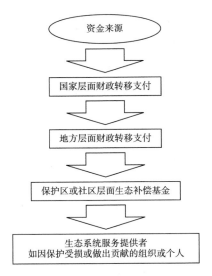

图9-3 湿地生态补偿资金来源

本书认为湿地生态补偿基金主要应用于国际重要湿地、国家级和区位重要的省级湿地自然保护区；使用范围不仅包括对这些重要湿地生态系统周边农户机会成本损失的补偿，还包括一部分日常管理和能力建设经费、基础设施建设以及生态恢复保护费用。可见，湿地生态补偿制度并不能真正扶贫，发放补偿资金是减轻贫困人口生态保护负担的重要手段，使其不至于陷入生计和保护的两难境地（谷振宾等，2015）。

六　相关制度保障

从现行的生态补偿实施效果看，相关制度保障并没有充分发挥湿地生态功能，从而遏制湿地持续减少的趋势。推进湿地保护高质量发展和维持湿地生态系统稳定的关键在于完善湿地生态补偿机制，而生态补偿是一项复杂的系统工程，需要健全的法律法规与制度体系予以保障，其中法律法规是湿地生态补偿机制的前提和基础，这是促进湿地资源可持续利用、推动生态文明建设的重要举措。

（一）湿地生态补偿法律法规

近年来，生态补偿逐渐受到国家和社会各界的广泛关注，但湿地生态补偿法律法规体系仍有缺失。生态补偿是协调湿地生态系统利益关系的一种制度安排，因此要明确各级主管机构的职责及权限，规范处罚行为和管理程序等。《中共中央　国务院关于2009年促进农业稳定发展农民持续增收的若干意见》首次表明要建立湿地生态效益补偿试点，地方层面纷纷出台湿地自然保护区生态补偿暂行办法、湿地保护条例对相关的原则和内容进行规定，但法律效力明显不足。在已经颁布的《环境保护法》《水法》《自然保护区条例》等法律法规中都没有明确规定如何开展生态补偿，立法的滞后性导致补偿专项资金支付和管理、补偿标准、补偿模式、实施方案等方面存在诸多困难，特别是涉及跨区域补偿的问题。因此，应尽快出台"生态补偿条例"等相关法律法规，逐步建立起中央和地方两级湿地生态补偿制度保障体系。中央层面应从立法角度规范全国湿地生态补偿实施，地方层面应根据当地实际情况出台相应的规定细则，组织院校、机构开展湿地生态补偿立法研究，广泛征询周边居民意见和诉求，制定湿地生态补偿依据和标准，使受损居民在维护正当权益时有法可依。明确湿地红线保护、开发利用湿地资源的原则和行为，构建较为完整的生态系统评估和动态监测体系，以引导农户丰富法律知识、增强生态保护意识以及合法经营湿地资源。

（二）湿地生态补偿资源管理制度

1. 湿地产权制度

在市场经济中，市场是否有效取决于稀缺资源的产权是否明晰。产权明晰，既能满足农户对水田经营的需要，又能保护朱鹮的栖息湿地。湿地产权制度是生态补偿顺利完成的根本保证，也是对湿地资源开发利用和保护恢复影响最大的制度。因此，要因地制宜落实多种形式的产权，尤其是农村集体产权，确保湿地生态补偿目标的实现。建立湿地产权制度应注意以下两个方面。

第一，产权明晰形式多样化。所有权（占有权、使用权、收益权和处分权）是湿地产权制度的核心，在我国主要包括国家所有和集体所有两种形式。其中，只有国务院能够行使国有湿地的所有权，也可以授权、批准其他组织或单位行使它的部分收益权和处分权，但国家仍保留最终收益权和处分权；集体所有湿地的所有权归属于农民集体经济组织，禁止所有权的买卖和非法转让，可以依法授予或流转湿地资源的使用权，还可以由单位和个人承包经营从事农业生产，有关管理部门要进行严格的用途管制。

第二，产权明晰需要考虑利益相关者。湿地生态补偿是对利益相关者利益再次分配和调整的制度，因此，从中央到地方有关产权法律法规的制定必须兼顾各方的合法权益，考虑湿地政策的连续性和稳定性以及湿地管理部门作为政策执行者的权威，这样才能促进利益相关者对湿地资源的保护和利用，充分尊重农户的意愿和权利，保证对难以确权的湿地资源享有收益权，减少集体资产分配产生的各种纠纷，鼓励农户以各种形式参与到绿色农业合作社等新型组织中，适度扩大农户的经营规模，进一步提升湿地生态补偿实施效果。

2. 湿地审批许可制度

湿地审批许可制度是产权制度的延伸和发展，是落实湿地产权制度的关键所在。它可以对湿地资源的所有权、使用权、收益权及其他权利进行转让和终止确认。因此，相关法律制度需要明确规定，在湿地范围内新建、扩建、改建项目，必须持有湿地保护主管部门签发的湿地开发利用许可证，并指定湿地审批许可批准机关，规范湿地审批许可程序，明确依法获得许可和批准的湿地权益等。湿地审批许可制度与林地许可审批制度类似，要有许可证申请、使用以及吊销等一系列手续，提供用地单位的资质、项目批准文件、拟占湿地情况介绍和可行性报告等，并在许可证批准未颁发前缴纳湿地恢复保证金，明确征收对象，统一征收标准和范围。如开发房地产项目要占用天然湿地，项目可行性研究中应预先分析湿地损失与项目收益，并评估该项目的生态影响，提交湿地保护主管部门审批，对所使用湿地实行总量控制和定额管理，合理和节约集约利用湿地资源。在项目实施期间，湿地保护主管部门应监督开发单位落实湿地保护恢复工作，以分步返还缴纳的保证金和利息的形式鼓励企业完成并通过湿地治理的检验。

综上所述，湿地审批许可制度有助于国家严格控制湿地资源的开发利用，通过事前审批，只有符合审批条件才能获得许可。根据湿地资源的客观条件和变化情况，对湿地资源利用行为进行有效约束和监督，实现湿地保护和利用的有机统一。

3. 湿地用途管制制度

土地利用规划的政策导向和功能设计，为湿地休养生息留足生态空间提供了可能，同时规划"契约化"发展趋势使湿地保护等特殊土地利用方式得到法律保障。我国存在很多不同类型、不同自然条件的湿地，对于面积较大的湿地已有相应的保护政策，对于面积较小的湿地仍缺乏保护和管理，而湿地用途管制制度恰好可以填补小微湿地保护的漏洞。

目前，我国林地已经形成较为完善的用途变更管理制度，但是对于天然湿地、野生动物栖息地、野生植物原生地等均没有用途管制制度，特别是天然湿地仍被列为荒地、荒滩等未利用土地，对湿地保护恢复产生了不利影响，甚至存在鼓励开发开垦的倾向。因此，有必要实行严格的建设项目审批制度，禁止擅自改变湿地用途，因重大基础设施、重大民生保障项目建设等需要调整用途的，经批准后依法办理供地手续，用地单位需要负责恢复或重建湿地，且这部分湿地面积和质量等同于所占湿地。

4. 湿地生态补偿影响评价制度

湿地环境影响评价是湿地生态补偿影响评价制度的重要内容，调查、预测和评估项目建设对生态环境的不利影响，提出预防或减轻这种负面作用的合理化建议，是湿地开发利用的前提。1994年，湿地保护法律法规制定、湿地开发监测评价和环境管理被提上国家环境保护局的日程，开发、利用资源的强度不能超过湿地生态系统可承受的阈值范围，以实现湿地资源的可持续利用（王玉娟，2008）。

在我国，目前还没有专门的法律法规涉及湿地环境和生态补偿影响评价，部分地区和自然保护区参照《环境影响评价法》中的要求对湿地开发利用行为进行了初步评价，对湿地生态系统保护的积极作用甚微。在此基础上，判断该区域是否需要湿地生态补偿制度，建立补偿标准核算、补偿模式选择、补偿效果综合评估体系。坚持效率优先、兼顾公平的原则，全程监督补偿资金去向和金额，根据评估结果适当调整补偿标准和模式，及时优化完善湿地生态补偿制度。一些跨流域的湿地是重要且完整的生态系统，由于湿地资源监测数据共享渠道不畅，湿地综合影响评估往往不能完全反映湿地的差异和特性，跨流域湿地环境和生态补偿影响评价仍具有一定的局限性，评价结果缺乏科学性和权威性。因此，在未来的湿地立法中要明确湿地环境及生态补偿影响评价的方法和内容，并制定一套可行的操作规范和细则。

（三）湿地生态补偿监督管理制度

有效的监督管理是湿地生态补偿制度实施与完善的重要保证。因此，应建立健全湿地生态补偿资金监督管理办法和部门协调制度，同时鼓励地方政府根据实际情况建立地方性规章制度，充分调动社会力量和依据当地村规民约推动落实。

目前，一些试点地区已经出现补偿专项资金管理混乱、补偿者和受益者脱离等问题，这使得湿地生态补偿资金因寻租或挪用导致机制运行效率低下，因此，应参照财政部基金管理办法等有关规定，强化国家和地方对湿地生态补偿资金的监管。随着湿地生态补偿工作的深入推进，监督管理包括审核补偿必要性、确定补偿标准、缴纳补偿税费、使用补偿基金、评估补偿效益等环节。建立信息公开机制，并对湿地生态补偿落实情况进行跟踪检查，让湿地生态补偿利益相关者和广大公众主动监督，形成社会舆论监督的良好氛围。通过互联网、大数据、人工智能等技术手段，构建统一的湿地生态环境监测预警网络。国务院及各级湿地行政主管部门应加强湿地生态保护效益与农户损失评估、生态补偿资金征收及使用监督，把湿地生态补偿资金支出绩效和总体实施效果纳入部门工作考核指标体系，与人才选拔机制和分配激励机制挂钩，充分发挥湿地生态补偿制度对促进人与自然和谐共生的积极作用。

（四）湿地生态补偿公众参与制度

生态系统破坏问题与每个公民息息相关，公众参与制度是湿地生态补偿制度的重要组成部分。通过会议、书籍、课堂、节日活动、新闻媒体等传统渠道，结合现代信息技术等新型手段，开展研学旅游、展览展示、VR互动体验等，加强湿地生态补偿政策宣传教育和实践经验交流，普及湿地保护及生态补偿相关知识，提高公众对湿地及其生态功能的认知，了解湿地在应对气候变化、改善生态环境、维护生态安全中的重要作用，使社会公众树立正确的资源价值观和主人翁意识，真正了解国家和地方湿地保护政策的内涵、意义，认识到生态环境变好、资源永续利用会使他们的生活有所改善，提高他们参与湿地保护与恢复的积极性，使其能够自我约束生态破坏行为，为湿地生态补偿制度体系的构建和实施提供舆论支持。

无论是在生态补偿决策还是在资金投入方面，在坚持政府主导地位的同时，还需要通过听证会、民意调查等形式，使公众充分地表达自己的意见和愿望，如湿地生态补偿标准和金额、湿地生态补偿模式及湿地生态补偿争议复议等。一方面加大财政投入，另一方面拓宽资金来源渠道，积极引导社会资金主动参与。在实施过程中，要保证政策以"自下而上"的方式执行，保证公众及时有效地获取有关湿地生态补偿管理的信息，这样才能取得社会各界的信任，为湿地生态补偿制度的构建奠定良好的群众基础。

（五）湿地生态补偿资金投入制度

湿地生态补偿的持续推进不能单纯依靠加大国家财政投入力度，应建立市场和社会资本多元化投入机制。一方面，优化财政支出结构。通过纵向财政转移支付，提高对湿地生态修复和湿地生态工程建设的专项财政拨款、财政贴息和税收优惠等财政支出比例，在政策安排上向湿地自然保护区、重要生态功能区倾斜，建立纵向投入长效机制，因地制宜出台湿地生态补偿引导性政策和激励约束措施，调动省级以下地方政府绿色发展的积极性。鼓励地方加强重点流域跨省上下游横向生态补偿机制建设，开展跨区域联防联治。对生态功能特别重要的跨省和跨地市重点流域实施横向生态保护补偿，中央和省级财政分别给予适当奖励，通过对口协作、产业转移、人才培训、共建园区、购买生态产品和服务等方式，促进受益地区与生态保护地区良性互动。另一方面，拓宽资金来源渠道。推进环境污染第三方治理，充分吸收转移支付资金、绿色金融资本以及社会公众和国际组织捐赠。打造绿色生态品牌，通过政策扶持、技术服务等形式，促进优势产业集聚壮大。开发基于水权、排污权等湿地资源环境权益的融资工具，如绿色股票、绿色期货等。在科学合理地控制总量的前提下，建立用水权、排污权的初始分配制度和市场交易制度。推广生态产业链金融模式，鼓励银行业金融机构提供绿色信贷服务、非金融企业和机构发行绿色债券以及保险机构创新绿色保险产品，参与湿地生态补偿。探索设立生态彩票，将公益金专款用于湿地生态补偿，助力生态保护和乡村振兴。

第十章
主要结论、创新点及研究展望

第一节　主要结论

在湿地生态补偿实施的背景下，本书深入分析和探讨了陕西省三县湿地生态补偿政策对农户生计、保护意愿和行为的影响以及农户对湿地生态补偿的响应，主要内容包括湿地生态补偿对农户生计的影响、湿地生态补偿对农户保护意愿和行为的影响、农户对湿地生态补偿标准和模式的需求等。具体研究结论有以下几个方面。

第一，从湿地生态补偿对农户生计资本和生计策略的影响机制来看，研究区域农户生计资本总量处于相对较低的水平，特别是金融资本、社会资本；参与补偿的农户生计资本低于未参与补偿的农户，高收入农户的人力资本、社会资本和金融资本较为丰富，贫困农户承担了更多的湿地保护责任；除自然资本外，湿地生态补偿对其他生计资本均有正向影响。参与农户通过牺牲湿地资源收益来保护生态环境，政府给予了农户经济补偿，在一定程度上提升了其生计资本。尽管如此，实现参与补偿农户生计的可持续性，根本上还是要提高农户创造财富、利用资源的自我发展能力。务工和种植业是全部农户投入时间和人数最多的两项生计活动，未参与补偿的农户比参与补偿的农户获得了更多自营和外出务工收入，且参与补偿的农户生产的农产品自用比例更高。由于生态补偿特别是冬水田保护、减少农药化肥使用等措施保留了冬水田传统的种植方式，节省了劳动时间，使自营和务工人数增加，这也是调研过程中参与补偿农户普遍反映的现实情况。湿地生态补偿实施导致农户生计资本发生变化，而这些变化又会使其生计策略选择从传统资源依赖型产业向非农产业转移，生计多样性指数有所提高。可见，湿地生态补偿对农户生计策略有积极影响，有利于促进乡村经济多元化发展、降低资源依赖和生态破坏程度。

第二，通过从客观收入和主观福祉两个角度分析湿地生态补偿对农户生计结果的影响，可以发现湿地生态补偿对农户家庭收入有一定贡献，主要是人均非农收入的提高，而人均林业收入和人均种植业收入有所下降。湿地生态补偿政策直接改变了农户长期形成的农业生产方式和土地利用形式，间接促进了非农就业，通过物质激励农户开展湿地保护，使整个区域的生态状况在补偿以后明显好转。如果在未来较短的时间内，参与补偿的农户无法很快实现收入结构转变和收入来源多样化，则湿地生态补偿对农户收入的正向作用就会削弱。由于湿地生态补偿改变了农户的收入结构，即劳动力等要素从传统种植业转向非农产业，该区域农户非农收入有所提高，而种植业收入大大降低，同时限制了朱鹮巢树的木材采伐，导致该区域农户林业收入减少。因此，湿地生态补偿在一定程度上增加了农户的物质财富，政策干预会改变农户利用自然资源的方式，从而影响其收入来源构成和生计能力。

湿地生态补偿对农户福祉既有正面影响又有负面影响。研究发现，湿地生态补偿的实施改善了农户交通状况、住房条件、生态环境、垃圾治理、抵御风险能力、村干部能力认可度，而对资源获取能力、与周围人关系产生不利影响。农户资源获取能力下降是因为补偿政策限制了农户的资源利用，不利于农户农业收入的增加。对周围人不信任是因为补偿导致了农户之间的利益纠纷，所以在设计补偿政策时应考虑公平合理及农户参与意愿。近年来，当地林业局和保护区通过湿地恢复和社区共管等项目形式整改提升村容村貌，使农户切身感受到生态环境变好带来的实惠，满足了农户的生态需求。同时采取湿地保护措施增加了农业生产成本，如禁止砍伐朱鹮巢树、减少农药化肥使用、对冬水田翻犁蓄水等，有利于湿地保护和农户生计的协调发展。另外，由于湿地生态补偿实施并不能覆盖所有因保护受损的社区和农户，没有得到应有补偿的社区和农户就会有不满情绪，进而破坏了社区和农户之间的和谐相处，农户的经济需求和社会关系需求没有实现。

第三，湿地生态补偿政策促进了农户湿地保护意愿和行为。尽管政府主管部门和保护区加大了生态保护的宣传力度，该区域农户湿地保护意识仍有待增强，尤其是需要了解更多湿地相关法律法规。农户认为补偿后湿地生态系统服务功能有所增强。其中，土壤形成、净化水质、提供食物、休闲娱乐、提供淡水、景观审美功能明显变好，调节气候和防控自然灾害功能基本没变，大多数农户对湿地的生态旅游和优美景观功能认知度提高。自愿参加湿地生态补偿的农户逐渐增多，对湿地生态补偿年限和模式基本满意，但半数以上的农户对补偿标准不满意。农户的行为态度有利于其湿地保护意愿的提高，而湿地保护意愿又会对农户湿地保护行为有明显的促进作用，湿地生态补偿政策对农户湿地保护意愿也有显著正向影响，最终证明了湿地生态补偿政策推行的积极效果。因此，湿地保护管理部门应该建立生态补偿跟踪调查机制、水田保护好坏评价奖励机制，同时给予农户更多参与湿地保护活动的机会，为农户绿色农业生产提供后续指导。但湿地生态补偿政策会导致农户产生短期利益行为和对未来不稳定的预期，在一定程度上难以对农户湿地保护行为形成长期有效的激励。

第四，湿地生态补偿标准的制定应综合考虑补偿年限、耕地划入比例、农药化肥减少比例、补偿支付水平等各方面的因素。其中补偿年限、耕地划入比例、农药化肥减少比例对补偿标准的影响为负。在家庭人口特征中，年龄对农户受偿意愿有显著负向影响，受教育程度、居住在保护区内、保护认知、家庭人口数和家庭人均年收入对农户受偿意愿有显著正向影响。研究区域农户年受偿意愿的均值为 608.56 元/公顷，若延长 1 年的补偿期，需要额外对每公顷土地补偿 9.30 元；若耕地划入面积增加 10%，需要额外对每公顷土地补偿 63.24 元；若农户减少 10% 的农药化肥使用量，需要额外对每公顷土地补偿 500.39 元，这为我国制定湿地生态补偿标准提供了理论依据。目前，湿地生态补偿标准能够弥补朱鹮踩踏秧苗的损失，但并不能解决减少农药化肥使用导致的收入下降问题。研究发现，农户最关注的就是补偿的可持续性、冬水田保护范围、农药化肥使用减少量、每公顷土地补偿金额，这 4 个指标与农户经济利益密切相关。年龄越大的农户越愿意服从国家湿地生态补偿政策，受教育程度越高、居住在保护区内、保护认知越高、家庭人口数越多、家庭人均年收入越高的农户认为湿地保护会带来利益损失，维护自身合法权益的愿望越强烈。因此，湿地生态补偿标准应考虑地区和个体的差异性，合理制定补偿标准是湿地生态补偿政策实施的关键。

第五，目前多数农户倾向于有形的资金和实物补偿，从而提高家庭的自然资本和物质资本，未来湿地生态补偿将侧重于提高农户的人力资本、社会资本和金融资本，通过对农户"损失什么—损失多少—补偿什么—补偿多少"的科学评估与判断，建立不同生计水平和类型的湿地生态补偿模式。而农户对湿地生态补偿模式的选择受多方面因素的影响。资金补偿和实物补偿是现阶段政府补贴农户的主要模式，且都是有形物品，在一定程度上对农户生计有正向影响，如增加生产生活资料、提高资源利用效率等。农户的个体特征、家庭特征等因素会影响其选择何种生态补偿模式，而影响程度各有差异。男性作为一家之主，更多地考虑养家糊口，年龄小、受教育程度低、未参加农业技术培训、不是村干部、家庭收入低、没有电脑、对湿地生态补偿模式满意、对补偿金额不满意、认为补偿不能弥补损失、没有意识到保护湿地重要性的农户没有充分认识到智力补偿、项目补偿和政策补偿的重要作用，农田质量高、湿地开垦面积大的农户普遍认为湿地保护造成的经济损失较大，只有资金补偿和实物补偿才能直接弥补。因此，政府在制定湿地生态补偿政策时要灵活调整优化补偿模式，既要维护农户基本利益，又要注重实现生计的可持续性，最终建立以农户需求为导向的生态补偿机制。

第六，根据湿地生态补偿制度的综合评价结果，得出现行湿地生态补偿实施面临的压力有所增加，且人为压力大于自然压力，2012年人为压力指数为0.1631，自然压力指数为0.1522，2016年人为压力指数为0.2004，自然压力指数为0.1701；在此过程中必然会受到当地经济、生态和社会环境的影响，尤其是生态状况，2012年和2016年生态状况指数分别为0.2146、0.2248；近年来，湿地生态补偿总效益呈上升趋势，由2012年的0.1513上升为2016年的0.2121，增加程度从大到小依次为生态效益、经济效益和社会效益，2012年三种效益指数分别为0.3421、0.3354和0.2980，2016年三种效益指数分别为0.3763、0.3679和0.3152。这说明人类对湿地生态环境状况做出的响应也在不断增强，湿地生态补偿工作取得成效。随着湿地生态补偿政策的不断推进，朱鹮栖息地恶化的趋势得到遏制。湿地生态补偿仅仅是一个政策手段，生态保护仍面临巨大压力，政策全面推行及完善是未来工作的重点。基于以上研究结论，本书构建了生态文明背景下进一步完善湿地生态补偿的制度框架，包括补偿主客体、补偿标准、补偿模式、资金来源和相关制度保障，并从湿地生态补偿对农户生计、保护意愿和行为的影响及农户对湿地生态补偿政策的需求出发提出了有针对性的政策建议。

第二节　研究创新点

目前，国内外研究更多聚焦湿地生态补偿政策的进展和配套政策设计，但关注湿地生态补偿对农户的影响机理较少，尤其是缺乏湿地生态补偿对农户生计和行为响应影响的实证研究。因此，基于微观农户视角，本书较全面、综合地分析了朱鹮栖息湿地生态补偿政策效果及优化建议。具体创新之处有以下几个方面。

第一，学术思想的创新。农户是湿地生态补偿的重要利益相关者，农户实际利益、意愿行为和政策需求直接影响湿地生态补偿的可持续性，因此基于农户视角研究如何完善我国湿地生态补偿政策，有助于增强本书的现实针对性。在现行湿地生态补偿实施过程中，容易忽视农户生计和保护行为这两个核心问题，以及其与补偿标准和补偿模式的内在逻辑关系，运用系统思维提出完善湿地生态补偿制度的对策建议。

第二，学术观点的创新。首先，湿地生态补偿是一种解决湿地保护外部性问题和实现资源可持续利用的利益协调机制。其次，湿地生态补偿在一定程度上改善了农户生计资本和生计策略，同时对农户收入和主观福祉有双重影响。再次，湿地生态补偿是一个联动过程，农户的行为态度有利于其湿地保护意愿的提高，而湿地保护意愿又会对农户湿地保护行为有促进作用，补偿政策对农户湿地保护意愿和行为有显著正向影响。最后，制定补偿标准和补偿模式时不仅要考虑弥补农户损失，也要考虑如何通过项目补偿、智力补偿等新方式提升农户可持续生计能力。

第三，研究方法的创新。本书采用 ArcGIS 技术进行空间的一般性分析，结合倾向得分匹配法（PSM）、似不相关模型（SUR）、结构方程模型（SEM）、选择实验法（CE）等定量方法，探讨湿地生态补偿对农户生计、保护意愿和行为的影响，分析农户对湿地生态补偿标准和模式的需求，使结论更具科学性和准确性。

第三节　研究不足及展望

本书是以朱鹮栖息湿地生态补偿为出发点，从农户生计、行为响应和政策需求的角度，利用一手调研数据和二手统计资料分析了湿地生态补偿对农户可持续生计的影响，在此基础上分析了湿地生态补偿对农户保护意愿和行为的影响，以及农户对湿地生态补偿标准和模式的需求。但是，由于研究能力与数据获取有限，本书仍然存在不足之处。在未来的研究中，可从以下几个方面完善。

首先，本书选取了陕西省 1002 家农户进行调研，试图反映研究区域湿地生态补偿政策的影响和效果。2014 年，中央财政湿地生态效益补偿资金投入 6.4 亿元，选取 21 个国家级湿地自然保护区（其中有 11 个国际重要湿地）作为试点，因此研究区域湿地生态补偿政策并不能完全代表所有试点的情况。因此，今后研究可以继续在中国其他省份湿地生态补偿试点进行深入研究，更加全面客观地评价中国湿地生态补偿制度及其实施情况。

其次，本书仅基于农户视角探讨湿地生态补偿政策的影响和效果，但湿地生态补偿实施对其他利益相关者的影响涉及较少，如资源开发利用企业等，下一步重点在充分挖掘现阶段湿地生态补偿相关科研成果的基础上，使湿地生态补偿政策影响机制和效果评价更加科学、准确。

最后，在生态文明建设过程中，湿地生态补偿政策更加受到政府和学者的高度关注。随着保护区项目结束、农户生计方式转变，湿地生态补偿对农户生计、保护意愿和行为的影响将会不断变化。因此，今后研究还需要充分了解农户的发展需求、湿地生态补偿的政策目标、国内外社会经济环境的变化，提出新形势下湿地生态补偿政策如何协调好保护与发展之间的关系。

参考文献

安迪、许建初，2003，《可持续生计框架：对云南的生物多样性保护与社区发展的针对性》，云南省生物多样性和传统知识研究会社区生计部研究报告。

敖长林、刘芳芳、焦扬等，2012，《三江平原湿地生态价值属性选择分析》，《农业技术经济》第 7 期。

鲍达明、谢屹、温亚利，2007，《构建中国湿地生态效益补偿制度的思考》，《湿地科学》第 2 期。

毕安平、杨云燕、唐令玉，2013，《南安市土地利用效率与产业结构升级》，《内江师范学院学报》第 10 期。

蔡志海，2010，《汶川地震灾区贫困村农户生计资本分析》，《中国农村经济》第 12 期。

曹明德，2005，《试论建立我国生态补偿制度》，载王金南、庄国泰编《国际研讨会论文集：生态补偿机制与政策设计》，中国环境科学出版社。

曹小玉、吕勇、张晓蕾等，2008，《湖南省湿地生态效益补偿机制初探》，《西北林学院学报》第 5 期。

曹扬、刘晶晶，2005，《退耕还林过程中政府与农户行为的博弈分析》，《宁夏社会科学》第 5 期。

陈丹红，2005，《构建生态补偿机制实现可持续发展》，《生态经济》

第 12 期。

陈汉圣、张文宝、曹力群，1998，《农户收入差异问题研究》，《农业经济问题》第 9 期。

陈和午，2004，《农户模型的发展与应用：文献综述》，《农业技术经济》第 3 期。

陈林，2014，《宁夏哈巴湖自然保护区周边农户可持续生计研究》，硕士学位论文，西北农林科技大学。

陈强，2014，《高级计量经济学及 Stata 应用（第二版）》，高等教育出版社。

陈仁杰、钱海雷、阚海东等，2009，《水质评价综合指数法的研究进展》，《环境与职业医学》第 6 期。

陈兆开，2009，《我国湿地生态补偿问题研究》，《生态经济》第 5 期。

陈哲璐、程煜、周美玲，2022，《国家公园原住民对野生动物肇事的认知、意愿及其影响因素——以武夷山国家公园为例》，《生态学报》第 7 期。

陈卓，2015，《集体林区农户生计策略类型与生计满意度研究》，硕士学位论文，浙江农林大学。

程名望、史清华，2010，《农村剩余劳动力转移陷阱：动态模型与解释》，《农业技术经济》第 4 期。

程艳军，2006，《中国流域生态服务补偿模式研究》，硕士学位论文，中国农业科学院。

崔丽娟，2004，《鄱阳湖湿地生态系统服务功能价值评估研究》，《生态学杂志》第 4 期。

戴广翠、王福田、夏郁芳，2012，《关于建立我国湿地生态补偿制度的思考》，《林业经济》第 5 期。

邓远建、肖锐、严立冬，2015，《绿色农业产地环境的生态补偿政策绩效评价》，《中国人口·资源与环境》第 1 期。

都阳，1999，《贫困地区农户参与非农工作的决定因素研究》，《农业技术经济》第 4 期。

段伟，2016，《保护区生物多样性保护与农户生计协调发展研究》，博士学位论文，北京林业大学。

段伟、温亚利、王昌海，2013，《劳动力转移对朱鹮保护区周边环境的影响分析》，《资源科学》第 6 期。

傅晨、狄瑞珍，2000，《贫困农户行为研究》，《中国农村观察》第 2 期。

高玫，2013，《流域生态补偿模式比较与选择》，《江西社会科学》第 11 期。

高琴、敖长林、毛碧琦等，2017，《基于计划行为理论的湿地生态系统服务支付意愿及影响因素分析》，《资源科学》第 5 期。

葛颜祥、梁丽娟、王蓓蓓等，2009，《黄河流域居民生态补偿意愿及支付水平分析——以山东省为例》，《中国农村经济》第 10 期。

葛颜祥、王蓓蓓、王燕，2011，《水源地生态补偿模式及其适用性分析》，《山东农业大学学报》（社会科学版）第 2 期。

耿翔燕、葛颜祥、王爱敏，2017，《水源地生态补偿综合效益评价研究——以山东省云蒙湖为例》，《农业经济问题》第 4 期。

龚亚珍、韩炜、M. Bennett 等，2016，《基于选择实验法的湿地保护区生态补偿政策研究》，《自然资源学报》第 2 期。

巩芳、张鑫雨，2022，《草原生态补奖背景下牧户福祉的变化及差异性分析——以东乌珠穆沁旗为例》，《内蒙古师范大学学报》（自然科学汉文版）第 5 期。

谷振宾、李杰、王月华，2015，《湿地生态效益补偿：经验与思考——中央财政湿地生态效益补偿试点调研报告》，《林业经济》第 8 期。

管毓和，2010，《湿地保护与生计替代》，《世界环境》第 3 期。

郭圣乾、张纪伟，2013，《农户生计资本脆弱性分析》，《经济经纬》第 3 期。

郭跃，2012，《鄱阳湖生态经济区湿地生态补偿标准研究——以吴城为例》，《中国管理科学》第 S2 期。

韩洪云、喻永红，2014，《退耕还林生态补偿研究——成本基础、接受意愿抑或生态价值标准》，《农业经济问题》第 4 期。

韩鹏、黄河清、甄霖等，2012，《基于农户意愿的脆弱生态区生态补偿模式研究——以鄱阳湖区为例》，《自然资源学报》第 4 期。

韩秋影、黄小平、施平，2007，《生态补偿在海洋生态资源管理中的应用》，《生态学杂志》第 1 期。

郝海广、勾蒙蒙、张惠远等，2018，《基于生态系统服务和农户福祉的生态补偿效果评估研究进展》，《生态学报》第 19 期。

郝文渊、杨东升、张杰等，2014，《农牧民可持续生计资本与生计策略关系研究——以西藏林芝地区为例》，《干旱区资源与环境》第 10 期。

何国梅，2005，《构建西部全方位生态补偿机制保证国家生态安全》，《贵州财经学院学报》第 4 期。

何仁伟、刘邵权、刘运伟等，2014，《典型山区农户生计资本评价及其空间格局——以四川省凉山彝族自治州为例》，《山地学报》第 6 期。

何学欢，2019，《大学生环境责任行为影响因素研究——基于价值—信念—规范理论》，《淮海工学院学报》（人文社会科学版）第 8 期。

赫晓霞、栾胜基，2006，《农户经济行为方式对农村环境的影响》，《生态环境》第 2 期。

洪尚群、吴晓青、段昌群等，2001，《补偿途径和方式多样化是生态补偿基础和保障》，《环境科学与技术》第 S2 期。

侯成成、赵雪雁、张丽等，2012，《基于熵组合权重属性识别模型的草原生态安全评价——以甘南黄河水源补给区为例》，《干旱区资源与环境》第 8 期。

侯雨峰、陈传明、胡国建，2018，《福建闽江河口湿地国家级自然保护区社区居民可持续生计评价与分析》，《湿地科学》第 4 期。

胡振通，2016，《中国草原生态补偿机制——基于内蒙甘肃两省（区）的实证研究》，博士学位论文，中国农业大学。

《环境科学大辞典》编辑委员会，1991，《环境科学大辞典》，中国环境科学出版社。

黄建伟，2011，《失地农民可持续生计问题的研究意义与研究设计》，《国土与自然资源研究》第 1 期。

黄杰龙、王旭、王立群，2019，《政策落实、农户参与和脱贫增收的山区治贫有效性研究》，《公共管理学报》第 3 期。

江进德、赵雪雁、张丽等，2012，《农户对替代生计的选择及其影响因素分析——以甘南黄河水源补给区为例》，《自然资源学报》第 4 期。

江秀娟，2010，《生态补偿类型与方式研究》，硕士学位论文，中国海洋大学。

姜波、姚顺波、王怡菲，2011，《农户参与公益林建设意愿影响因素的实证分析——基于广西、湖南、河南3省调查问卷》，《林业经济》第3期。

姜宏瑶、温亚利，2010，《我国湿地保护管理体制的主要问题及对策》，《林业资源管理》第3期。

蒋依依、宋子千，2014，《重塑旅游业在区域生态补偿中的功能：云南省玉龙县案例的思考》，《旅游学刊》第4期。

靳乐山、徐珂、庞洁，2020，《生态认知对农户退耕还林参与意愿和行为的影响——基于云南省两贫困县的调研数据》，《农林经济管理学报》第6期。

靳乐山、甄鸣涛，2008，《流域生态补偿的国际比较》，《农业现代化研究》第2期。

靳宇弯、杨薇、孙涛等，2015，《围填海活动对黄河三角洲滨海湿地生态系统的影响评估》，《湿地科学》第6期。

孔东升、郭有燕、张灏，2014，《黑河湿地自然保护区生态功能变化的驱动力》，《草业科学》第4期。

孔凡斌，2007，《退耕还林（草）工程生态补偿机制研究》，《林业科学》第1期。

孔凡斌、潘丹、熊凯，2014，《建立鄱阳湖湿地生态补偿机制研究》，《鄱阳湖学刊》第1期。

黎洁、李亚莉、邰秀军等，2009，《可持续生计分析框架下西部贫困退耕山区农户生计状况分析》，《中国农村观察》第5期。

李斌、李小云、左停，2004，《农村发展中的生计途径研究与实践》，《农业技术经济》第4期。

李伯华、窦银娣、杨振等，2011，《社会关系网络变迁对农户贫困脆弱性的影响——以湖北省长岗村为例的实证研究》，《农村经济》第3期。

李彩红，2014，《水源地生态保护成本核算与外溢效益评估研究》，博士学位论文，山东农业大学。

李聪、李树苗、费尔德曼等，2010，《劳动力迁移对西部贫困山区农户生计资本的影响》，《人口与经济》第6期。

李聪、柳玮、黄谦，2014，《陕南移民搬迁背景下农户生计资本的现状与影响因素分析》，《当代经济科学》第 6 期。

李芬、甄霖、黄河清等，2009，《土地利用功能变化与利益相关者受偿意愿及经济补偿研究——以鄱阳湖生态脆弱区为例》，《资源科学》第 4 期。

李惠梅，2013，《三江源草地生态保护中牧户的福利变化及补偿研究》，博士学位论文，华中农业大学。

李惠梅、张安录，2013，《基于福祉视角的生态补偿研究》，《生态学报》第 4 期。

李继刚、毛阳海，2012，《可持续生计分析框架下西藏农牧区贫困人口生计状况分析》，《西北人口》第 1 期。

李姣，2014，《基于湿地依赖—承载力的洞庭湖区系统耦合及对策研究》，博士学位论文，北京林业大学。

李京梅、陈琦、姚海燕，2015，《基于选择实验法的胶州湾湿地围垦生态效益损失评估》，《资源科学》第 1 期。

李军龙，2013，《森林生态补偿对农户生计资本影响的实证研究——以闽江源流域为例》，《宜宾学院学报》第 4 期。

李茜、毕如田，2008，《替代生计对农民可持续生计影响的研究——以山西西北四县为例》，《农业与技术》第 1 期。

李强、张惠、李武艳等，2015，《基于多元 logistic 回归模型的城乡结合部规划实施驱动力分析》，《土地经济研究》第 1 期。

李庆海、孙瑞博、李锐，2014，《农村劳动力外出务工模式与留守儿童学习成绩——基于广义倾向得分匹配法的分析》，《中国农村经济》第 10 期。

李荣耀、张钟毓，2013，《基于农户受偿意愿的林地管护补偿标准研究——以陕西省吴起县为例》，《林业经济》第 10 期。

李文华、李芬、李世东等，2006，《森林生态效益补偿的研究现状与展望》，《自然资源学报》第 5 期。

李文华、李芬、李世东等，2007，《森林生态效益补偿机制与政策研究》，《生态经济》第 11 期。

李小云、董强、饶小龙等，2007，《农户脆弱性分析方法及其本土化应用》,《中国农村经济》第 4 期。

李晓光、苗鸿、郑华等,2009,《机会成本法在确定生态补偿标准中的应用——以海南中部山区为例》,《生态学报》第 9 期。

李燕凌、李立清,2009,《新型农村合作医疗卫生资源利用绩效研究——基于倾向得分匹配法(PSM)的实证分析》,《农业经济问题》第 10 期。

李云成、刘昌明、于静洁,2006,《三江平原湿地保护与耕地开垦冲突权衡》,《北京林业大学学报》第 1 期。

栗明、陈吉利、吴萍,2011,《从生态中心主义回归现代人类中心主义——社区参与生态补偿法律制度构建的环境伦理观基础》,《广西社会科学》第 11 期。

梁流涛、许立民,2013,《生计资本与农户的土地利用效率》,《中国人口·资源与环境》第 3 期。

梁义成、李树苗、李聪,2011,《基于多元概率单位模型的农户多样化生计策略分析》,《统计与决策》第 15 期。

梁义成、刘纲、马东春等,2013,《区域生态合作机制下的可持续农户生计研究——以"稻改旱"项目为例》,《生态学报》第 3 期。

廖玉静、宋长春、郭跃东等,2009,《基于 PRA 方法的社区居民对湿地生态系统稳定性及退耕政策的认知分析》,《自然资源学报》第 6 期。

刘春腊、刘卫东、徐美,2014,《基于生态价值当量的中国省域生态补偿额度研究》,《资源科学》第 1 期。

刘冬平、王超、庆保平等,2014,《朱鹮保护 30 年——基于社区的极小种群野生动物保护典范》,《四川动物》第 4 期。

刘峰江、李希昆,2005,《生态市场补偿制度研究》,《云南财贸学院学报》(社会科学版)第 1 期。

刘婧、郭圣乾,2012,《可持续生计资本对农户收入的影响:基于信息熵法的实证》,《统计与决策》第 17 期。

刘军弟、霍学喜、黄玉祥等,2012,《基于农户受偿意愿的节水灌溉补贴标准研究》,《农业技术经济》第 11 期。

刘丽,2010,《我国国家生态补偿机制研究》,博士学位论文,青岛大学。

刘人瑜、庄天慧、杨锦秀，2013，《民族地区农民参与培训的出资行为分析——以西南三省为例》，《农业技术经济》第 12 期。

刘书朋，2010，《天祝县退牧还草工程对牧户家庭畜牧业的影响及牧民的响应研究》，硕士学位论文，兰州大学。

刘秀丽、张勃、郑庆荣等，2014，《黄土高原土石山区退耕还林对农户福祉的影响研究——以宁武县为例》，《资源科学》第 2 期。

刘雅玲、罗雅谦、张文静等，2016，《基于压力—状态—响应模型的城市水资源承载力评价指标体系构建研究》，《环境污染与防治》第 5 期。

刘子刚、卫文斐、刘喆，2015，《我国湿地生态补偿存在的问题及对策》，《湿地科学与管理》第 4 期。

卢世柱，2007，《涉及自然保护区的建设项目生态补偿机制探讨——以广西林业系统自然保护区为例》，《广西林业科学》第 4 期。

卢松、陆林、凌善金等，2003，《湖区农户对湿地资源和环境的感知研究》，《地理科学》第 6 期。

陆文聪、余安，2011，《浙江省农户采用节水灌溉技术意愿及其影响因素》，《中国科技论坛》第 11 期。

吕忠梅，2003，《绿色民法典：环境问题的应对之路》，《法商研究》第 6 期。

栾江，2014，《中国西部地区农村居民受教育程度对收入水平的影响研究》，博士学位论文，北京林业大学。

《马克思恩格斯全集》（第 23 卷），人民出版社，1972。

《马克思恩格斯全集》（第 42 卷），人民出版社，2016。

《马克思恩格斯全集》（第 46 卷），人民出版社，2003。

《马克思恩格斯选集》（第 1 卷），人民出版社，2012。

《马克思恩格斯选集》（第 2 卷），人民出版社，2012。

《马克思恩格斯选集》（第 3 卷），人民出版社，2012。

马庆华、杜鹏飞，2015，《新安江流域生态补偿政策效果评价研究》，《中国环境管理》第 3 期。

马小明、张立勋，2002，《基于压力-状态-响应模型的环境保护投资分析》，《环境保护》第 11 期。

麦少芝、徐颂军、潘颖君，2005，《PSR 模型在湿地生态系统健康评价中的应用》，《热带地理》第 4 期。

毛德华、魏维、黄婕等，2013，《洞庭湖生态经济区城市土地低碳利用综合测度与实施途径》，2013 洞庭湖发展论坛文集。

毛显强、张胜、钟瑜，2002，《生态补偿的理论探讨》，《中国人口·资源与环境》第 4 期。

蒙吉军、艾木入拉、刘洋等，2013，《农牧户可持续生计资产与生计策略的关系研究——以鄂尔多斯市乌审旗为例》，《北京大学学报》（自然科学版）第 2 期。

倪才英、曾珩、汪为青，2009，《鄱阳湖退田还湖生态补偿研究（Ⅰ）——湿地生态系统服务价值计算》，《江西师范大学学报》（自然科学版）第 6 期。

欧阳志云、郑华，2009，《生态系统服务的生态学机制研究进展》，《生态学报》第 11 期。

欧阳志云、郑华、岳平，2013，《建立我国生态补偿机制的思路与措施》，《生态学报》第 3 期。

潘景璐，2013，《基于生境压力的发展对秦岭生物多样性保护影响研究》，博士学位论文，北京林业大学。

潘理虎、黄河清、姜鲁光等，2010，《基于人工社会模型的退田还湖生态补偿机制实例研究》，《自然资源学报》第 12 期。

庞爱萍、李春晖、刘坤坤等，2010，《基于水环境容量的漳卫南流域双向生态补偿标准计算》，《中国人口·资源与环境》第 S2 期。

庞洁、徐珂、靳乐山，2021，《湿地生态补偿对农户生计策略和收入的影响研究——以鄱阳湖区调研数据为例》，《中国土地科学》第 4 期。

彭长生，2013，《城市化进程中农民迁居选择行为研究——基于多元 Logistic 模型的实证研究》，《农业技术经济》第 3 期。

蒲秋实，2008，《基于 PSR 框架的小城镇土地集约利用评价指标体系研究》，硕士学位论文，东北师范大学。

钱水苗，2005，《论政府在排污权交易市场中的职能定位》，《中州学刊》第 3 期。

丘水林、靳乐山，2022，《资本禀赋对生态保护红线区农户人为活动限制受偿意愿的影响》，《中国人口·资源与环境》第 1 期。

任勇、冯东方、俞海，2008，《中国生态补偿理论与政策框架设计》，中国环境科学出版社。

任勇、俞海、冯东方等，2006，《建立生态补偿机制的战略与政策框架》，《环境保护》第 19 期。

赛斐、韩锋、王昌海等，2013，《朱鹮保护区农户选择冬水田耕作的影响因素分析》，《林业经济》第 2 期。

尚海洋、苏芳，2012，《生态补偿方式对农户生计资本的影响分析》，《冰川冻土》第 4 期。

沈满洪，1997，《论环境经济手段》，《经济研究》第 10 期。

沈满洪、高登奎，2008，《生态经济学》，中国环境科学出版社。

沈满洪、陆菁，2004，《论生态保护补偿机制》，《浙江学刊》第 4 期。

师通波，2013，《基于 PSR-AHP 模型的房地产调控政策绩效评价研究》，硕士学位论文，重庆大学。

石春娜、姚顺波、陈晓楠等，2016，《基于选择实验法的城市生态系统服务价值评估——以四川温江为例》，《自然资源学报》第 5 期。

石惠春、赵勇、杨二俊等，2008，《基于 CVM 的民勤绿洲生态系统服务价值评估》，《干旱区资源与环境》第 7 期。

史恒通、睢党臣、徐涛等，2017，《生态价值认知对农民流域生态治理参与意愿的影响——以陕西省渭河流域为例》，《中国农村观察》第 2 期。

史月兰等，2014，《基于生计资本路径的贫困地区生计策略研究——广西凤山县四个可持续生计项目村的调查》，《改革与战略》第 4 期。

宋先松，2005，《西部地区生态建设补偿机制和评价体系研究》，硕士学位论文，西北师范大学。

苏芳、尚海洋，2013，《生态补偿方式对农户生计策略的影响》，《干旱区资源与环境》第 2 期。

苏芳、尚海洋、聂华林，2011，《农户参与生态补偿行为意愿影响因素分析》，《中国人口·资源与环境》第 4 期。

苏芳、徐中民、尚海洋，2009，《可持续生计分析研究综述》，《地球科学进展》第 1 期。

苏红岩、李京梅，2016，《基于改进选择实验法的广西红树林湿地修复意愿评估》，《资源科学》第 9 期。

苏磊、付少平，2011，《农户生计方式对农村生态的影响及其协调策略——以陕北黄土高原为个案》，《湖南农业大学学报》（社会科学版）第 3 期。

孙博、段伟、丁慧敏等，2017，《基于选择实验法的湿地保护区农户生态补偿选择分析——以陕西汉中朱鹮国家级自然保护区周边社区为例》，《资源科学》第 9 期。

孙博、刘倩倩、王昌海等，2016a，《农户生计研究综述》，《林业经济》第 4 期。

孙博、谢屹、温亚利，2016b，《中国湿地生态补偿机制研究进展》，《湿地科学》第 1 期。

孙鹏、朱卫红，2010，《基于层次分析法的图们江下游湿地价值综合评价》，《国土与自然资源研究》第 5 期。

谭灵芝，2013，《气候变化对干旱区家庭生计脆弱性影响的空间分析——以新疆于田绿洲为例》，《中国人口科学》第 3 期。

谭秋成，2009，《关于生态补偿标准和机制》，《中国人口·资源与环境》第 6 期。

檀学文，2013，《时间利用对个人福祉的影响初探——基于中国农民福祉抽样调查数据的经验分析》，《中国农村经济》第 10 期。

汤青、徐勇、李扬，2013，《黄土高原农户可持续生计评估及未来生计策略——基于陕西延安市和宁夏固原市 1076 户农户调查》，《地理科学进展》第 2 期。

唐圣因、李京梅，2018，《美国湿地补偿银行制度运转的关键点及对中国的启示》，《湿地科学》第 6 期。

田素妍、陈嘉烨，2014，《可持续生计框架下农户气候变化适应能力研究》，《中国人口·资源与环境》第 5 期。

万军、张惠远、王金南等，2005，《中国生态补偿政策评估与框架初探》，《环境科学研究》第 2 期。

汪达、汪明娜、汪丹，2003，《国际湿地保护策略及模式》，《湿地科学》第 2 期。

汪劲，2014，《中国生态补偿制度建设历程及展望》，《环境保护》第

5 期。

王蓓蓓、王燕、葛颜祥等，2009，《流域生态补偿模式及其选择研究》，《山东农业大学学报》（社会科学版）第 1 期。

王昌海，2017，《中国自然保护区给予周边社区了什么？——基于1998-2014 年陕西、四川和甘肃三省农户调查数据》，《管理世界》第3 期。

王昌海、崔丽娟、马牧源等，2012，《湿地资源保护经济学分析——以北京野鸭湖湿地为例》，《生态学报》第 17 期。

王成超、杨玉盛，2012，《基于农户生计策略的土地利用/覆被变化效应综述》，《地理科学进展》第 6 期。

王尔大、李莉、韦健华，2015，《基于选择实验法的国家森林公园资源和管理属性经济价值评价》，《资源科学》第 1 期。

王国成，2014，《基于 DPSIR 模型的草原生态补偿综合评价》，硕士学位论文，兰州大学。

王国峰、孙齐、武小萍等，2013，《我国湿地周围居民对湿地认知与使用农药意愿分析》，《西北林学院学报》第 5 期。

王火根、李娜，2017，《农户新能源技术应用意愿的影响因素分析》，《农林经济管理学报》第 2 期。

王金南、万军、张惠远，2006，《关于我国生态补偿机制与政策的几点认识》，《环境保护》第 10A 期。

王瑾、张玉钧、石玲，2014，《可持续生计目标下的生态旅游发展模式——以河北白洋淀湿地自然保护区王家寨社区为例》，《生态学报》第9 期。

王军锋、侯超波，2013，《中国流域生态补偿机制实施框架与补偿模式研究——基于补偿资金来源的视角》，《中国人口·资源与环境》第2 期。

王军锋、侯超波、闫勇，2011，《政府主导型流域生态补偿机制研究——对子牙河流域生态补偿机制的思考》，《中国人口·资源与环境》第7 期。

王立安、刘升、钟方雷，2012，《生态补偿对贫困农户生计能力影响的定量分析》，《农村经济》第 11 期。

王立国、丁晨希、彭剑峰等，2020，《森林公园旅游经营者碳补偿意愿的影响因素比较》，《经济地理》第 5 期。

王青瑶、马永双，2014，《湿地生态补偿方式探讨》，《林业资源管理》第 3 期。

王晓丽，2012，《论生态补偿模式的合理选择——以美国土地休耕计划的经验为视角》，《郑州轻工业学院学报》（社会科学版）第 6 期。

王宇、延军平，2010，《自然保护区村民对生态补偿的接受意愿分析——以陕西洋县朱鹮自然保护区为例》，《中国农村经济》第 1 期。

王玉娟，2008，《湿地保护立法比较研究》，硕士学位论文，中国地质大学（北京）。

温亚利、谢屹，2006，《中国湿地保护与利用关系的经济政策分析》，《北京林业大学学报》（社会科学版）第 S2 期。

吴春梅、林星、张伟，2014，《居民参与低碳补偿行为意愿的心理因素》，《科技管理研究》第 12 期。

吴静、王昌海、侯一蕾等，2013，《不同林业经营模式的选择及影响因素分析》，《北京林业大学学报》（社会科学版）第 4 期。

吴九兴、杨钢桥，2013，《农地整理中农民利益受损的受偿意愿及影响因素》，《华南农业大学学报》（社会科学版）第 4 期。

吴乐、孔德帅、靳乐山，2017，《生态补偿有利于减贫吗？——基于倾向得分匹配法对贵州省三县的实证分析》，《农村经济》第 9 期。

吴明隆，2009，《问卷统计分析实务：SPSS 操作与应用》，重庆大学出版社。

吴未、范诗薇、胡余挺等，2017，《基于成本收益分析的生境网络优化——以苏锡常地区白鹭为例》，《生态学报》第 6 期。

吴晓青、陀正阳、杨春明等，2002，《我国保护区生态补偿机制的探讨》，《国土资源科技管理》第 2 期。

吴旭鹏、金晓霞、刘秀华等，2010，《生计多样性对农村居民点布局的影响——以丰都县为例》，《西南农业大学学报》（社会科学版）第 5 期。

伍艳，2016，《贫困山区农户生计资本对生计策略的影响研究——基于四川省平武县和南江县的调查数据》，《农业经济问题》第 3 期。

武照亮、曹虎、靳敏，2023，《湿地保护对农户生计结果的影响及作用机制：基于自然保护区问卷调查的实证研究》，《生态与农村环境学报》第 7 期。

谢东梅，2009，《农户生计资产量化分析方法的应用与验证——基于福建省农村最低生活保障目标家庭瞄准效率的调研数据》，《技术经济》第 9 期。

谢高地、鲁春霞、成升魁，2001，《全球生态系统服务价值评估研究进展》，《资源科学》第 6 期。

谢花林、刘曲、姚冠荣等，2015，《基于 PSR 模型的区域土地利用可持续性水平测度——以鄱阳湖生态经济区为例》，《资源科学》第 3 期。

谢晋、蔡银莺，2016，《创新实践地区农户参与农田保护补偿政策成效的生计禀赋影响——苏州及成都的实证比较》，《资源科学》第 11 期。

谢婧、文一惠、朱媛媛等，2021，《我国流域生态补偿政策演进及发展建议》，《环境保护》第 7 期。

谢旭轩、张世秋、朱山涛，2010，《退耕还林对农户可持续生计的影响》，《北京大学学报》（自然科学版）第 3 期。

谢屹、温亚利，2006，《我国湿地保护中的利益冲突研究》，《北京林业大学学报》（社会科学版）第 4 期。

邢丽，2005，《关于建立中国生态补偿机制的财政对策研究》，《财政研究》第 1 期。

熊鹰、王克林、蓝万炼，2004，《洞庭湖区湿地恢复的生态补偿效应评估》，《地理学报》第 5 期。

徐大伟、常亮、侯铁珊等，2012，《基于 WTP 和 WTA 的流域生态补偿标准测算——以辽河为例》，《资源科学》第 7 期。

徐大伟、荣金芳、李斌，2013，《生态补偿的逐级协商机制分析：以跨区域流域为例》，《经济学家》第 9 期。

徐洪、涂红伟，2021，《景区环境质量对游客亲环境行为的影响研究——以武夷山风景名胜区为例》，《林业经济》第 12 期。

徐佳娈，2014，《湖南湿地资源资产产权管理体制改革的思考》，《湖南林业科技》第 2 期。

徐鹏、徐明凯、杜漪，2008，《农户可持续生计资产的整合与应用研究——基于西部 10 县（区）农户可持续生计资产状况的实证分析》，《农村经济》第 12 期。

徐永田，2011，《我国生态补偿模式及实践综述》，《人民长江》第 11 期。

许汉石、乐章，2012，《生计资本、生计风险与农户的生计策略》，《农业经济问题》第 10 期。

许恒周，2012，《基于农户受偿意愿的宅基地退出补偿及影响因素分析——以山东省临清市为例》，《中国土地科学》第 10 期。

许志华、卢静暄、曾贤刚，2021，《基于前景理论的受偿意愿与支付意愿差异性——以青岛市胶州湾围填海造地为例》，《资源科学》第 5 期。

闫峰陵、罗小勇、雷少平等，2010，《丹江口库区水土保持生态补偿标准的定量研究》，《中国水土保持科学》第 6 期。

严燕，2014，《浙江省山区农户生计及其影响因素研究》，硕士学位论文，浙江农林大学。

阎建忠、吴莹莹、张镱锂等，2009，《青藏高原东部样带农牧民生计的多样化》，《地理学报》第 2 期。

颜华，2006，《关于建立湿地生态补偿机制的思考——以黑龙江三江平原湿地为例》，《农业现代化研究》第 5 期。

杨邦杰、姚昌恬、严承高等，2011，《中国湿地保护的现状、问题与策略——湿地保护调查报告》，《中国发展》第 1 期。

杨光梅、闵庆文、李文华，2006，《基于 CVM 方法分析牧民对禁牧政策的受偿意愿：以锡林郭勒草原为例》，《生态环境》第 4 期。

杨凯，2013，《黄河三角洲高效生态经济区滨海湿地生态补偿机制研究》，硕士学位论文，山东师范大学。

杨舒涵、张术环，2009，《新型生态补偿机制的体系架构与实现路径研究》，《山东理工大学学报》（社会科学版）第 6 期。

杨欣、蔡银莺，2011，《国内外农田生态补偿的方式及其选择》，《中国人口·资源与环境》第 S2 期。

杨欣、蔡银莺，2012，《农田生态补偿方式的选择及市场运作——基于武汉市 383 户农户问卷的实证研究》，《长江流域资源与环境》第 5 期。

杨新荣，2014，《湿地生态补偿及其运行机制研究——以洞庭湖区为例》，《农业技术经济》第 2 期。

杨云彦，2010，《经济增长方式转变与人口均衡发展》，《人口与计划生育》第 5 期。

杨云彦、赵锋，2009，《可持续生计分析框架下农户生计资本的调查与分析——以南水北调（中线）工程库区为例》，《农业经济问题》第 3 期。

杨志敏，2009，《基于压力—状态—响应模型的三峡库区重庆段农业面源污染研究》，博士学位论文，西南大学。

姚莉萍、彭安明、朱红根，2016，《农户湿地生态补偿政策需求优先序及影响因素——基于鄱阳湖区 1009 份调查数据的分析》，《湖南农业大学学报》（社会科学版）第 3 期。

尤艳馨，2007，《我国国家生态补偿体系研究》，博士学位论文，河北工业大学。

于洪贤、姚允龙，2011，《湿地概论》，中国农业出版社。

于鲁冀、葛丽燕、梁亦欣，2011，《河南省水环境生态补偿机制及实施效果评价》，《环境污染与防治》第 4 期。

于淑玲、崔保山、闫家国等，2015，《围填海区受损滨海湿地生态补偿机制与模式》，《湿地科学》第 6 期。

于秀波、张琛、潘明麒，2006，《退田还湖后替代生计的经济评估研究——以洞庭湖西畔山洲垸为例》，《长江流域资源与环境》第 5 期。

喻光明、鲁迪、林小薇等，2008，《土地整理规划中的自然生态补偿评价方法探讨》，《生态环境》第 4 期。

张春丽、佟连军、刘继斌，2008，《湿地退耕还湿与替代生计选择的农民响应研究——以三江自然保护区为例》，《自然资源学报》第 4 期。

张大维，2011，《生计资本视角下连片特困区的现状与治理——以集中连片特困地区武陵山为对象》，《华中师范大学学报》（人文社会科学版）第 4 期。

张化楠、葛颜祥、接玉梅等，2019，《生态认知对流域居民生态补偿参与意愿的影响研究——基于大汶河的调查数据》，《中国人口·资源与环境》第 9 期。

张丽、赵雪雁、侯成成等，2012，《生态补偿对农户生计资本的影响——以甘南黄河水源补给区为例》，《冰川冻土》第 1 期。

张落成、李青、武清华，2011，《天目湖流域生态补偿标准核算探讨》，《自然资源学报》第 3 期。

张锐、郑华伟、刘友兆，2014，《基于压力-状态-响应模型与集对分析的土地利用系统健康评价》，《水土保持通报》第 5 期。

张素兰、张碧、刘翔等，2022，《中国绿色发展的基础理论、内涵、实现路径及成效》，《环境生态学》第 5 期。

张文彬、李国平，2017，《生态补偿、心理因素与居民生态保护意愿和行为研究——以秦巴生态功能区为例》，《资源科学》第 5 期。

张小琳，2014，《基于修正层次分析法的我国石油贸易风险问题研究》，博士学位论文，对外经济贸易大学。

张泽中，2009，《水库补偿机理和补偿效益计算方法研究》，博士学位论文，西安理工大学。

赵斐斐、陈东景、徐敏等，2011，《基于 CVM 的潮滩湿地生态补偿意愿研究——以连云港海滨新区为例》，《海洋环境科学》第 6 期。

赵建欣、张忠根，2007，《基于计划行为理论的农户安全农产品供给机理探析》，《财贸研究》第 6 期。

赵景柱、徐亚骏、肖寒等，2003，《基于可持续发展综合国力的生态系统服务评价研究——13 个国家生态系统服务价值的测算》，《系统工程理论与实践》第 1 期。

赵同谦、欧阳志云、王效科等，2003，《中国陆地地表水生态系统服务功能及其生态经济价值评价》，《自然资源学报》第 4 期。

赵文娟、杨世龙、徐蕊，2015，《元江干热河谷地区生计资本对农户生计策略选择的影响——以新平县为例》，《中国人口·资源与环境》第 S2 期。

赵雪雁，2011，《生计资本对农牧民生活满意度的影响——以甘南高原为例》，《地理研究》第 4 期。

赵雪雁、李巍、杨培涛等，2011，《生计资本对甘南高原农牧民生计活动的影响》，《中国人口·资源与环境》第 4 期。

赵雪雁、路慧玲、刘霜等，2012，《甘南黄河水源补给区生态补偿农户参与意愿分析》，《中国人口·资源与环境》第 4 期。

赵雪雁、张丽、江进德等，2013，《生态补偿对农户生计的影响——

以甘南黄河水源补给区为例》，《地理研究》第 3 期。

赵银军、魏开湄、丁爱中等，2012，《流域生态补偿理论探讨》，《生态环境学报》第 5 期。

赵正、孙博、杨文等，2016，《基于多群组结构方程模型的市民城市林业支付意愿及行为研究》，《林业经济问题》第 6 期。

郑海霞，2006，《中国流域生态服务补偿机制与政策研究——以 4 个典型流域为例》，博士学位论文，中国农业科学院。

郑云辰、葛颜祥、接玉梅等，2019，《流域多元化生态补偿分析框架：补偿主体视角》，《中国人口·资源与环境》第 7 期。

中国生态补偿机制与政策研究课题组，2007，《中国生态补偿机制与政策研究》，科学出版社。

钟瑜、张胜、毛显强，2002，《退田还湖生态补偿机制研究——以鄱阳湖区为案例》，《中国人口·资源与环境》第 4 期。

周晨、李国平，2015，《流域生态补偿的支付意愿及影响因素——以南水北调中线工程受水区郑州市为例》，《经济地理》第 6 期。

周易、付少平，2012，《生计资本对失地农民创业的影响——基于陕西省杨凌区的调研数据》，《华中农业大学学报》（社会科学版）第 3 期。

朱国宇、熊伟，2011，《模糊评价法与综合指数法在生态影响后评价中的应用比较研究》，《东北农业大学学报》第 2 期。

朱红根、江慧珍、康兰媛，2015，《基于农户受偿意愿的退耕还湿补偿标准实证分析——来自鄱阳湖区 1009 份调查问卷》，《财贸研究》第 5 期。

朱建军、胡继连、安康等，2016，《农地转出户的生计策略选择研究——基于中国家庭追踪调查（CFPS）数据》，《农业经济问题》第 2 期。

朱利凯、蒙吉军、刘洋等，2011，《农牧交错区农牧户生计与土地利用——以内蒙古鄂尔多斯市乌审旗为例》，《北京大学学报》（自然科学版）第 1 期。

庄大昌，2006，《基于 CVM 的洞庭湖湿地资源非使用价值评估》，《地域研究与开发》第 2 期。

左停、王智杰，2011，《穷人生计策略变迁理论及其对转型期中国反贫困之启示》，《贵州社会科学》第 9 期。

Adamowicz, W. L. 2007. "Innovative conservation policies for Canada that really integrate the environment and the economy. " Montreal: The Institute for Research on Public Policy.

Adams, C. A. 2004. "The ethical, social and environmental reporting-performance portrayal gap. " *Accounting, Auditing & Accountability Journal* 17 (5): 731-757.

Ajzen, I. 1991. "The theory of planned behavior. " *Organizational Behavior & Human Decision Processes* 50 (2): 179-211.

Ajzen, I., Fishbein, M. 1977. "Attitude-behavior relations: A theoretical analysis and review of empirical research." *Psychological Bulletin* 84 (5): 888-918.

Albrecht, M., Schmid, B., Obrist, M. K., et al. 2010. "Effects of ecological compensation meadows on arthropod diversity in adjacent intensively managed grassland. " *Biological Conservation* 143 (3): 642-649.

Ambastha, K., Hussain, S. A., Badola, R. 2007. "Social and economic considerations in conserving wetlands of indo-gangetic plains: A case study of Kabartal wetland, India." *Environmentalist* 27: 261-273.

Angelsen, A., Jagger, P., Babigumira, R., et al. 2014. "Environmental income and rural livelihoods: A global-comparative analysis. " *World Development* 64 (1): S12-S28.

Arhonditsis, G. B., Stow, C. A., Steinberg, L. J., et al. 2006. "Exploring ecological patterns with structural equation modeling and Bayesian analysis. " *Ecological Modelling* 192 (3): 385-409.

Asquith, N. M., Vargas, M. T., Wunder, S. 2008. "Selling two environmental services: In-kind payments for bird habitat and watershed protection in Los Negros, Bolivia." *Ecological Economics* 65 (4): 675-684.

Baral, N., Stern, M. J. 2011. "A comparative study of two community-based conservation models in Nepal. " *Biodiversity and Conservation* 20 (11): 2407-2426.

Bebbington, A. 1999. "Capitals and capabilities: A framework for analyzing peasant viability, rural livelihoods. " *World Development* 27 (12):

2021-2044.

BenDor, T., Brozović, N. 2007. "Determinants of spatial and temporal patterns in compensatory wetland mitigation." *Environmental Management* 40 (3): 349-364.

Birol, E., Karousakis, K., Koundouri, P. 2006. "Using choice experiment to account for preference heterogeneity in wetland attributes: The case of Cheimaditida wetland in Greece." *Ecological Economics* 60 (1): 145-156.

Blignaut, J., Mander, M., Schulze, R., et al. 2010. "Restoring and managing natural capital towards fostering economic development: Evidence from the Drakensberg, South Africa." *Ecological Economics* 69 (6): 1313-1323.

Block, S., Webb, P. 2001. "The dynamics of livelihood diversification in post-famine Ethiopia." *Food Policy* 26 (4): 333-350.

Bollen, K. A., Long, J. S. 1993. *Testing Structural Equation Models*. Newbury Park: Sage.

Brinson, M. M. "A hydrogeomorphic classification for wetlands." East Carolin Univ Greenvill NC, 1993.

Brownstone, D., Train, K. 1999. "Forecasting new product penetration with flexible substitution patterns." *Journal of Econometrics* 89 (1-2): 109-129.

Bulte, E. H, Lipper, L., Stringer, R., et al. 2008. "Payments for ecosystem services and poverty reduction: Concepts, issues and empirical perspectives." *Environment and Development Economics* 13 (3): 245-254.

Burnett, K., Wada, C., Balderston, A. 2017. "Benefit-cost analysis of watershed conservation on Hawai'i Island." *Ecological Economics* 131 (1): 262-274.

Cao, S., Wang, X., Song, Y., et al. 2009. "Impacts of the natural forest conservation program on the livelihoods of residents of northwestern China: Perceptions of residents affected by the program." *Ecological Economics* 69 (7): 1454-1462.

Carpenter, S. R., Mooney, H. A., Agard, J., et al. 2009. "Science for managing ecosystem services: Beyond the Millennium Ecosystem Assessment. " *Proceedings of the National Academy of Sciences of the United States of America* 106 (5): 1305-1312.

Chambers, R., Conway, G. R. 1992. *Sustainable Rural Livelihoods: Practical Concepts for the 21st Century.* Brighton, England: Institute of Development Studies.

Chen, H., Zhu, T., Max, K., et al. 2013. "Measurement and evaluation of livelihood assets in sustainable forest commons governance." *Land Use Policy* 30: 908.

Chen, X., Lupi, F., Vina, A., et al. 2010. "Using cost-effective targeting to enhance the efficiency of conservation investments in payments for ecosystem services." *Conservation Biology* 24 (6): 1469-1478.

Chen, Y., Lin, L. S. 2010. "Structural equation-based latent growth curve modeling of watershed attribute-regulated stream sensitivity to reduced acidic deposition. " *Ecological Modelling* 221 (17): 2086-2094.

Christopher, A. T. 2008. "Community control of resources and the challenge of improving local livelihoods: A critical examination of community forestry in Nepal." *Geoforum* 39: 1452.

Christopher, L. L. 1991. "Potential of the Conservation Reserve Program to control agricultural surface water pollution." *Environmental Management* 15 (7): 507-518.

CIFOR. 2007. "PEN Technical Guidlines Version 4. " Center for International Forestry Research, Bogor.

Claassen, R., Cattaneo, A., Johansson, R. 2008. "Cost-effective design of agri-environmental payment programs: U.S. experience in theory and practice." *Ecological Economics* 65: 737-752.

Clements, T., Suon, S., David, S., et al. 2014. "Impacts of protected areas on local livelihoods in Cambodia." *World Development* 64 (12): 125-134.

Cooper, C. M., Knight, S., Testa, S. 1998. " A constructed wetland system for treating agricultural waste. ” *Internationale Vereinigung für theoretische und angewandte Limnologie: Verhandlungen* 26（3）: 1321 – 1327.

Cosmas, K. L., Trung, T. N. 2014. “A comparative analysis of the effects of institutional property rights on forest livelihoods and forest conditions: Evidence from Ghana and Vietnam.” *Forest Policy and Economics* 38: 178.

Costanza, R., d’ Arge, R., de Groot, R., et al. 1997. “The value of the world’s ecosystem services and natural capital.” *Nature* 387（15）: 253-260.

Cranford, M., Mourato, S. 2014. “Credit-based payments for ecosystem services: Evidence from a choice experiment in Ecuador. ” *World Development* 64: 503-520.

Cuperus, R., Canters, K. J., Piepers, A. G. 1996. “ Ecological compensation of the impacts of a road.” *Ecological Engineering* 7: 327-349.

Daily, G. 1997. *Nature’s Services: Social Dependence on Natural Ecosystems.* Washington D. C. : Island Press.

DeKeyser, E. S., Kirby, D. R., Ell, M. J. 2003. “An index of plant community integrity: Development of the methodology for assessing prairie wetland plant communities.” *Ecological Indicators* 3（2）: 119-133.

Dequan, Z., Yunlong, D. 2014. “Study on the Effect of Rising Service Employment on Productivity Growth in China: A test of baumol’s model.” *Journal of Applied Sciences* 14（5）: 482-488.

Derkyi, M., Ros-Tonen, M. A. F., Kyereh, B., et al. 2013. “Emerging forest regimes and livelihoods in the Tano Offin Forest Reserve, Ghana: Implications for social safeguards.” *Forest Policy and Economics* 32: 49-56.

de Sherbinin, A., VanWey, L. K., McSweeney, K., et al. 2008. “Rural household demographics, livelihoods and the environment. ” *Global Environmental Change* 18（1）: 38-53.

DFID. 2000. “ Sustainable livelihoods guidance sheets. ” London: The Department for International Development.

Dias, V., Belcher, K. 2015. “Value and provision of ecosystem services from prairie wetlands: A choice experiment approach." *Ecosystem Services* 15: 35-44.

Dobbie, M., Green, R. 2013. "Public perceptions of freshwater wetlands in Victoria, Australia. " *Landscape and Urban Planning* 110 (2): 143-154.

Dobbs, T. L., Pretty, J. 2008. "Case study of agri-environmental payments: The United Kingdom." *Ecological Economics* 65: 765-775.

Egoh, B. N., O'Farrell, P. J., Charef, A., et al. 2012. "An African account of ecosystem service provision: Use, threats and policy options for sustainable livelihoods. " *Ecosystem Services* 2 (9): 71-81.

Ellis, F. 1998. "Household strategies and rural livelihood diversification. " *Journal of Development Studies* 35 (1): 1-38.

Ellis, F. 2000. "The Determinants of rural livelihood diversification in developing countries. " *Journal of Agricultural Economics* 51 (2): 289-302.

Engel, S., Pagiola, S., Wunder, S. 2008. "Designing payments for environmental services in theory and practice: An overview of the issues." *Ecological Economics* 65 (4): 663-674.

FAO. 2008. *The State of Food and Agriculture* 2008: *Biofuels-Prospects, Risks and Opportunities.* New York: United Nations.

Farley, J., Costanza, R. 2010. "Payments for ecosystem services: From local to global." *Ecological Economics* 69 (11): 2060-2068.

Ferraro, P. J. 2008. "Asymmetric information and contract design for payments for environmental services." *Ecological Economics* 65 (4): 810-821.

Ferraro, P. J., Hanauer, M. M. 2015. "Through what mechanisms do protected areas affect environmental and social outcomes? . " *Philosophical Transactions of the Royal Society B*: *Biological Sciences* 370: 20140267.

Franzén, F., Dinnétz, P., Hammer, M. 2016. "Factors affecting farmers' willingness to participate in eutrophication mitigation-A case study of preferences for wetland creation in Sweden. " *Ecological Economics* 130 (3): 8-15.

Gao, Q., Lizarazo-Adarme, J., Paul, B. K., et al. 2016. "An economic and environmental assessment model for microchannel device manufacturing: Part 1-Methodology. " *Journal of Cleaner Production* 120 （6）: 135－145.

Gilman, E. 2000. "Bringing back the wetlands. " *Journal of Ecology* 88 （2）: 367－368.

Gret-Regamey, A., Celio, E., Klein, T. M., et al. 2013. "Understanding ecosystem services trade-offs with interactive procedural modeling for sustainable urban planning. " *Landscape and Urban Planning* 109 （1）: 107－116.

Gutrich, J. J., Hitzhusen, F. J. 2004. "Assessing the substitutability of mitigation wetlands for natural sites: Estimating restoration lag costs of wetland mitigation." *Ecological Economics* 48 （4）: 409－424.

Habesland, D. E., Kilgore, M. A., Becker, D. R., et al. 2016. "Norwegian family forest owners' willingness to participate in carbon offset programs. " *Forest Policy and Economics* 70: 30－38.

Han, H., Hsu, L. T., Sheu, C. 2010. "Application of the theory of planned behavior to green hotel choice: Testing the effect of environmental friendly activities. " *Tourism Management* 31 （3）: 325.

Hanley, K. W. 1993. "The underpricing of initial public offerings and the partial adjustment phenomenon. " *Journal of Financial Economics* 34 （2）: 231－250.

Harnndar, B. 1999. "An efficiency approach to managing Mississippi's marginal land based on the conservation reserve program." *Resource, Conservation and Recycling* 26: 15－24.

Hausman, J. A. 1977. "Errors in variables in simultaneous equation models. " *Journal of Econometrics* 5: 389－401.

Hellerstein, D. M. 2017. "The US conservation reserve program: The evolution of an enrollment mechanism. " *Land Use Policy* 63 （4）: 601－610.

Heyman, J., Ariely, D. 2004. "Effort for payment a tale of two markets." *Psychological Science* 15 （11）: 787－793.

Hough, L. B. 1988. "Cellular localization and possible functions for brain histamine: Recent progress. " *Progress in Neurobiology* 30 （6）: 469－505.

Hunter, L. M., Toney, M. B. 2005. "Religion and attitudes toward the environment: A comparison of Mormons and the general US population." *The Social Science Journal* 42 (1): 25-38.

Ingram, J. C., Wilkie, D., Clements, T., et al. 2014. "Evidence of payments for ecosystem services as a mechanism for supporting biodiversity conservation and rural livelihoods." *Ecosystem Services* 7 (12): 10-21.

Jack, B. K. 2008. "Upstream-downstream transactions and watershed externalities: Experimental evidence from Kenya." *Ecological Economics* 68 (6): 1813-1824.

Jack, B. K., Kousky, C., Sims, K. R. E. 2008. "Designing payments for ecosystem services: Lessons from previous experience with incentive-based mechanisms." *PNAS* 105 (28): 9465-9740.

Jiao, X., Pouliot, M., Walelign, S. Z. 2017. "Livelihood strategies and dynamics in rural Cambodia." *World Development* 97 (4): 266-278.

Joung, K. S., Dickinson, M. A. 2008. "Counting fish: Environmental benefits calculation for avoided costs analysis in urban water use efficiency planning." *Water Practice and Technology* 3 (2): 1751.

Junjie, W., Bruce, A. 1999. "Babcock Relative Efficiency of Voluntary Versus Mandatory Enviromnental Regulations." *Journal of Enviromnental Economics and Management* 38: 158-175.

Kaiser, F. G., Gutscher, H. 2003. "The proposition of a general version of the theory of planned behavior: Predicting ecological behavior." *Journal of Applied Social Psychology* 33 (3): 586-603.

Kaplowitz, M. D., Kerr, J. 2003. "Michigan residents' perceptions of wetlands and mitigation." *Wetlands* 23 (2): 267-277.

Karr, J. R. 1981. "Assessment of biotic integrity using fish communities." *Fisheries* 6 (6): 21-27.

Kent, D. M., Reimold, R. J., Kelly, J. 1990. "Wetlands delineation and assessment: Technical report to the connecticut department of transportation." Bureau of Planning in Washington in USA.

Kingsbury, P. 2000. "Flood warning and awareness at Blandswood Peel

Forest: South Canterbury, New Zealand. " *Australian Journal of Emergency Management* 15 (1): 33-35.

Kinzig, A. P., Perrings, C., Chapin, F. S., et al. 2011. "Paying for ecosystem services-promise and peril. " *Science* 334 (6056): 603-604.

Kosoy, N., Martinez-Tuna, M., Muradian, R., et al. 2007. "Payments for environmental services in watersheds: Insights from a comparative study of three cases in Central America." *Ecological Economics* 61 (2): 446-455.

Landell-Mills, N., Porras, I. T. 2002. *Silver Bullet or Fools' Gold? A Global Review of Markets for Forests Environmental Services and Their Impacts on the Poor.* London: International Institute for Environment and Development.

Larson, J. S., Mazzarese, D. B. 1994. "Rapid assessment of wetlands: History and application to management." *Global Wetlands*: 625-636.

Lee, S. Y. 2007. *Structural Equation Modeling: A Bayesian Approach.* New York: John Wiley & Sons.

Linquist, B., Trösch, K., Pandey, S., et al. 2007. "Montane paddy rice: Development and effects on food security and livelihood activities of highland Lao farmers. " *Mountain Research and Development* 27 (1): 40-47.

Lusigi, W. J. 1984. " Mt. Kulal Biosphere Reserve: Reconciling conservation with local human population needs. " Paris: UNESCO and UNEP.

Macmillan, D. C., Harley, D., Morrison, R. 1998. "Cost-effectiveness analysis of woodland ecosystem restoration." *Ecological Economics* 27 (3): 313-324.

Marc, L. 2002. "Measuring household livelihood security at the family and community level in the developing world." *World Development* 30 (2): 301.

Margules, C. R., Pressey, R. L. 2000. "Systematic conservation planning." *Nature* 405 (6783): 243-253.

Martins, M. L. C. 2001. "Social welfare loss due to second-best pricing: An application to the Portuguese telecommunications. " *Applied Economics* 33

（13）：1683-1687.

Martin, S. M., Lorenzen, K. 2016. "Livelihood diversification in rural Laos." *World Development* 83 （1）：231-243.

Mayer, S. J., Peutalo, B., Shah, M. K., et al. 1994. *Adapting Tools for Local Forest Management：Report of an Introductory Workshop on Participatory Rural Appraisal for Community-led Forest Conservation and Development in Papua New Guinea*. London：IIED.

McVittie, A., Moran, D. 2010. "Valuing the non-use benefits of marine conservation zones：An application to the UK Marine Bill." *Ecological Economics* 70 （2）：413-424.

Millenium Ecosystem Assessment （MEA）. 2005. *Ecosystems and Human Well-being*. Washington, D. C. ：Island Press.

Mishra, H. R. 1982. "Balancing human needs and conservation in Nepal's Royal Chitwan Park." *Ambio* 11 （5）：246-251.

Mombo, F., Lusambo, L., Speelman, S., et al. 2014. "Scope for introducing payments for ecosystem services as a strategy to reduce deforestation in the Kilombero wetlands catchment area." *Forest Policy and Economics* 38：81-89.

Muñoz-Piña, C., Guevara, A., Torres, J. M., et al. 2008. "Paying for the hydrological services of Mexico's forests：Analysis, negotiations and results." *Ecological Economics* 65：725-736.

Muradian, R., Corbera, E., Pascual, U., et al. 2010. "Reconciling theory and practice：An alternative conceptual framework for understanding payments for environmental services." *Ecological Economics* 69 （6）：1202-1208.

Myers, N. 1996. "Environmental services of biodiversity." *Proceedings of the National Academy of Sciences* 93 （7）：2764-2769.

Nepal, S., Spiteri, A. 2011. "Linking livelihoods and conservation：An examination of local residents' perceived linkages between conservation and livelihood benefits around Nepal's Chitwan National Park." *Environmental Management* 47 （5）：727-738.

Newton, P., Nichols, E. S., Endo, W., et al. 2012. "Consequences of actor level livelihood heterogeneity for additionality in a tropical forest payment for environmental services programme with an undifferentiated reward structure." *Global Environmental Change* 22 (1): 127-136.

Nhuan, M. T., Ngoc, N. T. M., Huong, N. Q., et al. 2009. "Assessment of Vietnam coastal wetland vulnerability for sustainable use (Case study in Xuanthuy Ramsar Site, Vietnam)." *Journal of Wetlands Ecology* 2 (1): 1-16.

Niesten, E. T., Rice, R. E., Ratay, S. M., et al. 2004. "Commodities and conservation: The need for greater habitat protection in the tropics." Washington: Conservation International.

Norgaard, R. B., Jin, L. 2007. "Trade and the governance of ecosystem services." *Ecological Economics* 66 (4): 638-652.

Ondiek, R. A., Kitaka, N., Oduor, S. O. 2016. "Assessment of provisioning and cultural ecosystem services in natural wetlands and rice fields in Kano floodplain, Kenya." *Ecosystem Services* 21 (8): 166-173.

Pagiola, N. N. L., Bishop, J. 2002. *Selling Forest Environmental Services: Market-Based Mechanisms for Conservation and Development.* London: Earthscan.

Pagiola, S. 2008. "Payments for environmental services in Costa Rica." *Ecological Economics* 65: 712-724.

Pagiola, S., Agostini, P., Gobbi, J., et al. 2005. "Paying for biodiversity conservation services: Experience in Colombia, Costa Rica, and Nicaragua." *Mountain Research and Development* 25 (3): 206-211.

Pagiola, S., Ramirez, E., Gobbi, J., et al. 2007. "Paying for the environmental services of silvopastoral practices in Nicaragua." *Ecological Economics* 64 (2): 374-385.

Paul, V., Abdallah, J., Gloria, W., et al. 2012. "Protected areas, poverty and conflicts: A livelihood case study of Mikumi National Park, Tanzania." *Forest Policy and Economics* 21: 20.

Penjani, K., Paul, V., Espen, S. 2009. "Forest incomes and rural livelihoods in Chiradzulu District, Malawi." *Ecological Economics* 68: 613.

Perrot-Maître, D., Davis, P. 2001. "Case studies: Developing markets for water services from forests." Washington: Forest Trends.

Petrolia, D. R., Kim, T. G. 2011. "Preventing land loss in coastal Louisiana: Estimates of WTP and WTA. " *Journal of Environmental Management* 92 (3): 859-865.

Petrosillo, I., Costanza, R., Aretano, R., et al. 2013. "The use of subjective indicators to assess how natural and social capital support residents' quality of life in a small volcanic island. " *Ecological Indicators* 24: 609-620.

Planting, A. J., Alig, R., Cheng, H. 2001. "The supply of land for conservation uses: Evidence from the conservation reserve program." *Resource, Conservation and Recycling* 31 (3): 199-215.

Prem, B. 2013. "Rural livelihood change? Household capital, community resources and livelihood transition." *Journal of Rural Studies* 32: 126.

Robertson, M. 2008. "The work of wetland credit markets: Two cases in entrepreneurial wetland banking." *Wetlands Ecology and Management* 17: 35-51.

Robinson, E. J. Z., Lokina, R. B. 2011. "Efficiency, enforcement and revenue tradeoffs in participatory forest management: An example from Tanzania. " *Environment and Development Economics* 17 (1): 1-20.

Rosenbaum, P. R., Rubin, D. B. 1983. "The central role of the propensity score in observational studies for causal effects. " *Biometrika* 70 (1): 41-55.

Rubec, C. D. A., Hanson, A. R. 2009. " Wetland mitigation and compensation: Canadian experience. " *Wetlands Ecology and Management* 17 (1): 3-14.

Salant, S. W., Yu, X. 2016. "Forest loss, monetary compensation, and delayed re-planting: The effects of unpredictable land tenure in China." *Journal of Environmental Economics and Management* 78: 49-66.

Sánchez, M., López-Mosquera, N., Lera-López, F., et al. 2018. "An extended planned behavior model to explain the willingness to pay to reduce noise pollution in road transportation. " *Journal of Cleaner Production* 177

（12）：144-154.

Schuyt, K., Brander, L. 2004. "The economic values of the world's wetlands." Gland, Switzerland: World Wide Fund for Nature.

Scoones, I. 1998. "Sustainable rural livelihoods: A framework for analysis." IDS Working Paper, Brighton: Instiute of Development Studies.

Scoones, I. 2005. "Governing technology development: Challenges for agricultural research in Africa." *IDS Bulletin* 36 （2）: 109-114.

Sen, A. K. 1999. *Development as Freedom.* Oxford: Oxford University Press.

Sharp, K. 2003. "Measuring destitution: Integrating qualitative and quantitative approaches in the analysis of survey data." Institute of Development Studies.

Sitaula, B. K., Sankhayan, P. L., Bajracharya, R. M., et al. 2005. "A systems analysis of soil and forest degradation in a mid-hill watershed of Nepal using a bio-economic model." *Land Degradation & Development* 16 （5）: 435-446.

Smith, J., Scherr, S. J. 2002. "Forest carbon and local livelihoods: Assessment of opportunities and policy recommendations." Bogor: CIFOR.

Smith, R. D., Ammann, A., Bartoldus, C., et al. 1995. "An approach for assessing wetland functions using hydrogeomorphic classification, reference wetlands and functional indices." Army Engineer Waterways Experiment Station Vicksburg Ms.

Smyth, R. L., Watzin, M. C., Manning, R. E. 2009. "Investigating public preferences for managing Lake Champlain using a choice experiment." *Journal of Environmental Management* 90 （1）: 615-623.

Soltani, A., Angelsen, A., Eid, T., et al. 2012. "Poverty, sustainability, and household livelihood strategies in Zagros, Iran." *Ecological Economics* 79 （4）: 60-70.

Sommerville, M., Milner-Gulland, E. J., Rahajaharison, M., et al. 2010. "Impact of a community-based payment for environmental services intervention on forest use in Menabe, Madagascar." *Conservation Biology* 24 （6）:

1488-1498.

Stankey, G. H., Shindler, B. 2006. "Formation of social acceptability judgments and their implications for management of rare and little-known species." *Conservation Biology: The Journal of the Society for Conservation Biology* 20 (1): 28-37.

Summers, C. 1992. "Militarism, human welfare, and the APA ethical principles of psychologists." *Ethics & Behavior* 2 (4): 287-310.

Suziana, H. 2017. "Environmental attitudes and preference for wetland conservation in Malaysia." *Journal for Nature Conservation* 37 (4): 133-145.

Tang, Q., Bennett, S. J., Xu, Y., et al. 2013. "Agricultural practices and sustainable livelihoods: Rural transformation within the Loess Plateau, China." *Applied Geography* 41 (3): 15-23.

Tesfaye, Y., Roos, A., Campbell, B. M., et al. 2011. "Livelihood strategies and the role of forest income in participatory-managed forests of Dodola area in the bale highlands, southern Ethiopia." *Forest Policy and Economics* 13 (4): 258-265.

Thu Thuy, P., Campbell, B. M., Garnett, S. 2009. "Lessons for pro-poor payments for environmental services: An analysis of projects in Vietnam." *Asia Pacific Journal of Public Administration* 31 (2): 117-133.

Tizale, C. Y. 2007. "The dynamics of soil degradation and incentives for optimal management in the Central Highlands of Ethiopia." University of Pretoria.

Turner, R., Bergh, J., Brouwer, R. 2003. *Managing Wetlands: An Ecological Economics Approach.* Edward Elgar Publishing.

Turner, R. K., Van Den Bergh, J. C. J. M., Söderqvist, T., et al. 2000. "Ecological-economic analysis of wetlands: Scientific integration for management and policy." *Ecological Economics* 35 (1): 7-23.

Wang, D., Qian, W., Guo, X. 2019. "Gains and losses: Does farmland acquisition harm farmers' welfare?." *Land Use Policy* 86 (4): 78-90.

Wang, X., Bennett, J., Xie, C., et al. 2007. "Estimating non-market environmental benefits of the conversion of cropland to forest and grassland program: A choice modeling approach. " *Ecological Economics* 63 （1）: 114-125.

Westman, V. E. 1977. "How much are nature's services worth?" *Science* 197: 960-964.

Wills, E. 2009. "Spirituality and subjective well-being: Evidences for a new domain in the personal well-being index. " *Journal of Happiness Studies* 10 （1）: 49-69.

Wooldridge, J. M. 1999. *Econometric Analysis of Cross Section and Panel Data*. Cambridge: MIT Press.

Wunder, S. 2008. "Payments for environmental services and the poor: Concepts and preliminary evidence. " *Environment and Development Economics* 13 （3）: 279-297.

Wunder, S. 2010. "Forest decentralization for REDD? A response to Sandbrook et al. " *Oryx* 44 （3）: 335-337.

Yemiru, T., Roos, A., Campbell, B. M., et al. 2010. "Forest incomes and poverty alleviation under participatory forest management in the Bale Highlands, Southern Ethiopia. " *International Forestry Review* 12 （1）: 66-77.

Yergeau, M. E., Boccanfuso, D., Goyette, J. 2017. "Reprint of: Linking conservation and welfare: A theoretical model with application to Nepal. " *Journal of Environmental Economics and Management* 86 （9）: 229-243.

Yu, Z., Bi, H. 2011. "The key problems and future direction of ecosystem services research. " *Energy Procedia* 5 （3）: 64-68.

Zhen, N., Fu, B., Lü, Y., et al. 2014. "Changes of livelihood due to land use shifts: A case study of Yanchang County in the Loess Plateau of China." *Land Use Policy* 40: 28.

附　录

附录1　湿地保护区资料清单

保护区名称：_____　保护区资料收集人：_____　联系方式：_____

序号	资料清单	收集情况	备注
1	保护区总体规划		
2	保护区社会经济调查报告、本底调查数据（如保护区综合科学考察、野生动植物资源调查、湿地资源调查等）		
3	保护区 GIS 矢量图（湿地界限图、功能区划图、产权分布图、植被分布图、物种分布图和行政区域图）		
4	湿地保护与恢复项目实施"工作总结"及相关资料		
5	湿地生态补偿及退耕还湿项目实施"工作总结"及相关资料		
6	湿地生态补偿项目实施方案		
7	保护区近年来重要项目列表及详细情况介绍（包括国内、国际及商业合作项目）		
8	湿地权属划分相关文件及实施情况介绍		
9	近 10 年《洋县统计年鉴》		
10	近 10 年《城固县统计年鉴》		
11	近 10 年《宁陕县统计年鉴》		

附录 2　湿地周边农户调查问卷

问卷编码_____

湿地周边农户调查问卷

省：_____

市（地区）：_____

县：_____

乡（镇）：_____

村：_____

保护区：_____

问卷评价：优　　　良　　　中　　　差

受访者姓名_____

电话号码：_____

身份证号：_____

调查员姓名：_____

调查员必读

1. 仔细阅读所有表格下方的标注。2. 问卷所有空项均需填写完整，数额和金额项没有的全部填 0，选择项没有的勾掉空格。3. 问卷所有其他项均需注明。4. 所有数据如无特殊注明，均调查 2016 年情况。5. 所有阴影方框不需要调查员填写。6. 部分选项代码见表下方标注。

1 家庭人口基本信息

1.1 家庭成员个人信息[1]

	性别	年龄	上过几年学[2]	健康状况	是否结婚	是否为村干部	工作类型[3]	是否参加新型农村合作医疗	是否参加城乡居民基本养老保险	平均每天上网时间（包括手机、电脑上网等）	家庭能上网的人数（包括手机、上网、电脑上网等）	平均每天看电视时间	家中上网人数	农户对风险的态度
	1男 2女	岁	年	1健康 2慢性病 3大病 4残疾	1结婚 0未婚	1现在是 2曾经是 0不是	1务农 2打工 3经商 4固定工资 5兼业 6上学 7其他	1是 0否	1是 0否	小时	人	小时	人	1避免 2谨慎 3喜欢
被调查者														
户主														

注：1. 若户主和被调查者是同一人，只填户主一行。2. 上学：小学 6 年，初中 9 年，高中 12 年，中专 11 年，大专 15 年，大学 16 年，研究生 18~19 年。3. 只调查 18 周岁以上成员。

1.2 家庭人口基本信息

	2016年家庭常住人口 人[1]	近五年常住人口变化[2]（1变多 2不变 3变少）	男性人数	全家劳动力人数[3]	学龄前儿童人数[4]	上学人数	是否有适龄儿童失学（1是 0否）	家中是否有残疾人或重大疾病者（1是 0否）	家中因病休息持续两周及以上人数	家庭最高受教育程度	你家是否位于保护区内（1是 0否）	居住地海拔	居住地到景区距离	居住地到镇市场距离	居住地到村水面距离[5]
	人		人	人	人	人			人	年		米	米	米	米

注：1. 家庭人口数、家庭成员指每年在家3个月以上，或者与家里有经济联系的人，且在同一户口上。2. 家庭常住人口指住在家6个月以上的人。3. 18~60岁具有劳动能力的算完整劳动力，因伤、因病、病丧失劳动能力不算劳动力，60岁以上仍从事劳动的算半劳动力。4. 学龄前儿童指6岁以下未上学的儿童。5. 水面是指村里经过的河流，小溪或修建的水库，池塘。

1.3 劳动力配置信息

	种地人数	人均种地时间[1]	经营林地人数	人均营林时间	养殖人数	日均养殖时间	自营人数[2]	日均自营时间	月均毛收入	月均成本	打工人数[3]	人均打工月收入	人均打工时间	人均打工月支出[4]	固定上班人数[5]	人均月工资
	人	月	人	月	人	小时	人	小时	元	元	人	元	月	元	人	元
2016年																
2012年																

注：1. 人均种地、人均营林：按小时数折合成月数，每天工作8小时算一天。如某农户一年种田5个月，其中每天大概需要花费4小时，则计算时间为5×4/8=2.5月。2. 自营包括开商店、药店、饭店、农家乐、加工作坊、进行个体运输等。3. 打工包括本地外出打工，本地打零工。4. 人均打工月支出：外出务工者在外务工时每月全部开销。5. 固定上班指每月全部开销。固定上班包括村干部、护林员、景区服务人员、公司职员等。

2　家庭资源情况

2.1　农地基本情况

农地总面积[1]	水田面积	其中：冬水田面积	其中：旱田面积	其中：农林地面积[2]	菜园子面积[3]	抛荒面积	农地块数	耕地质量	转入农地面积[4]	转出农地面积[4]	灾害类型	是否购买农业保险	是否加入农业合作社	2012年农田总面积	2012年农田块数	自家承包库塘面积
亩	亩	亩	亩	亩	亩	亩	块	1较好 2一般 3较差	亩	亩	1旱灾，2病虫鼠害，3风灾，4雨雪冰冻，5其他，0没有灾害	1是 0否	1是 0否	亩	块	亩

注：1. 家庭农地总面积＝菜园子面积＋水田面积＋旱田面积。2. 农林地：种植树木的，或农作物，树木混交的（农林用）。3. 菜园子：特指房前屋后用于蔬菜种植的几分土地。4. 转入、转出包括承包、出租、借用，转让，入股等形式。

Q1 农地流转的原因是：1 外出务工　2 收益较高　3 政策鼓励　4 其他（请注明）_____

2.2　林地基本情况

林地总面积[1]	林地块数	天然林面积	人工林面积	公益林面积	商品林面积	用材林面积[2]	其中：竹林[3]面积	经济林面积[2]	位于保护区内的林地面积	转入林地面积[4]	转出林地面积[4]	2012年林地面积	2012年林地块数	人工林类型	人工林主要树种	是否有朱鹮巢树
亩	块	亩	亩	亩	亩	亩	亩	亩	亩	亩	亩	亩	块	1纯林 2混交林	名字	1是 0否

注：1. 林地总面积，包括转入他人林地面积，不包括转出林地面积。2. 林地总面积＝天然林面积＋人工林面积＝公益林面积＋商品林面积＝用材林面积＋经济林面积。3. 竹林面积包括在用材林面积内。4. 转入、转出面积包括承包、出租、借用、转让、互换、入股等形式。

最近的林地距家距离	林地距公路距离 平均距离	林地质量 如何	林地经营 主要形式	林地 坡度	灾害 类型	是否 防治	是否购买 森林保险	是否 赔偿	是否有 林权证	是否加入 林业合作社	是否有 林权纠纷
米	米	1 好 2 一般 3 差	1 单户，2 联户，3 股份合作，4 村小组经营，5 其他	1 平缓，2 较陡，3 很陡	1 火灾，2 病虫鼠害，3 风灾，4 雨雪冰冻，5 其他，0 没有灾害	1 是 0 否	1 是 0 否	1 是 0 否	1 是 0 否	1 是 0 否	1 是 0 否

Q1 选择该种林地经营形式的原因是：1. 成为林地主人 2. 增加林业收入 3. 有更多机会参与村里活动 4. 有更多政策支持和优惠 5. 共享资源 6. 其他（请注明）_____

Q2 该种林地经营形式存在的问题有：1. 林地规模丧失 2. 林地细碎化 3. 资源权属不明晰 4. 经营不规范 5. 农户矛盾加剧 6. 协调成本增加 7. 其他（请注明）_____

2.3 资产、资本情况

住宅数量	住宅类型	房屋总面积[1]	距离获取饮用水源地距离	饮用水源[2]	您家需要储存几天的饮用水	每个月停水的天数	拖拉机数量	三轮车数量	摩托车数量	汽车数量	电话数量[3]	电视数量	电脑数量	家庭存款[4]	未还债务[5]	是否可获得银行贷款
处	1 土木，2 砖木，3 砖混，4 其他	平方米	米	1 自来水 2 井水 3 山泉水	天	天	台	辆	辆	辆	部	台	台	元	元	1 是 0 否

注：1. 房屋总面积等于住宅每层所有面积的加总。2. 自来水指集体（政府、村组织）修建的有净化措施的自来水，农户山上自建的算作山泉水。3. 电话包括移动电话和固定电话。4. 家庭存款包括储存在金融机构的金融理财产品以及家里存放的存款。5. 未还债务包括银行和信用社等金融机构贷款、亲朋借款、民间借贷。

3 家庭生产经营情况（2016 年）

3.1 种植业生产基本情况

	粮食作物						经济作物			中草药收入			蔬菜收入		
	小麦	水稻	玉米	土豆	豆类[1]	其他[2]	花生	油菜	其他[3]	天麻	猪苓	其他[4]	木耳	香菇	其他
	斤	斤	斤	斤	斤	斤	元	元	元	元	元	元	元	元	元
销售															
自用[5]															

注：1. 豆类包括大豆、绿豆、黄豆、红豆等。2. 粮食作物还包括大麦、红薯、山药等。3. 经济作物还包括棉花、向日葵、甘蔗、甜菜、胡椒、花椒、肉桂等，茶树、咖啡树不算在内。4. 中草药还包括厚朴、人参、杜仲、灵芝、茯苓等。5. 自用＝自食＋送人。

3.2 养殖业生产基本情况

	鸡	鸭	鹅	猪	牛	羊	马	驴	其他	蜂蜜收入[2]	蚕茧收入[2]	其他动物产品收入[3]	水产品收入[2]
	只	只	只	头	头	头	匹	头		元	元	元	元
销售													
自用[1]													
年末数													

注：1. 自用＝自食＋送人。2. 蜂蜜、蚕茧、水产品收入均为毛收入，即不扣除生产成本。3. 其他动物产品还包括家畜家禽的奶、蛋、皮、毛等。

3.3　林业生产基本情况[1]

	用材林				经济林[5]				林副产品[7]	农林地收入[8]
	木材采伐量[2]	年均木材采伐收入[3]	竹材采伐量	年均竹材采伐收入[4]	板栗	核桃	水果	其他经济林产品[6]		
	立方米	元	斤	元	元	元	元	元	元	元
销售		无		无	无	无	无	无	无	无
自用[9]										

注：1. 林业收入包括退耕地上的林收入。2. 木材采伐包括盖房自用材收入。3. 年均木材采伐收入为投入收入，当年有采伐收入，当年有采伐年份。年均收入=当年采伐木材，年均收入=预期采伐收入（预期采伐年份÷种植或更新年份）。4. 年均竹材采伐收入=当年没有采伐木材，当年没有调查年均收入，年均收入=竹材采伐收入/采伐间隔期。5. 经济林产品收入=经济林产品收入/生长期。6. 经济林产品还包括红枣、花椒、柿子等。7. 林副产品包括菌类、木耳、割漆等。8. 农林地收入指在农地上种植树木，或农林混交地上种植树木，或农林混交中的林业收入部分。9. 自用=自食+送人。

3.4　生产性投入基本情况（元）

	种植业投入							林业投入[3]	养殖业投入[4]
	除草剂购买金额[1]	农药购买金额[1]	化肥购买金额[1]	地膜购买金额	种苗购买金额	雇工投入	其他投入[2]		
2016年									
2012年									

注：1. 化肥、农药购买金额，如果被调查者无法直接给出准确金额，则问同"袋"和"瓶"的数量，然后由调查员进行估算给出估费金额。2. 其他投入包括用于广告等（如广告费、地租等）。3. 林业投入=林地上所有种植成本+销售成本+其他（包括租用机器设备、运输成本、地租等。4. 养殖业投入包括家禽家畜、养蜂、养蚕、蚕茧、水产品等全部生产成本。

3.5 采集业基本情况

是否采集中草药、山野菜等	采集地点	采集工时	采集距离	采集收入¹	采集种类	近五年采集量变化	近五年采集距离变化	近五年采集收入变化
1 是 0 否	1 自留山 2 集体林 3 保护区内	天	米	元	Q1	1 变多 2 变少 3 没变化	1 变远 2 变近 3 没变化	1 变多 2 变少 3 没变化

注：1. 采集业中自食或作为种植的种苗均算作收入，按市场价进行估算。

Q1：1. 黄芪 2. 山茱萸 3. 天麻 4. 杜仲 5. 蘑菇、木耳 6. 野果 7. 野菜 8. 灵芝 9. 其他

3.6 砍竹基本情况

是否砍竹子	砍伐地点	砍伐工时	砍伐距离	砍伐收入	近五年砍伐量变化	近五年砍伐距离变化	近五年砍伐收入变化
1 是 0 否	1 自留山 2 集体林 3 保护区内	天	米	元	1 变多 2 变少 3 没变化	1 变远 2 变近 3 没变化	1 变多 2 变少 3 没变化

3.7 放牧基本情况

是否放牧	放牧地点	放牧工时	放牧距离	放牧收益	近五年存栏量变化	近五年放牧距离变化	近五年放牧收入变化
1 是 0 否	1 自留山 2 集体林 3 保护区内	天	米	无	1 变多 2 变少 3 没变化	1 变远 2 变近 3 没变化	1 变多 2 变少 3 没变化

3.8 林下经济基本情况

是否参与林下经济	若是，参与与类型	利用林地面积	个人初期投入	年均成本	年均毛收入	年均政府补贴	林下经济经营所面临的问题	最近五年林下经济收入状况	若否，原因是	是否愿意参与	若愿意，希望参与与类型	希望政府给予哪些帮助
1 是 0 否	Q1	亩	无	无	无	无	Q2	1 变多 2 不变 3 变少	Q3	1 是 0 否	Q1	Q4

Q1: 1. 林下药材种植；2. 育苗；3. 果树经济林；4. 林草间作；5. 林菜、瓜、花间作；6. 林下禽类养殖；7. 林下畜类养殖；8. 林下养蜂；9. 林产品采集加工；10. 森林景观利用；11. 其他

Q2: 1. 缺乏经营土地；2. 缺乏经营技术；3. 缺乏销售市场；4. 缺乏资金；5. 缺乏经营劳动力；6. 缺乏相关优惠政策

Q3: 1. 没有林地；2. 林地面积小；3. 缺技术；4. 缺资金；5. 缺劳动力；6. 缺水；7. 缺信息；8. 林地离家远；9. 基础设施不配套；10. 其他

Q4: 1. 资金补贴；2. 免费提供种苗种畜；3. 免费提供技术培训；4. 减免税费；5. 贷款；6. 修路；7. 完善水电设施；8. 提供销售信息；9. 其他

3.9 能源使用情况

2016年薪柴采集量	2012年薪柴采集量	采集地点	平均薪柴采集距离	薪柴采集范围变化情况	秸秆采集量	全年电费	购买液化气费用	购买煤费用	购买汽油柴油费用	薪柴采集变少原因	是否安装节柴灶	是否安装太阳能	是否有沼气池
		1 自留山 2 集体林 3 保护区内		1 越来越大 2 不变 3 越来越小						1 采集限制，2 缺劳动力，3 有能力获取替代能源，4 人口外移，5 政府节材措施，6 其他	1 是 0 否	1 是 0 否	1 是 0 否
吨	吨		米		斤	无	无	无	无				

3.10 家庭全年收入、支出情况（元）

	经营性收入						转移性收入							财产性收入		主要生活支出				
	种植业	养殖业	经济林	用材林	采集	自营	粮食直补	退耕还林补偿	公益林补偿	朱鹮湿地生态补偿	其他补贴[1]	亲属寄钱[2]	收礼	土地租赁[3]	其他[4]	教育支出	医疗支出	食物支出	每月电话费	每月上网费
2016 年																				
2012 年																				

注：1. 其他补贴包括政府、非政府组织的补助，如低保、养老金、抚恤金等，以及政府组织的补助。2. 亲属寄钱仅包括自己家人在外工作寄回来，如支夫、儿女寄回来的钱。3. 土地租赁包括农地出租、林地流转。4. 财产性收入中其他收入包括转让收入、公司占用家庭土地给予的补偿金、股票、股息，购买保险，及银行理财产品等。

3.11 最近五年家庭生计变化

近五年家庭林地面积	近五年家庭农地面积	近五年家庭成员平均受教育程度	近五年家庭成员身体健康水平	近五年家庭住房条件	近五年家庭交通工具数量	近五年家庭人均纯收入	近五年家庭储蓄情况	近五年人情往来支出	近五年来威胁朋友中能看到的数量
1 变多	1 变多	1 变高	1 变好	1 变好	1 变多	1 变多	1 变多	1 变多	1 变多
2 不变	2 不变	2 不变	2 不变	2 不变	2 不变	2 不变	2 不变	2 不变	2 不变
3 变少	3 变少	3 变低	3 变差	3 变差	3 变少	3 变少	3 变少	3 变少	3 变少

4 保护与发展专题

4.1 农户的保护态度及认知

生态保护同经济发展相比	我愿意参与野生动植物保护	支持保护区面积的扩大	参与过野生动物的救助	知道自然保护区的主要物种	知道保护区相关法规	百姓保护意识越来越强	野生动物数量越来越多	野生动物对人的威胁越来越大
1 更重要	1 同意（原因[1]）	1 同意（原因[3]）	1 是	1 是	1 是	1 同意	1 同意	1 同意
2 一样重要	2 不同意（原因[2]）	2 不同意（原因[4]）	0 否	0 否	0 否	2 不同意	2 不同意	2 不同意
3 更不重要	3 不清楚	3 不清楚				3 不清楚	3 不清楚	3 不清楚
4 不清楚								

注：原因[1]中 1. 个人自觉有意识保护，2. 保护区法规规定，3. 保护是一种传统习俗，4. 周边人都保护，5. 其他。原因[2]中 1. 保护区破坏严重，2. 可以增加与外界交流，3. 破坏传统文化，4. 其他。原因[3]中 1. 有利于改善生态环境，2. 野生动物破坏严重，3. 可以带来更多就业机会，4. 其他。原因[4]中 1. 对资源使用限制严重，2. 野生动物破坏严重，3. 破坏传统文化，4. 可以改善基础设施，5. 其他。

4.2 保护区与农户的关系

保护区和村社区的关系	家庭生计和保护区管理有冲突	保护区管理人员很好	参与过保护区培训及宣传	从未参与过保护区管理活动	每年接触保护区管理人员的次数
1差（原因1） 2一般 3好（原因2）	1同意（原因3） 2不同意 3不清楚	1同意 2不同意 3不清楚	1同意 2不同意 3不清楚	1同意 2不同意 3不清楚	1.<10次 2.10~100次 3.>100次

注：原因1中1.限制村社区的资源利用，2.限制村社区的基础建设，3.改善社区的生态环境，4.其他。原因2中1.为社区带来资金帮助；2.改善村社区的基础建设；3.改善村社区贫困居民；4.帮助村社区贫困居民，引入外来农业生产技术；5.为社区带来发展机会，6.其他。原因3中1.占用了家庭的林地，2.限制了家庭资源采集，3.野生动物破坏严重，4.其他。

4.3 保护区设置对农户的影响[1]

保护区设置是否带来下列情况	提供就业机会程度	加强外界联系程度	家庭收入增加影响程度	基础设施改善程度[2]	社区环境改善程度	农药化肥限制[3]	薪柴采伐限制	木材采伐限制	野生植物采集限制	木耳香菇限制	传统文化破坏
自然保护区建设对您家是否有利 1有利，2一般，3不利，4不清楚	1影响大 2一般 3影响小	1影响大 2一般 3影响小	1影响大 2一般 3影响小	1影响大 2一般 3影响小	1影响大 2一般 3影响小	1严重 2一般 3不存在	1严重 2一般 3不存在	1严重 2一般 3不存在	1严重 2一般 3不存在	1严重 2一般 3不存在	1严重 2一般 3不存在

注：1.所有问题针对该农户家庭而言，不是针对整个村庄。2.基础设施改善指村庄道路、通信等条件的改善。3.农药化肥限制指对投入量的限制。

4.4 保护区设置导致农户的直接损失和收益

(1) 直接损失

是否存在野生动物致害（不包括鸟类） 0 不存在， 1 人畜被攻击， 2 农作物被毁	哪种野生动物	造成损失（元）	补偿金额（元）	补偿主体 1 政府， 2 保险公司， 3 其他	是否采取措施 0 没有措施，1 增加巡逻， 2 设置藩篱，3 下毒， 4 捕猎，5 用火驱赶， 6 设置陷阱	耕地是否被占 1 是 0 否	每年损失（元）	政府补偿（元）	林地是否被占 1 是 0 否	每年损失（元）	政府补偿（元）

(2) 直接收益

参与保护区发展项目 0 没参与，1 节柴灶， 2 养蜂，3 沼气池， 4 生态农业，5 其他	哪年参与	平均年收益	是否生态移民 1 是 0 否	移民前后生活变化情况 1 变好 2 不变 3 变差	政府补贴（元）	自家承担（元）	是否有家庭成员在保护区内工作，如护林员、导游、司机等人员（导游、司机等） 1 是 0 否	保护区内人数 工作人数	保护区内工作人均年收入

4.5 农户对气候变化和自然灾害的感知

（1）气候变化感知

是否意识到气候在发生气候变化	若是，发生哪些变化？（多选）	近五年的变化是否显著	降雨变化情况	近五年的变化是否显著	气温是否上升	近五年的变化是否显著	政府信息服务功能（手机信息短信预警推送、张贴通告等）对您应对气候变化是否有帮助	是否发生下列行为（多选）
1 是 0 否	1 气温上升 2 降水减少 3 降水不规律 4 自然灾害增加	1 是 0 否	1 变多 2 不变 3 变少	1 是 0 否	1 是 0 否	1 是 0 否	1 帮助很大 2 没有帮助 3 不存在	1 种植品种多样性，2 改变生长周期短的作物，3 改种抗旱的农作物，4 重视林业生产，5 增加河流灌溉，6 增施农药化肥，7 非农业就业转移，8 遮盖农作物，9 农林复合经营，10 增加储存，11 移民，12 增加粮食、金钱储存，13 其他

（2）自然灾害感知

发生过哪些自然灾害（多选）	近五年的变化是否显著	近五年哪些自然灾害变多（多选）	近五年的变化是否显著	是否购买自然灾害保险	近五年哪些自然灾害变少	灾害发生了，政府是否给予帮助	您需要哪些帮助	自然灾害对您家的影响很大	下面哪种方式对自然灾害起了作用	您是否觉得保护区内生态环境保护好，自然灾害比区外少
1 火灾 2 水灾 3 旱灾 4 虫灾 5 泥石流 6 风灾 7 霜冻 8 其他	1 是 0 否	1 火灾 2 水灾 3 旱灾 4 虫灾 5 泥石流 6 风灾 7 霜冻 8 其他	1 是 0 否	1 是 0 否	1 火灾 2 水灾 3 旱灾 4 虫灾 5 泥石流 6 风灾 7 霜冻 8 其他	1 是 0 否	1 灾后重建 2 提供技术培训，改种其他农作物 3 建设水利设施，改善灌溉条件 4 增加粮食补助 5 增加政策性保险 6 灾后补贴 7 其他	1 同意 2 不同意 3 不清楚	1 电视天气预报 2 政府短信推送 3 农机培训 4 灾害提醒标识 5 张贴预警通告 6 政策性保险 7 其他（注明）	1 同意 2 不同意 3 不清楚

（3）自然灾害影响程度

灾害类型	粮食作物	用材林	经济林	薪柴采集	牲畜	最担心的影响类型
	1影响很小，2影响一般，3影响一般，4影响很大，5影响很大	1影响很小，2影响一般，3影响一般，4影响很大，5影响很大	1影响很小，2影响一般，3影响一般，4影响很大，5影响很大	1影响很小，2影响一般，3影响一般，4影响很大，5影响很大	1影响很小，2影响一般，3影响一般，4影响很大，5影响很大	1粮食作物，2用材林，3经济林，4薪柴采集，5牲畜
霜冻						
水灾						
旱灾						
虫灾						

4.6　农户对相关生态工程的评价

（1）工程参与现状

	是否参与该工程	参与该工程面积	哪年开始	补偿总额	是否自愿参与	该工程是否重要	补偿金额是否满意	总体实施是否满意
	1是，0否	亩	年	元	1是，0否	1是，0否	1是，0否	1是，0否
退耕还林工程								
生态公益林工程								
退耕还湿工程								
湿地生态补偿（朱鹮）								

（2）退耕还林相关问题

退耕地面积（亩）	当前退耕期数	退耕地离家距离	退耕地坡度	退耕地树种	退耕后灌溉水变化	参加退耕原因	补贴是否弥补损失	补贴结束后是否复耕	若是，原因是	若否，原因是	你认为退耕补偿方式合理吗	如不合理，原因是	如果没有二期工程你会复耕吗
一期：___亩 二期：___亩	1 一期 2 二期 3 结束	米	1 平缓 2 较陡 3 很陡	1 经济林 2 公益林	1 增加 2 不变 3 减少	Q1	1 是 0 否	1 是 0 否	Q2	Q3	1 合理 0 不合理	Q4	1 是 0 否

Q1：1. 获得补贴；2. 响应国家政策；3. 不喜欢种田；4. 退耕地太远；5. 退耕地质量差；6. 退耕地受动物威胁；7. 退耕地缺少灌溉水；8. 外出务工；9. 邻居参加；10. 林业收益更高；11. 其他

Q2：1. 林业收入低；2. 粮食不够吃；3. 种田收益高；4. 其他

Q3：1. 退耕地不适宜种田；2. 林业收入较高；3. 没有劳动力种田；4. 其他

Q4：1. 补偿年限太短；2. 补偿金额太小；3. 补偿年限太长；4. 其他（注明）

5 湿地专题

5.1 湿地认知情况

知道什么是湿地	知道湿地相关政策	退耕还湿有重要作用	湿地生态补偿有重要作用	湿地与您的生产生活关系密切	湿地能给家庭带来收益	湿地周围环境有所改善	周边湿地面积	周边湿地水质	周边湿地水鸟的种类与数量	生态旅游会破坏湿地环境
1 非常不赞同 2 比较不赞同 3 一般 4 比较赞同 5 非常赞同	1 非常不赞同 2 比较不赞同 3 一般 4 比较赞同 5 非常赞同	1 非常不赞同 2 比较不赞同 3 一般 4 比较赞同 5 非常赞同	1 非常不赞同 2 比较不赞同 3 一般 4 比较赞同 5 非常赞同	1 非常不赞同 2 比较不赞同 3 一般 4 比较赞同 5 非常赞同	1 非常不赞同 2 比较不赞同 3 一般 4 比较赞同 5 非常赞同	1 非常不赞同 2 比较不赞同 3 一般 4 比较赞同 5 非常赞同	1 增加 2 减少 3 不变	1 变好 2 变差 3 不变	1 增加 2 减少 3 不变	1 非常不赞同 2 比较不赞同 3 一般 4 比较赞同 5 非常赞同

湿地对农户生产生活是否有以下作用	提供耕地（指湿地周围）	提供污水排放场所	提供人工养殖水面	通过捕捞采集提供水产品	提供植物资源	提供砂类资源	提供旅游资源	提供农业用水	提供生活用水	提供优美景观
	1 是，0 否	1 是，0 否	1 是，0 否	1 是，0 否	1 是，0 否	1 是，0 否	1 是，0 否	1 是，0 否	1 是，0 否	1 是，0 否

假设有以下 4 个场景，每个场景有 3 种完善湿地生态补偿的方案，则分别在每种场景下，您最愿意选择哪一个方案？

场景	方案	补偿年限	土地参与比例	农药化肥比例	补偿标准	请在此打钩确认
场景 1	方案 1	1 年	20%	每年减少 10%	150 元/公顷	
	方案 2	1 年	50%	每年减少 20%	750 元/公顷	
	方案 3	1 年	100%	每年减少 30%	1000 元/公顷	
场景 2	方案 1	1 年	20%	每年减少 10%	150 元/公顷	
	方案 2	5 年	20%	每年减少 20%	1000 元/公顷	
	方案 3	5 年	50%	每年减少 30%	150 元/公顷	
场景 3	方案 1	1 年	20%	每年减少 10%	150 元/公顷	
	方案 2	5 年	100%	每年减少 10%	750 元/公顷	
	方案 3	10 年	20%	每年减少 30%	750 元/公顷	
场景 4	方案 1	1 年	20%	每年减少 10%	150 元/公顷	
	方案 2	10 年	50%	每年减少 10%	1500 元/公顷	
	方案 3	10 年	100%	每年减少 20%	150 元/公顷	

注：补偿年限指从发放补偿开始到结束的时间，不考虑一次性补偿；土地参与比例指农户参与补偿的土地面积占自己全部土地面积的比例；农药化肥比例指在方案期间，每年的农药化肥使用量都比 2011 年减少的比例；补偿标准指每年每公顷补偿的金额。

5.2 湿地生态补偿参与意愿

（1）未参与补偿

是否愿意参与补偿	愿意参加补偿原因	您认为补偿是否合理	希望补偿的水田面积	希望补偿的方式	希望补偿的形式	若选择每年补偿，每年愿意接受最低补偿金额	若选择一次性补偿，希望获取补偿金额	补偿依据	是否参加农业技术培训	若不让使用农药化肥，是否需要补偿	不使用农药化肥，每年愿意接受最低补偿金额
1 是 0 否	Q1	1 是（原因^1） 0 否（原因^2）	亩	Q2	Q3	元/亩	元/亩	Q4	1 是 0 否	1 是 0 否	元/亩（标准）

Q1：1. 获得补贴；2. 响应国家政策；3. 外出务工；4. 邻居参加；5. 其他（请注明）

原因 1：1. 获得生态补偿；2. 没有能力经营；3. 发展生态旅游等替代产业；4. 其他。原因 2：1. 补偿不够；2. 限制资源利用；3. 粮食不足；4. 其他（请注明）

Q2：1. 现金补偿；2. 技术补偿；3. 政策补偿；4. 每年粮食收入；5. 综合补偿；6. 其他（请注明）

Q3：1. 一次性补偿；2. 每年补偿；3. 以上两种均有；4. 其他（请注明）

Q4：1. 每年每亩耕地的粮食收入；2. 每年每亩耕地的粮食利润；3. 每年每亩耕地的粮食净收益；4. 每年每亩耕地转租可以收取的承包费

（2）已参与补偿

补偿主体	补偿模式	补偿形式	补偿年限	参与补偿后替代生计模式（可多选）	不用农药年均损失	补贴是否弥补损失	补贴结束后是否使用农药	补贴结束后是否种地	若是，原因是	若否，原因是	补偿金额满意度	如果提高一倍，是否满意	补偿模式满意度	补偿是否有监管	是否给冬水田翻犁蓄水	若是，原因是	若否，原因是	是否增加灌溉
Q5	Q6	Q7	年	Q8	元	1 是 0 否	1 是 0 否	1 是 0 否	Q9	Q10	Q11	1 是 0 否	Q12	1 是 0 否	1 是 0 否	Q13	Q14	1 是 0 否

Q5：1. 国家；2. 地方；3. 其他（请注明）

Q6：1. 现金补偿；2. 技术补偿；3. 政策补偿；4. 实物补偿；5. 综合补偿；6. 其他（请注明）

Q7：1. 一次性补偿；2. 每年补偿；3. 以上两种均有；4. 其他（请注明）

Q8：1. 发展精细农业；2. 提高经济作物比重；3. 发展生态旅游；4. 进行劳务输出；5. 进入城镇打工；6. 发展个体经济；7. 发展畜牧业

Q9：1. 粮食不够吃；2. 种田收益高；3. 其他（请注明）

Q10: 1. 土地不适宜种田；2. 没有劳动力种田；3. 其他（请注明）

Q11、Q12: 1. 非常不满意；2. 不太满意；3. 一般；4. 比较满意；5. 非常满意

Q13: 1. 种冬水田收益高；2. 给朱鹮等鸟类提供食物；3. 其他（请注明）

Q14: 1. 改种其他农作物，种地少了；2. 缺乏劳动力，种地少了；3. 经常被野生动物破坏；4. 种地收益较少；5. 其他（请注明）

5.3 湿地开垦情况

谁来开垦	开垦时间	自行开垦费用为	开垦面积	开垦收入	开垦内部原因	开垦外部原因	是否经过相关部门许可	未经许可开垦过程中，有没有相关部门阻止	主要阻止手段	湿地开垦对您家的生产生活是否有影响	是否完成退耕
	年	元	苗	元	Q1	Q2	1是；0否	Q3	Q4	1是（原因1）；0否	1是；0否

Q1: 1. 缺少耕地；2. 扩大生产规模；3. 获得更多收入；4. 跟风围垦；5. 粮食作物价格高；6. 其他

Q2: 1. 政策鼓励；2. 市场引导；3. 其他

Q3: 1. 村干部；2. 保护区；3. 林业局；4. 其他部门；0. 无

Q4: 1. 强制退耕，并罚款；2. 强制退耕，不罚款；3. 口头劝阻；4. 其他

原因1: 1. 解决粮食不足；2. 获得经济收入；3. 解决劳动力过剩；4. 其他

5.4　湿地生态补偿对农户生产生活的影响

湿地生态补偿促进当地发展	湿地生态补偿有助于改善社区环境	湿地生态补偿有利于提供充足水源	湿地生态补偿限制了传统资源利用方式	湿地生态补偿促进农户非农就业	湿地生态补偿促进了朱鹮栖息地恢复	湿地生态补偿有助于农户收入提高	湿地生态补偿减少农户农药使用量	湿地生态补偿有助于保护朱鹮等物种	湿地生态补偿有助于增强自然灾害或突发事件应对能力
1 较大 2 一般 3 较小	1 较大 2 一般 3 较小	1 较大 2 一般 3 较小	1 较大 2 一般 3 较小	1 较大 2 一般 3 较小	1 较大 2 一般 3 较小	1 较大 2 一般 3 较小	1 较大 2 一般 3 较小	1 较大 2 一般 3 较小	1 较大 2 一般 3 较小

Q1 您家是不是贫困户？（1是；0否）
Q2 家庭人均年收入是否达到2800元？（1是；0否）

5.5　生态旅游基本情况

是否愿意参与	若否，原因是	若愿意，希望参与模式	实际参与模式	参与时间	个人初期投入	年均成本	年均毛收入	年均政府补贴	希望政府给予哪些帮助	实施效果
1是；0否	Q2	Q1	Q1		无	无	无	无	Q3	1 好；2 一般；3 环

Q1: 1. 开农家乐; 2. 开纪念品商店; 3. 开马场; 4. 划船; 5. 采摘; 6. 其他

Q2: 1. 没有土地; 2. 土地面积小; 3. 缺技术; 4. 缺资金; 5. 缺劳动力; 6. 缺信息; 7. 缺水; 8. 基础设施不配套; 9. 其他

Q3: 1. 资金补贴; 2. 免费提供种苗种畜; 3. 免费提供技术培训; 4. 减免税费; 5. 贷款; 6. 修路; 7. 完善水电设施; 8. 提供销售信息; 9. 其他

5.6 绿色农业基本情况

是否参与绿色农业	若否，原因是	若愿意，希望参与模式	实际参与模式	参与绿色农业用地面积	种植种类	个人初期投入	年均成本	年均毛收入	年均政府补贴	希望政府给予哪些帮助	实施效果
1是; 0否	Q2	Q1	Q1	苗	Q4	元	元	元	无	Q3	1好; 2一般; 3坏

Q1: 1. 稻田养鱼、林果、林药间作的主体农业模式; 2. 农、林、牧结合，粮、桑、渔结合等复合生态系统模式; 3. 鸡粪喂猪、猪粪喂鱼等有机废物多级综合利用的模式

Q2: 1. 没有土地; 2. 土地面积小; 3. 缺技术; 4. 缺资金; 5. 缺劳动力; 6. 缺水; 7. 缺信息; 8. 基础设施不配套; 9. 其他

Q3: 1. 资金补贴; 2. 免费提供种苗种畜; 3. 免费提供技术培训; 4. 减免税费; 5. 贷款; 6. 修路; 7. 完善水电设施; 8. 提供销售信息; 9. 其他

Q4: 1. 玉米; 2. 水稻; 3. 小麦; 4. 油菜; 5. 马铃薯; 6. 水果; 7. 茶叶; 8. 其他

5.7　鸟类破坏农作物补偿

受损农作物	补偿范围	损失程度	最易受损季节	破坏的主要物种	近5年破坏现象变化趋势	2016年农作物平均损失价值	2016年补偿金额（元）			近5年补偿金额变化趋势	针对鸟类破坏采取的措施
	1 鸟类破坏1公里内　2 鸟类破坏5公里内　3 鸟类破坏5公里里外	1 非常严重　2 比较严重　3 一般　4 比较不严重　5 非常不严重	1 春季　2 夏季　3 秋季　4 冬季　5 全年都有	1 留鸟　2 候鸟　3 其他（请注明）	1 增加　2 不变　3 减少	元	1公里内	5公里内	5公里里外	1 增加　2 不变　3 减少	1 投食　2 撒网　3 驱赶　4 其他（请注明）
小麦											
水稻											
玉米											
其他＿＿											

5.8　水产品捕捞

种类	捕捞种类	捕捞范围	开始时间	获得方式	利用方式	经营期限	有证情况	获得费用（一次性）	获得费用（每年都付）	年均总成本（不含自身劳动力）
	具体名字	公里		Q1	Q2	年	Q3	元	元	元

续表

种类	自身劳动力投入时间	自身劳动力人数	自身劳动力年均成本	产量	单价	年均总收入	与5年前相比捕捞量变化趋势	与5年前相比捕捞收入变化趋势	补贴
	月	人	元	斤	元	元	Q4	Q5	元

Q1：1. 国有资源，政府部门正式许可；2. 国有资源，自行捕捞，政府未禁止；3. 国有资源，自行捕捞，政府有时禁止；4. 集体资源，家庭承包经营；5. 集体资源，通过招标拍卖等方式承包；6. 集体资源，自行利用，集体未禁止；7. 集体资源，自行捕捞，集体有时禁止；8. 通过流转从他人那里承包；9. 其他（请注明）

Q2：1. 季节性利用；2. 生产性利用；3. 自给自足利用；4. 其他（请注明）

Q3：0. 无证，无合同；1. 有许可证；2. 有合同；3. 其他（请注明）

Q4、Q5：1. 增加；2. 基本不变；3. 减少

5.9 水产品养殖

种类	面积	类型	获得时间	获得方式	利用方式	经营期限	有证情况	获得费用（一次性）	获得费用（每年都付）	种苗支出	饲料支出	防病费用	工具支出（渔网或虾笼等）
	亩	Q1		Q2	Q3	年	Q4	元	元	元/年	元/年	元/年	元/年

续表

种类	能源支出（渔船燃料等）	雇工支出	自身劳动力投入时间	自身劳动力人数	自身劳动力年均成本	养殖种类	产量	单价	年均总收入	收获概率	补贴
	元/年	元/年	月	人	元	具体名字	斤	元	元	Q5	无

Q1：1. 完整的鱼塘；2. 分割的养鱼水面；3. 网箱养鱼的水面；4. 其他（请注明）

Q2：1. 国有土地，合法承包；2. 国有土地，自行开垦；3. 集体土地，家庭承包经营；4. 集体土地，通过招标拍卖等方式承包；5. 集体土地，自行开垦；6. 通过流转从他人那里承包；7. 其他（请注明）

Q3：1. 季节性利用；2. 生产性利用；3. 自给自足利用；4. 其他（请注明）

Q4：0. 无证；1. 有土地承包经营权证，且有承包合同；2. 仅有土地承包经营权证；3. 有承包合同；4. 有其他证（请注明）

Q5：湿地范围内的耕地作物常因季节性因素而无法收获，种一次收一次，100%；种一次收一次，50%；依此类推

附录 3 村表

表 1 村农户基本情况

村小组数	总户数	总人口数	少数民族户数	少数民族人口数	贫困户数	贫困人口数	劳动力总数	外出打工人数	保护区打工人数	年均总收入	年均纯收入

表 2 村土地资源及权属基本情况

	全村土地	耕地	其中：旱地	水田	林地	草地	湿地	其中：划入保护区	沼泽	湖泊	河流	人工湿地
面积												
获得时间												
所有权归谁												
使用权归谁												
是否有证或法律文件（1是；0否）												

表 3 村基础设施基本情况

村里有几个学校	村里有几个诊所	有多少户能上网	有几座桥梁	有几条水泥路通过村	有无水利设施（水库、大坝）	村到最近的县城多远	是否有手机信号

表 4 村开垦湿地基本情况

村开垦湿地时间	谁来开垦湿地	开垦湿地面积	分到每户湿地面积	已确权的湿地面积	已发证的湿地面积	已发证的户数	开垦是否符合法律规定	林业合作组织数量	农业合作组织数量
		亩	亩	亩	亩	户	1是；0否	个	个

表5 主要粮食作物及家禽家畜单价

小麦	水稻	玉米	土豆	大豆	其他__	猪	牛	羊	鸡	鸭	其他__	鱼	虾	蟹	其他__

表6 村生态工程基本情况

工程名称	面积 亩	参与主体	涉及户数 户	补偿标准 元/亩	补偿方式 1现金；2粮食；3其他	补偿起止时间 年— 年
粮食直补						
生态公益林						
退耕还林						
退耕还湿						
生态补偿						

表7 社区与保护区关系基本情况

保护区与社区关系良好	保护区在社区开展宣传教育	保护区在社区开展过发展项目	发展项目名称	保护区在本村是否由社区共管	野生动物损害庄稼人畜现象是否增多	是否有补偿	平均补偿标准	谁来补偿
1是 0否	1是 0否	1是 0否	1节柴灶 2沼气池 3生态农业 4其他	1是 0否	1是 0否	1是 0否	元/亩	

表8 农村治理

	村党支部	村民委员会	民兵营（连）	共青团支部	妇女代表委员会	计划生育委员会	村务监督委员会	人民调解委员会	治安保卫委员会	公共卫生委员会
成立时间										
人员数量										

附录4 湿地保护专家调查问卷

尊敬的专家：

您好！课题组正承担湿地生态补偿研究课题，作为直接研究或参与我国湿地保护管理的专家，您的意见对本次调研意义重大，希望能够得到您的配合，以确保本研究结论更具有科学性。调研问卷中相关内容仅代表您个人观点，我们保证对您的意见和个人信息保密。谢谢您的合作！

填写人：_____ 所在科室：_____ 手机号：_____ 身份证号：_____

朱鹮及栖息地保护压力评价指标体系

	影响范围	影响程度	影响时间	排序
薪柴利用				
森林资源利用				
修路				
生态保护认知				
旅游资源开发和利用				
矿产资源开发				
河道挖沙				
生产、生活工具				
祭祀				
修建房屋				
耕地资源利用				
水资源利用				
棺木				
一季稻转为两季稻				
粮食减产				
人均水田面积减少				
生活区空气污染（朱鹮粪便味道大）				

注：针对第2~4列指标打分，1分代表非常小，2分代表比较小，3分代表一般，4分代表比较大，5分代表非常大。第5列按照影响程度进行排序。

评估"压力"的相对重要性

	评价尺度									
	9	7	5	3	1	3	5	7	9	
人为压力										自然压力

注：衡量尺度划分为 5 个等级，分别是绝对重要、十分重要、比较重要、稍微重要、同样重要，分别对应 9、7、5、3、1 的数值。下同。

评估"状态"的相对重要性

	评价尺度									
	9	7	5	3	1	3	5	7	9	
生态状况										经济状况
生态状况										社会状况
社会状况										经济状况

评估"响应"的相对重要性

	评价尺度									
	9	7	5	3	1	3	5	7	9	
生态效益										经济效益
生态效益										社会效益
社会效益										经济效益

评估"人为压力"的相对重要性

下列各组比较要素，对于"生态效益"的相对重要性如何？

	评价尺度									
	9	7	5	3	1	3	5	7	9	
工业企业个数										公路里程
工业企业个数										年内减少耕地面积
年内减少耕地面积										公路里程

评估"自然压力"的相对重要性

下列各组比较要素，对于"生态效益"的相对重要性如何？

	评价尺度									
	9	7	5	3	1	3	5	7	9	
水库库容减少量										自然灾害发生次数

评估"经济状况"的相对重要性

下列各组比较要素，对于"生态效益"的相对重要性如何？

	评价尺度									
	9	7	5	3	1	3	5	7	9	
有效灌溉面积										农药化肥使用量
农药化肥使用量										农村人均可支配收入
农村人均可支配收入										有效灌溉面积

评估"生态状况"的相对重要性

下列各组比较要素，对于"生态效益"的相对重要性如何？

	评价尺度									
	9	7	5	3	1	3	5	7	9	
森林面积										水土流失面积比重

评估"社会状况"的相对重要性

下列各组比较要素，对于"生态效益"的相对重要性如何？

	评价尺度									
	9	7	5	3	1	3	5	7	9	
劳动力比重										建设占地比重

评估"生态效益"的相对重要性

下列各组比较要素，对于"生态效益"的相对重要性如何？

	评价尺度									
	9	7	5	3	1	3	5	7	9	
污水处理率										朱鹮数量

评估"社会效益"的相对重要性

下列各组比较要素，对于"社会效益"的相对重要性如何？

	评价尺度									
	9	7	5	3	1	3	5	7	9	
湿地保护政策										外出务工人数

评估"经济效益"的相对重要性

下列各组比较要素，对于"经济效益"的相对重要性如何？

	评价尺度									
	9	7	5	3	1	3	5	7	9	
第一产业产值										农林水事务投资

问卷结束，谢谢合作！

附录5 湿地保护管理者访谈提纲

尊敬的各位领导：

　　您好！我们是北京林业大学经济管理学院×××课题组，为研究××省××市退耕还湿和湿地生态补偿问题，并希望能够为国家相关部门制定和完善湿地生态补偿制度提供决策参考，特进行此次项目调查。现需要对多个政府相关部门进行访谈，以了解相关情况，收集相关信息。希望各位领导能在百忙之中参与访谈，介绍相关情况，衷心感谢您的支持和配合。

　　请从湿地生态补偿工作的现状、模式、政策、问题、需求等方面进行介绍。具体请参考以下问题。

　　1. 本地区主要经济发展状况如何？产业结构构成情况是怎样的？

　　2. 本地区对土地资源、水资源、矿产资源以及生物质资源的利用情况是怎样的？（资源方面的基本情况）

　　3. 本地区湿地生态补偿涉及的人口数（规模）是多少？低收入人口数（规模）是多少？

　　4. 本地区近年来湿地生态补偿涉及的人口的变化情况如何？预计以后会朝什么方向发展？

　　5. 本地区导致湿地开垦的主要因素是什么？（是否存在自然条件恶劣、劳动力过剩、人口素质低、基础设施薄弱、生产技术落后等问题）

　　6. 本地区湿地生态补偿实施过程中主要存在哪些问题？

　　7. 本地区现行的湿地生态补偿模式是怎样的？哪种模式较好？有无典型案例点？

　　8. 本地区湿地生态补偿对湿地保护是否重要？原因是什么？

　　9. 本地区湿地生态补偿实施的效果如何？项目执行期间遇到哪些问题？农户对该项目的配合程度如何？

　　10. 本地区湿地生态补偿标准制定依据是什么？未来补偿标准会不会提高？湿地生态补偿政策的变化趋势如何？

图书在版编目（CIP）数据

朱鹮栖息湿地生态补偿：影响机制与政策优化 / 孙
博著. -- 北京：社会科学文献出版社，2024.12.
（海西求是文库）. -- ISBN 978-7-5228-4785-6

Ⅰ. X321.2

中国国家版本馆 CIP 数据核字第 2024LP3930 号

· 海西求是文库 ·

朱鹮栖息湿地生态补偿：影响机制与政策优化

著　　者 / 孙　博

出 版 人 / 冀祥德
责任编辑 / 仇　扬
文稿编辑 / 陈丽丽
责任印制 / 王京美

出　　　版 / 社会科学文献出版社 · 文化传媒分社（010）59367004
　　　　　　地址：北京市北三环中路甲 29 号院华龙大厦　邮编：100029
　　　　　　网址：www.ssap.com.cn
发　　　行 / 社会科学文献出版社（010）59367028
印　　　装 / 三河市龙林印务有限公司

规　　　格 / 开　本：787mm×1092mm　1/16
　　　　　　印　张：17　字　数：277 千字
版　　　次 / 2024 年 12 月第 1 版　2024 年 12 月第 1 次印刷
书　　　号 / ISBN 978-7-5228-4785-6
定　　　价 / 98.00 元

读者服务电话：4008918866